U0308305

湖北恩施硒矿区植物资源

主编 陈永波 刁 英 主审 胡中立 李 敏

中国农业科学技术出版社

图书在版编目（CIP）数据

湖北恩施硒矿区植物资源 / 陈永波，刁英主编. --北京：中国农业科学技术出版社，2021. 9

ISBN 978-7-5116-5488-5

Ⅰ. ①湖… Ⅱ. ①陈… ②刁… Ⅲ. ①硒—矿区—植物资源—恩施土家族苗族自治州 Ⅳ. ①Q949.9

中国版本图书馆 CIP 数据核字（2021）第 183340 号

责任编辑 申 艳
责任校对 贾海霞
责任印制 姜义伟 王思文

出 版 者 中国农业科学技术出版社
北京市中关村南大街12号 邮编：100081
电 话 （010）82106636（编辑室）（010）82109702（发行部）
（010）82109709（读者服务部）
传 真 （010）82106636
网 址 http: // www.castp.cn
经 销 者 各地新华书店
印 刷 者 北京建宏印刷有限公司
开 本 210 mm × 285 mm 1/16
印 张 29
字 数 718千字
版 次 2021年9月第1版 2021年9月第1次印刷
定 价 498.00元

《湖北恩施硒矿区植物资源》

编　委　会

主　　编　陈永波　恩施土家族苗族自治州农业科学院　正高职高级农艺师

　　　　　　刁　英　武汉轻工大学生命科学与技术学院　教授

副 主 编　黄　卫　恩施土家族苗族自治州硒资源保护与开发中心　副主任

　　　　　　田宗仁　恩施土家族苗族自治州硒产业协会　会长

主　　审　胡中立　武汉大学生命科学学院　教授

　　　　　　李　敏　中国科学院植物研究所　高级工程师

组织编写单位　武汉大学

恩施土家族苗族自治州农业科学院

恩施土家族苗族自治州硒资源保护与开发中心

中硒健康产业投资集团有限公司

序

PREFACE

硒之于人，缺则不可，多则无益，取舍有度，如君子处世：不以德高而望重，不以量小而自微，此乃硒德。

硒之为物，乐处深山，甘于宁静，逾亿万年始风化为土，溶水成肥。露锋芒为济世，益万物于无形：与善交而益民，与恶交而除害。

硒之于性，介于阴阳之间，乐于共享，故无得失之患，友邦祥和，同宗长联；处上位八方来仪，居低价待日升腾。形分有机无机，具千形万象，随缘显身，如炭如米，取舍因人而宜。

硒之于世，存于天地之间，其量甚微，分布不匀，国人甚缺。今探明恩施有独处者孤高盖世，惊为补天遗石，享誉“世界硒都”，于是世人说硒。

元素平衡论云：天地人合一，人体小宇宙。国泰民安，阴阳平衡；生老病死，元素为本。一元复始，万象更新；诸元调和，宇宙康宁。

博览贵硒德，量小不自微，天遗三生满，处处放光辉。

弘扬硒德，壮美人生！

【释义】

硒是人体必需的微量元素，不可缺少，但又不可贪多，进退取舍都有自己的分寸，就像道德高尚的人处世一样：不因为有高尚的品德而有贪婪的欲望，也不因为量很稀少而感到自己渺小——这就是硒的美德。

硒作为一种矿物，喜欢沉睡在大山深处，甘于淡泊宁静，过了亿万年才风化成为土壤，溶解于水而成为肥料；硒矿石裸露是为了拯济世人的健康，有益于万物而不彰显自己：与好的基团结合形成硒代氨基酸、硒多糖等对人类有益，与对人体不好的铅、汞等重金属元素结合将它们排出体外而降低它们的毒性。

硒的化学特性，介于金属与非金属之间，乐于与其他元素形成共用电子对，所以不忧患外层电子的得失；硒元素非常活泼，与卤素元素、碱金属、碱土金属、重金属阳离子都能形成稳定的化合物，与氧、硫、碲等同族元素也能形成长链。处于高价态时与多种元素都能共享外层电子，处于低价态时能变成气体硒化氢。硒的形态有无机和有机之分，各有成千上万种化合物，不管以什么形态出现，都有它存在的价值，就如提供碳元素的木炭和大米一样：要取暖就用木炭，要果腹就用大米，人们可以根据对自己有益还是无益来进行取舍。

硒在地球上与天地同存，但量很少，分布不均匀，我国硒很缺乏，全国有3/4的人口生活在缺硒区域。专家们在恩施双河渔塘坝发现了独立的硒矿床，含硒量举世无双，让世人大为惊奇，感叹其为女娲娘娘补天遗落下的宝石，恩施因此获得“世界硒都”的美名，于是世人开始宣扬硒对人类的益处。

元素平衡学阐明：宇宙、地球和人都是由元素构成的，构成宇宙和地球的90多种元素，人体中都有，而且其丰度与宇宙和地球的极其相似，因此，一个人就是一个“小宇宙”，这就是古人所说的“天人合一”的道理。国家太平，人民安康，是阴阳平衡的结果，阴盛阳衰、阴竭阳尽，都会物极必反；人的生老病死，归根结底是组成人体元素的种类和比例在发生变化，从一个平衡走向另一个平衡。如果人体内的一种元素发生变化，那么整个身体中的元素都要调整，调整不好就会生病，甚至生命都需重新来过。在人体中，每种元素都有一定的丰度范围，并与其他元素的比例保持平衡。如果某一种元素超出了范围，或比例失去了平衡，就会引起疾病，高血压、心血管病、老年痴呆等慢性病及大骨节病（缺硒）、大脖子病（缺碘）、水俣病（汞过量）、痛痛病（镉过量）等地方病都是由微量元素不平衡引起的，如果体内各种元素都调节平衡了，人就可以健康长寿。这是从元素营养平衡的角度阐明了微量元素硒拥有取舍有度、调节平衡之君子风范的科学依据及对人体健康的重大意义。

博览万物，应该以硒的美德为贵，含量虽少而不感到自己卑微。传说女娲补天遗落的这块石头，经过了过去的发现、今天的认识和对未来的预测这“三生”的历练，不管在哪里都能放射出熠熠的光彩。

弘扬硒的美德吧，这样能使人生壮阔而美丽！

陈永波

2021年8月

目 录
CONTENTS

第一章 概 述

第二章 植物资源含硒量、聚硒指数及开发利用价值

蕨类植物

裸子植物

第三章 高聚硒植物含硒量、硒形态及开发利用价值

附 录

第一章

概　述

第一节　湖北恩施硒资源概况

恩施土家族苗族自治州（简称恩施）是巴文化的发源地，北有大巴山，西有巫山，南有武陵山。境内山峦起伏，沟壑纵横，河谷深切，高低悬殊，属中亚热带季风气候。独特的生态环境孕育了恩施丰富多彩的自然资源，特殊的地球化学条件形成了一个罕见的硒资源区域。当今，关于硒与生命科学关系的研究十分活跃，硒在人体健康中的作用越来越引起人们的关注。随着科技的不断发展，硒在工农业领域中的应用也日益广泛，因此，硒资源开发利用前景十分广阔。

20世纪80—90年代，中国预防医学科学院营养与食品卫生研究所、环境卫生与卫生工程研究所，中国科学院地球化学研究所、地理科学与资源研究所，中国农业科学院北京畜牧兽医研究所、原子能利用研究所，湖北省地质局第二地质大队以及有关大专院校等国内数十家研究机构，美国、英国等国外研究机构相继来到恩施，与恩施科技人员一道，从医学营养、地质、环境、畜牧营养等多方面开展了广泛的研究。大量的调研数据证实，恩施是世界第一大高硒区，岩石、土壤、生物、地下水等环境中含硒量之高，为世界罕见，并首次发现了我国独立的硒矿床。

恩施境内蕴藏有以炭质和硅质页岩为主的硒矿床，富硒石煤出露面积超过2 400 km^2，有约20 000 km^{2}的富硒土壤，富硒生物资源十分丰富，仅中药材就达2 088种，是全球最大的富硒生物圈，被称为“世界硒都”。

恩施硒资源的研究起始于1966年，中国预防医学科学院营养与食品卫生研究所杨光圻教授从湖北省卫生防疫站送检的产自恩施的玉米样品中检出硒含量为44 mg/kg，为当时全球已报告的生物样品含硒量之最，恩施硒资源从此被揭开了神秘的面纱。此后相继有许多国家的地质、矿产、营养、农业等学科的专家先后到恩施考察研究，发现了大量的研究资料，对渔塘坝独立硒矿床的形成原因、地球化学特征、硒的赋存状态与形式等进行了深入研究。

一、硒矿石

1966年，中国预防医学科学院检测一份恩施石煤，含硒量达1 009 mg/kg。湖北省地质实验研究所曾对恩施石煤煤系进行硒含量检测：白杨坪马鞍煤系222.35 mg/kg，桥坡河吴家坪煤系96.80 mg/kg, 沐抚沐贡223.00 mg/kg，云上229.50 mg/kg，茶条岭232.00 mg/kg，罗家湾245.00 mg/kg，马者188.00 mg/kg, 刘家河180.50 mg/kg，大庙254.50 mg/kg，田丰坪182.50 mg/kg，南河166.00 mg/kg，铁场坝218.50 mg/kg, 沐抚镇213.00 mg/kg，帅家垭14.760 mg/kg，前坪15.50 mg/kg，石家坡12.55 mg/kg，陶家岭14.55 mg/kg。

二、富硒土壤

调查表明，恩施高硒区土壤含硒量为（9.54 ± 1.88）mg/kg。20世纪80年代曾报道的检出范围为3.22～178.80 mg/kg。其中，富硒区均值3.76 mg/kg，检出范围0.23～8.66 mg/kg；适硒区均值0.97 mg/kg，检出范围0.43～1.54 mg/kg。全国土壤硒背景值为0.29 mg/kg。恩施高硒区是全球罕见、中国仅有的一块硒元素宝地。以硒矿床为中心分布的乡、镇均为高硒区，占全州总面积的70%以上，基本上二高山以上均为高硒区，低山为富硒和适硒区。因此，硒的地矿资源十分丰富。

三、富硒中药材

据《中国中药资源志要》记载，我国有药用植物11 020种，恩施境内2 088种，占20%；全国可形成商品的中药材1 200余种，恩施有282种，占23.5%，特别是鸡爪黄连、板桥党参、紫油厚朴、石窑当归、竹节参、杜仲、五鹤续断、皱皮木瓜、香独活、天麻、贝母、南大黄等品种。头顶一颗珠、文王一支笔、七叶一枝花、江边一碗水等濒临绝迹的药材，历史悠久，驰名中外，是恩施著名的道地富硒中药材。

恩施中草药的最大特点是富硒，在双河渔塘坝发现的野油菜（十字花科，也有人称其为堇叶碎米荠、虎耳金）含硒量192～1 245 mg/kg，为世界植物含硒量之最。黄芪亦是已知的能富集硒的植物，据文献报告，安徽产黄芪含硒量0.10 mg/kg，福建产黄芪含硒量0.08 mg/kg，广东产黄芪含硒量0.82 mg/kg，而恩施产黄芪含硒量均值则高达14.47 mg/kg，高出其他产地10倍以上。

恩施高硒区的中药材含硒量是其他地区药材含硒量的508.3倍，实属罕见。据权威部门检测，当归含硒量7.45 mg/kg，杜仲4.48 mg/kg，党参3.75 mg/kg，黄芪14.47 mg/kg，贝母5.24 mg/kg，淫羊藿6.47 mg/kg，川续断2.61 mg/kg，艾蒿4.56 mg/kg，粉葛45.40 mg/kg，紫萼5.03 mg/kg，大蓟23.00 mg/kg，陆英45.40 mg/kg，茜草52.30 mg/kg，何首乌66.54 mg/kg，紫云英132.00 mg/kg，鹅儿肠草115.00 mg/kg，蒲公英69.93 mg/kg，毛茛70.10 mg/kg，水蓼150.00 mg/kg，车前草235.71 mg/kg。平均含硒量61.66 mg/kg，是我国低硒地区报告的97种中草药含硒量均值0.23 mg/kg的269倍；缺硒地区50种中药材含硒量均值仅0.12 mg/kg。

四、富硒农产品

国内专家对恩施富硒的研究报告很多，综合结果显示：大米含硒量均值0.26 mg/kg；大豆0.56～17.73 mg/kg，平均2.66 mg/kg；玉米1.40 mg/kg，最高34.89 mg/kg；小麦1.46 mg/kg；油菜籽19.40 mg/kg，最高达268.10 mg/kg；鸡蛋2.77 mg/kg；大蒜1.65～57.30 mg/kg；土豆0.45 mg/kg；茶叶0.21～66.70 mg/kg。各类富硒蔬菜（山野菜）、富硒水果（野生干、坚果）品种多，含硒量丰富。

2008年，中国科学院地理科学与资源研究所调查恩施高硒区部分农作物含硒量：沙地秋木村白菜29.89 mg/kg、红薯5.28 mg/kg；沙地花被村南瓜9.72 mg/kg、黄豆5.09 mg/kg、辣椒3.79 mg/kg；白杨坪椿树湾村大米3.24 mg/kg；红土乡鲜茶33.79 mg/kg；新塘乡红薯12.22 mg/kg、萝卜13.00 mg/kg、白菜39.19 mg/kg、萝卜菜叶44.55 mg/kg、生姜11.10 mg/kg；渔塘坝烟叶42.06 mg/kg、厚朴2.09 mg/kg；沐抚高台玉米5.57 mg/kg；芭蕉南河大米5.28 mg/kg。恩施农作物是富硒农产品深加工的珍稀原料。

五、富硒山（矿）泉水

高硒区山泉水含硒量检出范围33.5 ~ 223.67 μg/L；富硒区饮用水含硒量3.7 ~ 13.2 μg/L；适硒区地面水含硒量为4 ~ 20 μg/L。新塘李家坪山泉水48.9 μg/L，大古龙山泉水32 μg/L，长岭岗山泉水24 μg/L，沐抚高台村矿泉水24 μg/L，大庙村矿泉水48 μg/L。

富硒的泉水具有显著的抗炎、止痒、抗过敏、抗自由基、预防老化、镇痉和抗癌的作用，也被称为“为皮肤而生的泉水”“肌肤的面包”。

2016年6—7月，专家考察团队对恩施6县2市共33个水源点进行了考察。49个水样的含硒量见表1-1。含硒量在10 μg/L以上的水源有11个，5 ~ 10 μg/L的水源8个，0.1 ~ 5.0 μg/L的水源16个，未检出硒14个。

表1-1　恩施冷水资源含硒量　　单位：μg/L

序号	水源地	含硒量
1	宣恩李家河渔场	65.57
2	宣恩雪落寨水厂	45.78
3	来凤白岩山天池水库	39.26
4	鹤峰鸡公洞	27.10
5	盛家坝小溪	25.14
6	宣恩李家河小河	23.32
7	咸丰忠建河源头硬水	23.19
8	龙凤龙马山泉	18.44
9	新塘马尾沟流水	17.66
10	咸丰巴西坝水库	13.28
11	咸丰龙潭司	12.59
12	鹤峰沙园	9.49
13	建始大洪寨渔场	8.60
14	鹤峰张家湾	8.20
15	龙凤青堡上坝浑水	8.01
16	宣恩长潭河涌水洞	7.14
17	来凤南河	6.72
18	盛家坝枫香河洋鱼洞	6.55
19	新塘马尾沟瀑布	6.54

（续表）

序号	水源地	含硒量
20	利川鱼泉坝	4.29
21	利川王家沟	4.02
22	建始硒之泉水厂	3.34
23	利川青岩电站	3.14
24	巴东无源洞	3.13
25	建始瓦渣坪电站	2.79
26	新塘红花淌石林	2.72
27	龙凤青堡水厂源头	2.08
28	宣恩封口坝大鲵基地	1.24
29	建始鱼泉洞	1.18
30	利川大鱼泉	1.10
31	利川响水洞	0.91
32	来凤哈爬沟	0.91
33	龙凤青堡上坝清水	0.80
34	咸丰泗渡坝右边涌泉	0.74
35	来凤谢家湾	0.69
36	宣恩布袋溪泉眼	未检出
37	龙凤龙洞湾	未检出
38	利川朝阳寺	未检出
39	利川猪圈门瀑布	未检出
40	利川凉风洞	未检出
41	咸丰泗渡坝左边山泉	未检出
42	咸丰泗渡坝涵洞山泉	未检出
43	咸丰清坪鱼泉	未检出
44	咸丰忠建河源头软水	未检出
45	咸丰龙洞河	未检出
46	咸丰小村	未检出
47	咸丰小白果树	未检出
48	来凤东流坝	未检出
49	鹤峰李家湾	未检出

第二节　硒资源开发利用现状

20世纪50年代以前，人们研究的是硒的毒性；20世纪70年代后，开始研究硒的营养作用；20世纪90年代后，开始研究硒与生命科学的关系；21世纪初，开始研究硒的形态与人体健康的关系，提出了有机硒和无机硒的概念，产品从添加无机硒到提取天然有机硒，从自然转化到人工转化。目前，恩施硒资源的开发与利用取得了长足进步和巨大成绩，硒食品精深加工产业集群建设已取得初步成效，但从产业带动经济发展来讲还存在着一些不足，如恩施的硒产业还是以农产品为主，工业发展相对不足，富硒产品主要集中于低附加值的初级农产品上，具有高技术、高附加值的富硒功能产品相对不足，能带动支撑产业发展的有较大影响力的龙头企业也相对缺乏。恩施硒相关企业有1 000多家，小微企业占据了大半壁江山，企业规模小、产品附加值低、核心竞争力缺乏等弱点突出。尽管培育了诸如恩施硒茶、恩施硒土豆、富硒米等一批在全国有较大影响力的特色特质富硒品牌，但大部分富硒品牌的知名度和美誉度还相对较弱，市场覆盖面主要在恩施附近区域，还缺乏高精尖的具有核心竞争力的富硒功能食品。

20世纪末期，研究者通过对聚硒植物资源和生态环境调查，发现了世界第三大高聚硒植物壶瓶碎米荠，人工模拟最佳环境因素并优化高产栽培技术，筛选优化人工补硒技术，成功实现野转家栽培，生产的原料总硒含量达到2 056 mg/kg，硒的有机转化率75%～80%，人为从碎米荠原料中提取的硒蛋白粗品含硒量达到5 609 mg/kg，可为企业提供富硒原料，由此开发了硒蛋白粉、压片糖果等硒产品。2021年3月，国家卫健委正式批复堇叶碎米荠为食品原料，参照叶类蔬菜标准管理，极大地促进了高聚硒植物硒资源的产业化，为高聚硒植物开发利用描绘了广阔前景。

“十三五”期间，硒的形态分析技术取得了长足进展，研制了《硒蛋白中硒代氨基酸的测定　液相色谱-原子荧光光谱法》（NY/T 3870—2021）、《湖北省食品安全地方标准　富硒食品中无机硒的测定》（DBS 42/010—2018）、《土壤有效硒的测定　氢化物发生原子荧光光谱法》（NY/T 3240—2019）等系列分析检测方法标准。结合《食品安全国家标准　食品中硒的测定》（GB 5009.93—2017）和《土壤中全硒的测定》（NY/T 1104—2006）等现行标准，可以从总硒含量、硒的形态、聚硒指数等方面对植物硒资源的开发利用价值进行科学的评价，筛选出具有开发价值的植物硒资源，为其合理开发利用提供科学依据。

在标准的研制和应用过程中，研究者测定了硒蛋白粉、硒蛋白片、肽粉、富硒原料等19种硒产品中的总硒、硒代氨基酸和亚硒酸根离子[Se（Ⅳ）]，发现硒蛋白粉、水解硒蛋白、硒蛋白片、硒酵母中的硒主要以蛋白硒形态存在，占总硒的83.55%～99.93%；肽粉、马铃薯蛋白、绿豆蛋白、碎米荠蛋白、碎米荠、硒多糖、蛹虫草中蛋白硒占总硒的15.67%～68.22%；除西兰花中Se（Ⅳ）占总硒的54.86%外，其他产品Se（Ⅳ）很少，为0.00%～1.51%。其他形态硒除在硒蛋白粉、水解硒蛋白、硒蛋白片、硒酵母中含量较低外，在其他产品中含量均较高，在肽粉、碎米荠、碎米荠蛋白、绿豆蛋白、马铃薯蛋白、硒多糖、西兰花等8种产品中占31.78%～84.20%，在植物硒精华片、硒萃、青钱柳提取物、硒都麦草等5种产品中占100%。硒代蛋氨酸含量较高的均来源于硒酵母，天然植物提取物中以其他形态硒为主，这对恩施高聚硒植物资源的开发利用提出了新的课题。

恩施虽然种质资源丰富，在前人的调查中也发现了一些含硒量较高的农产品和聚硒中药材，但真正开发利用的高聚硒植物十分有限。为了合理开发利用湖北恩施的硒资源，促进恩施硒产业的良性高效发展，将生物资源优势转化经济优势，对植物硒资源的调查和评价，是一件迫在眉睫的历史重任。

第三节 植物资源调查

一、野外调查及取样方法

采用实地调查与查阅文献相结合的方法，收集和整理基础资料，包括相关的自然地理状况、植被分布状况、植物名录以及交通图和地形图等基础材料。在查阅《中国植物志》、《中国高等植物》、中国数字植物标本馆等相关材料，了解湖北恩施野生植物特征与历史分布的基础上，制订野生植物资源调查表与调查计划。在2020年7—8月，对湖北恩施硒矿区野生植物资源进行实地调查。野外植物调查采用样线（带）法，共12条调查路线（表1-2），记录物种的生境，包括地形、坡度和海拔高度，物种的性状，并拍摄数码彩色照片。

表1-2 恩施硒矿区植物资源调查地点信息

地点	地理坐标	海拔（m）	物种编号	采样物种数	未采样物种数
双河乡河溪村	30°08′31.87″N 109°45′55.76″E	1 377	SH001-01 ~ SH001-25	25	0
双河乡河溪村	30°08′41.91″N 109°45′24.88″E	1 591	SH002-01 ~ SH002-25	25	0
双河乡渔塘坝矿洞口	30°10′48.54″N 109°46′43.66″E	1 609	SH003-02 ~ SH003-85	67	18
双河渔塘坝沟旁丁家湾	30°10′55.49″N 109°47′04.78″E	1 577	SH004-01 ~ SH004-65	36	29
双河乡横栏村	30°10′32.76″N 109°51′21.39″E	1 501	SH005-01 ~ SH005-72	33	39
双河乡渔塘坝矿洞下烟地沟旁	30°10′44.31″N 109°46′45.33″E	1 541	SH006-01 ~ SH006-58	40	18
双河乡白岩村	30°11′38.85″N 109°49′48.97″E	1 510	SH007-01 ~ SH007-131	40	91

（续表）

地点	地理坐标	海拔（m）	物种编号	采样物种数	未采样物种数
红土乡帅家垭村废矿场	30°17′10.15″N 109°53′32.13″E	1 057	HT008-01 ~ HT008-73	19	54
红土乡石灰窑村	30°07′07.40″N 109°55′33.83″E	1 753	HT009-01 ~ HT009-94	23	71
沙地乡沙地村	30°20′05.78″N 109°44′45.06″E	942	SD010-01 ~ SD010-86	27	59
沙地乡云坛口港（码头）	30°16′55.05″N 109°44′02.49″E	403	SD011-01 ~ SD011-81	34	47
沙地乡麦淌村五里坡	30°22′26.22″N 109°51′59.92″E	1 358	SD012-01 ~ SD012-120	17	103
合计			915	386	529

注：取样地点均为湖北省恩施土家族苗族自治州，表中为具体位置。不同地点含相同物种，均进行了编号。

为进一步研究硒矿区植物的富硒能力，在野外考察的同时采集了相应的植物及土壤样品。植物取样原则如下。

（1）样品量能满足100 g的物种取样，不满足100 g的物种不取样。

（2）生物量太少的植物及保护植物只登记不取样。

（3）草本植物：每个物种，每个地点混合取1份样品，区分为根、茎、叶；若草本根、茎、叶量分别不足100 g时按全株处理。

（4）木本植物：每个物种，每个地点分别取1 ~ 3株，灌木取叶茎或叶，乔木取叶。

二、结果

本次调查鉴定出湖北恩施硒矿区植物资源398种，其中蕨类植物14科16种，裸子植物4科8种，被子植物86科374种（详见第二章）。

第四节　植物硒资源评价

植物硒资源的开发利用价值采用总硒、硒形态、聚硒指数相结合的方法进行评价。

一、评价方法

对采集到的富硒区植物种质资源样品进行总硒含量测定，将测定结果分为含硒量80 mg/kg及以上的高聚硒植物、10 ~ 80 mg/kg的聚硒植物、1 ~ 10 mg/kg的富硒植物和0.01 ~ 1 mg/kg的含硒植物。

采集采样点植物生长区土壤，测定总硒和有效硒含量，分析不同样点土壤硒的生物有效性；

根据植物总硒和土壤有效硒含量的相关性计算植物的聚硒指数。

分析总硒含量在80 mg/kg及以上样品中植物硒的形态（包括无机硒、水溶性硒代氨基酸、水解硒代氨基酸和其他形态硒）；根据植物总硒、硒形态和聚硒指数评价其开发利用价值。

二、测定方法

（1）植物总硒

采用《食品安全国家标准　食品中硒的测定》（GB 5009.93—2017）中“氢化物原子荧光光谱法”测定。

（2）植物硒形态

硒形态分为硒代胱氨酸（$SeCys_2$）、硒蛋氨酸（SeMet）、甲基-硒代半胱氨酸（SeMeCys）、Se（Ⅳ）、Se（Ⅵ）和其他形态硒。

水溶性硒代氨基酸和Se（Ⅳ）、Se（Ⅵ）参照《湖北省食品安全地方标准　富硒食品中无机硒的测定》（DBS 42/010—2018）测定。

水解硒代氨基酸采用《硒蛋白中硒代氨基酸的测定　液相色谱-原子荧光光谱法》（NY/T 3870—2021）测定。

其他形态硒为总硒与[硒代氨基酸+Se（Ⅳ）+Se（Ⅵ）]之差，可能为硒多糖、生物纳米硒等，没有专一的检测方法，不能定性。

（3）土壤总硒和有效硒

土壤有效硒占总硒的百分比反映土壤硒的生物有效性，植物含硒量与植物物种、遗传多样性和土壤硒生物有效性密切相关，可以解释为什么有些富硒土壤不能生长出富硒植物，而有些总硒含量较低的土壤能够生长出富硒植物。

土壤总硒采用《土壤中全硒的测定》（NY/T 1104—2006）测定。

土壤有效硒采用《土壤有效硒的测定　氢化物发生原子荧光光谱法》（NY/T 3240—2019）测定。

$$土壤有效硒占比（\%）=土壤有效硒/土壤总硒\times 100 \quad （1-1）$$

（4）植物聚硒指数

植物含硒量与土壤硒的生物有效性呈正相关，因此采用植物总硒和土壤有效硒的比值（聚硒指数）作为评价植物聚硒能力的指标，即：

$$聚硒指数=植物总硒/土壤有效硒 \quad （1-2）$$

聚硒指数结合植物含硒量、土壤有效硒反映植物的聚硒能力，可以发现高硒土壤条件下不同植物的聚硒能力，以筛选高聚硒植物资源，也可以反映低硒土壤条件下不同植物的聚硒能力，以筛选潜在的高聚硒植物资源。

三、结果

在9个采样点的土壤含硒量中（表1-3），双河渔塘坝沟旁丁家湾（SH004）总硒及有效硒含量最高，双河乡横栏村（SH005）总硒及有效硒含量最低；双河乡河溪村（SH002）有效硒占比最高，达到5.84%。令人感到惊奇的是双河乡渔塘坝矿洞口（SH003）的总硒及有效硒含量位居第二，但有效硒占比却最低。

表1-3　硒矿区采样点土壤总硒和有效硒含量

编号	总硒（mg/kg）	有效硒（mg/kg）	占比（%）
SH001	0.66	0.024	3.64
SH002	0.89	0.052	5.84
SH003	69.35	0.724	1.04
SH004	141.21	5.113	3.62
SH005	0.37	0.016	4.29
SH006			
SH007			
HT008			
HT009	0.65	0.025	3.85
SD010	1.22	0.066	5.39
SD011	0.56	0.016	2.87
SD012	1.40	0.016	1.14

对符合要求的植物样本进行了含硒量和聚硒指数的评价（详见第二章）；并进一步对含硒量超过80 mg/kg的样本进行了硒形态解析（详见第三章）。

第二章

植物资源含硒量、聚硒指数及开发利用价值

蕨类植物 Pteridophyta

一、中国蕨科 Sinopteridaceae

1. 野雉尾金粉蕨

Onychium japonicum（Thunb.）Kunze

【形态特征】植株高60 cm左右。根状茎长而横走，疏被鳞片，鳞片棕色或红棕色，披针形，筛孔明显。叶散生；叶柄基部褐棕色，略有鳞片，向上禾秆色（有时下部略饰有棕色），光滑；叶片几和叶柄等长，卵状三角形或卵状披针形，渐尖头，四回羽状细裂；羽片12～15对，互生，基部一对最大，长圆披针形或三角状披针形，先端渐尖，并具羽裂尾头，三回羽裂；末回能育小羽片或裂片线状披针形，有不育的急尖头；末回不育裂片短而狭，线形或短披针形，短尖头；不育裂片仅有中脉1条，能育裂片有斜上侧脉和叶缘的边脉会合。孢子囊群盖线形或短长圆形，膜质，灰白色，全缘。

【开发利用价值】全草有解毒作用。

【采样编号】SD010-42。

二、蕨科 Pteridiaceae

2. 蕨

Pteridium aquilinum var. *latiusculum*（Desv.）Underw. ex A. Heller

【形态特征】植株高可达1 m。根状茎长而横走，密被锈黄色柔毛，以后逐渐脱落。叶远生；叶柄基部褐棕色或棕禾秆色，略有光泽，光滑，上面有浅纵沟1条；叶片阔三角形或长圆三角形，先端渐尖，基部圆楔形，三回羽状；羽片4～6对，对生或近对生，斜展，基部一对最大（向上几对略变小），三角形，二回羽状；小羽片约10对，互生，斜展，披针形，先端尾状渐尖（尾尖头的基部略呈楔形收缩），基部近平截，具短柄，一回羽状；裂片10～15对，平展，彼此接近，长圆形，钝头或近圆头，基部不与小羽轴合生，分离，全缘；中部以上的羽片逐渐变为一回羽状，长圆披针形，基部较宽，对称，先端尾状，小羽片与下部羽片的裂片同形，部分小羽片的下部具1～3对浅裂片或边缘具波状圆齿。叶脉稠密，仅下面明显。叶干后近革质或革质，暗绿色，上面无毛，下面在裂片主脉上多少被棕色或灰白色的疏毛或近无毛。叶轴及羽轴均光滑，小羽轴上面光滑，下面被疏毛，少有密毛，各回羽轴上面均有深纵沟1条，沟内无毛。

【开发利用价值】从根状茎提取的淀粉称蕨粉，可供食用，根状茎的纤维可制绳缆，能耐水湿，嫩叶可食，称蕨菜；全株均可入药，祛驱风湿、利尿、解热，又可作驱虫剂。该种水解后可用于提取生物有机硒。

【采样编号】SH003-24。

【含硒量】茎：50.59 mg/kg；叶：89.07 mg/kg。

【聚硒指数】茎：60.88；叶：123.03。

三、紫萁科 Osmundaceae

3. 紫萁

Osmunda japonica Thunb.

【形态特征】植株高50～80 cm或更高。根状茎短粗，或呈短树干状而稍弯。叶簇生，直立，柄禾秆色，幼时被密茸毛，不久脱落；叶片为三角广卵形，顶部一回羽状，其下为二回羽状；羽片3～5对，对生，长圆形，基部一对稍大，有柄，斜向上，奇数羽状；小羽片5～9对，对生或近对生，无柄，分离，长圆形或长圆披针形，先端稍钝或急尖，向基部稍宽，圆形，或近截形，向上部稍小，顶生的同形，有柄，基部往往有1～2片的合生圆裂片，或阔披形的短裂片，边缘有均匀的细锯齿。叶脉两面明显，自中肋斜向上，二回分歧，小脉平行，达于锯齿。叶为纸质，成长后光滑无毛，干后为棕绿色。孢子叶（能育叶）同营养叶等高，或经常稍高，羽片和小羽片均短缩，小羽片变成线形，沿中肋两侧背面密生孢子囊。

【开发利用价值】嫩叶可食。铁丝状的须根为附生植物的培养基。

【采样编号】SH002-25。

【含硒量】全株：0.01 mg/kg。

【聚硒指数】全株：0.23。

四、里白科 Gleicheniaceae

4. 里白

Diplopterygium glaucum（Thunb. ex Houtt.）Nakai

【别名】远羽里白。

【形态特征】植株高约1.5 m。柄褐绿色。羽片长圆形，顶端渐尖；小羽片约30对，几对生，具极短柄，彼此远离，狭披针形，向顶端渐尖，基部不变狭，截形，羽状深裂；裂片20～35对。平展，顶圆，常微凹，基部会合，缺刻狭尖，边缘全缘。中脉上面平，下面凸起，侧脉两面明显，叉状，斜展，直达叶缘。叶草质，上面绿色，无毛，下面灰绿色或灰白色，沿小羽轴、中脉及边缘疏被棕色星状毛。叶轴扁圆，上面平，两侧有边。禾秆色，光滑。孢子囊群中生；一列，着生于每组上侧小脉上，由3个孢子囊组成。

【采样编号】SH005-01。

【含硒量】根：0.12 mg/kg；叶：0.07 mg/kg。

【聚硒指数】根：7.63；叶：4.25。

五、金星蕨科 Thelypteridaceae

5. 中日金星蕨

Parathelypteris nipponica（Franch. & Sav.）Ching

【形态特征】植株高40～60 cm。根状茎长而横走，近光滑。叶近生；叶柄基部褐棕色，多少被红棕色阔卵形的鳞片，向上为亮禾秆色，光滑；叶片倒披针形，先端渐尖并羽裂，向基部逐渐变狭，二回羽状深裂；羽片25～33对，下部5～7对近对生，向下逐渐缩小成小耳形，最下的呈瘤状，中部羽片互生，无柄，近平展，披针形，渐尖头，基部稍变宽，对称，截形，羽裂几达羽轴；裂片约18对，略斜展，彼此接近，长圆形，圆钝头，全缘或边缘具浅粗锯齿。叶脉明显，侧脉单一，斜上，每裂片4～5对，叶为草质，干后草绿色，下面沿羽轴、主脉和叶缘被灰白色、开展的单细胞针状毛，并偶混生少数具2～3个细胞的针状毛（沿羽轴较密）；上面除叶轴和叶脉被短针毛外，其余近光滑。孢子囊群圆形，中等大，每裂片3～4对，背生于侧脉的中部以上，远离主脉；囊群盖中等大，圆肾形，棕色，膜质，背面被少数灰白色的长针毛。孢子两面型，圆肾形，周壁具皱褶，网状纹饰少而不明显，网眼大小相等，外壁表面具规则的细网状纹饰。

【采样编号】SH005-54。

【含硒量】全株：0.04 mg/kg。

【聚硒指数】全株：2.38。

6. 披针新月蕨

Pronephrium penangianum（Hook.）Holttum

【形态特征】植株高1～2 m。根状茎长而横走，褐棕色，偶有一二棕色的披针形鳞片。叶远生；叶柄基部褐棕色，向上渐变为淡红棕色，光滑；叶片长圆披针形，奇数一回羽状；侧生羽片10～15对，斜展，互生，有短柄，阔线形，渐尖头，基部阔楔形，边缘有软骨质的尖锯齿，或深裂成齿牙状，上部的羽片略缩短，顶生羽片和中部的同形同大，柄长约1 cm，叶脉下面明显，侧脉近平展，并行，小脉9～10对，斜上，先端连接，在侧脉间基部形成一个三角形网眼，并由交接点向上伸出外行小脉，和其上的小脉交接点相连（有时中断），形成2列狭长的斜方形网眼，顶部2～3对小脉分离，伸达叶边。叶干后纸质，褐色或红褐色，遍体光滑。孢子囊群圆形，生于小脉中部或中部稍下处，在侧脉间排成2列，每行6～7枚，无盖。

【开发利用价值】在四川峨眉山为民间草药，根状茎可治崩症，叶可治经血不调。

【采样编号】SD010-12。

【含硒量】茎：0.51 mg/kg；叶：0.51 mg/kg。

【聚硒指数】茎：7.79；叶：7.79。

7. 渐尖毛蕨

Cyclosorus acuminatus（Houtt.）Nakai

【形态特征】植株高70～80 cm。根状茎长而横走，深棕色，老则变褐棕色，先端密被棕色披针形鳞片。叶二列远生；叶柄基部褐色，无鳞片，向上渐变为深禾秆色，略有一二柔毛；叶片长圆状披针形，先端尾状渐尖并羽裂，基部不变狭，二回羽裂；羽片13～18对，有极短柄，斜展或斜上，由等宽的间隔分开，互生，或基部的对生，披针形，渐尖头，基部不等，上侧凸出，平截，下侧圆楔形或近圆形，羽裂达1/2～2/3；裂片18～24对，斜上，略弯弓，彼此密接。叶脉下面隆起，清晰，侧脉斜上，每裂片7～9对，单一，基部一对出自主脉基部，其先端交接成钝三角形网眼，并自交接点向缺刻下的透明膜质连线伸出1条短的外行小脉。叶坚纸质，干后灰绿色，除羽轴下面疏被针状毛外，羽片上面被极短的糙毛。孢子囊群圆形，生于侧脉中部以上；囊群盖大，深棕色或棕色，密生短柔毛，宿存。

【开发利用价值】根茎或全草入药，具有清热解毒、祛风除湿、健脾之功效，可治泄泻、热淋、咽喉肿痛、风湿痹痛、小儿疳积、犬咬伤、烧伤等。也可以作观赏植物，栽培于公园。

【采样编号】SD010-52。

【含硒量】全株：0.08 mg/kg。

【聚硒指数】全株：1.23。

六、裸子蕨科 Hemionitidaceae

8. 峨眉凤丫蕨

Coniogramme emeiensis Ching & K. H. Shing

【形态特征】为裸子蕨科凤丫蕨属植物。植株高可达1 m。根状茎粗短，横卧，被深棕色披针形鳞片。叶柄基部禾秆色或下面饰有红紫色，上面有沟，基部略被鳞片；叶片阔卵状长圆形，二回羽状；侧生羽片7～10对，下部1～2对最大，近卵形，羽状；侧生小羽片1～3对，披针形，先端尾状长渐尖，向基部变狭，楔形，有短柄，顶生小羽片同形，基部叉裂；中部羽片三出至二叉，向上的羽片单一，和其下的顶生小羽片同形，但逐渐变小；顶生羽片较大，基部叉裂，有长柄；羽片边缘有向前伏贴的三角形粗齿，往往呈浅缺刻状或波状。叶脉分离，侧脉一至二回分叉，顶端有棒形水囊，伸达锯齿基部。叶干后草质，上面暗绿色，下面淡绿色，常沿侧脉间有不规则的黄色条纹，两面无毛。孢子囊群伸达侧脉的3/4～4/5。

【开发利用价值】为凤丫蕨中少有的有黄色条纹的类型，有较高的园艺观赏价值，适于室内盆栽观赏。根茎药用，可祛风除湿。

【采样编号】HT008-68。

【含硒量】茎：0.01 mg/kg；叶：0.06 mg/kg。

蕨类植物　裸子蕨科

七、海金沙科 Lygodiaceae

9. 海金沙

Lygodium japonicum（Thunb.）Sw.

【形态特征】多年生攀援草本植物，植株高攀达1～4 m。叶轴上面有两条狭边，羽片对生于叶轴上的短距两侧，平展。端有一丛黄色柔毛复盖腋芽。不育羽片尖三角形，柄同羽轴多少被短灰毛，两侧并有狭边，二回羽状；一回羽片2～4对，互生，柄和小羽轴都有狭翅及短毛，一回羽状；二回小羽片2～3对，卵状三角形，互生，掌状三裂；末回裂片短阔，基部楔形或心脏形，先端钝，顶端的二回羽片波状浅裂；向上的一回小羽片近掌状分裂或不分裂，较短，叶缘有不规则的浅圆锯齿。主脉明显，侧脉纤细，从主脉斜上，一至二回二叉分歧，直达锯齿。叶纸质，干后绿褐色。两面沿中肋及脉上略有短毛。能育羽片卵状三角形，二回羽状；一回小羽片4～5对，互生，长圆披针形；基部一回羽状，二回小羽片3～4对。孢子囊穗排列稀疏，暗褐色，无毛。

【开发利用价值】据李时珍《本草纲目》记载，本种甘寒无毒，能通利小肠、疗伤寒热狂；治湿热肿毒、小便热淋、膏淋、血淋、石淋、经痛。四川用之治筋骨疼痛。

【采样编号】SD011-18。

【含硒量】全株：0.17 mg/kg。

【聚硒指数】全株：10.31。

八、凤尾蕨科 Pteridaceae

10. 蜈蚣凤尾蕨

Pteris vittata L.

【别名】蜈蚣草。

【形态特征】植株高20～150 cm。根状茎直立，短而粗健，木质，密蓬松的黄褐色鳞片。叶簇生；柄坚硬，基部深禾秆色至浅褐色，幼时密被与根状茎上同样的鳞片，以后渐变稀疏；叶片倒披针状长圆形，一回羽状；顶生羽片与侧生羽片同形，侧生羽多数，互生或有时近对生，下部羽片较疏离，斜展，无柄，不与叶轴合生，向下羽片逐渐缩短，基部羽片仅为耳形，中部羽片最长，狭线形，先端渐尖，基部扩大并为浅心脏形，其两侧稍呈耳形，上侧耳片较大并常覆盖叶轴，不育的叶缘有微细而均匀的密锯齿，不为软骨质。叶干后薄革质，暗绿色，无光泽；叶轴禾秆色，疏被鳞片。在成熟的植株上除下部缩短的羽片不育外，几乎全部羽片均能育。

【开发利用价值】本种从不生长在酸性土壤上，为钙质土及石灰岩的指示植物，其生长地土壤的pH为7.0～8.0。中医上具有祛风除湿、舒筋活络、解毒杀虫的功效。

【采样编号】SD010-50。

【含硒量】全株：0.10 mg/kg。

【聚硒指数】全株：1.58。

九、鳞毛蕨科 Dryopteridaceae

11. 阔羽贯众

Cyrtomium yamamotoi Tagawa

【形态特征】高40～60 cm。根茎直立，密被披针形黑棕色鳞片。叶簇生，叶柄基部直径2～3 mm，禾秆色，腹面有浅纵沟，密生卵形及披针形黑棕色或中间黑棕色边缘棕色的鳞片，鳞片边缘有小齿，上部渐稀疏；叶片卵形或卵状披针形，先端钝，基部略狭，奇数一回羽状；侧生羽片4～14对，互生，略斜向上，有短柄，披针形或宽披针形，多少上弯成镰状，中部先端渐尖成尾状，基部圆楔形或宽楔形不对称、上侧有半圆形或尖的耳状突，边缘全缘或近顶处有前倾的小齿；具羽状脉，小脉连接成3～4行网眼，腹面不明显，背面微凸起；顶生羽片卵形或菱状卵形，二叉或三叉状。叶为纸质，两面光滑；叶轴腹面有浅纵沟，疏生披针形黑棕色或棕色鳞片。孢子囊群遍布羽片背面；囊群盖圆形，盾状，边缘有齿缺。

【开发利用价值】根茎可入药，性味苦、微寒，归肺、肝、大肠经。具有清热解毒、燥湿杀虫、凉血止血之功效。治温热病、肺热咳嗽、痢疾、带下、蛲虫、绦虫、外伤出血等。

【采样编号】SH006-22。

【含硒量】茎：2.54 mg/kg；叶：8.68 mg/kg。

十、蹄盖蕨科 Athyriaceae

12. 长江蹄盖蕨

Athyrium iseanum Rosenst.

【形态特征】根状茎短，直立，先端和叶柄基部密被深褐色、披针形的鳞片；叶簇生。能育叶柄基部黑褐色，向上淡绿禾秆色，光滑；叶片长圆形，先端渐尖，基部圆形，几不变狭，二回羽状，小羽片深羽裂；羽片10～20对，互生，斜展，有柄，基部一对略缩短，第二对羽片披针形，先端长渐尖，基部对称，近截形，一回羽状，小羽片羽裂至二回羽状；小羽片10～14对，基部的对生，向上的互生，斜展，彼此略疏离，基部一对略大，卵状长圆形，急尖头，基部不对称，上侧截形，与羽轴并行，下侧楔形，边缘深羽裂几达主脉；裂片4～6对，长圆形，上侧的较下侧的大，基部上侧的最大，有少数短锯齿。叶脉下面较明显，在下部裂片上为羽状，侧脉2～5对，向上的二叉。叶干后草质，浅褐绿色，两面无毛；叶轴和羽轴下面禾秆色，交会处密被短腺毛，上面连同主脉有贴伏的针状软刺。孢子囊群长圆形、弯钩形、马蹄形或圆肾形，每裂片1枚，但基部上侧的2～3枚；囊群盖同形，黄褐色，膜质，全缘，宿存。孢子周壁表面无褶皱，有颗粒状纹饰。

【开发利用价值】全草入药。苦、凉。归肝、肺、心、大肠经，具有清热解毒、凉血止血之功效，可治疮毒、鼻衄、痢疾。

【采样编号】SH003-55。

【含硒量】根茎：4.20 mg/kg；叶：16.23 mg/kg。

【聚硒指数】根茎：5.80；叶：22.42。

蕨类植物 蹄盖蕨科

十一、乌毛蕨科 Blechnaceae

13. 顶芽狗脊

Woodwardia unigemmata（Makino）Nakai

【别名】生芽狗脊蕨、顶芽狗脊蕨、单芽狗脊。

【形态特征】高达2 m。根状茎横卧，黑褐色，密被鳞片；鳞片披针形，先端纤维状，全缘，棕色，薄膜质。叶近生；柄基部褐色并密被与根状茎上相同的鳞片，向上为棕禾秆色；叶片长卵形或椭圆形，先端渐尖，基部圆楔形，二回深羽裂；羽片7～18对，互生或下部的近对生，略斜向上或弯拱斜向上，先端尾尖，基部圆截形，上侧常覆盖叶轴，羽状深裂达羽轴两侧的宽翅；裂片14～22对，互生，斜展，彼此接近，先端渐尖，有时为尾状渐尖，边缘具细密的尖锯齿，干后内卷。叶脉明显，羽轴两面及主脉上面隆起，与叶轴同为棕禾秆色，在羽轴及主脉两侧各有1行狭长网眼，狭长网眼外尚有1～2行不整齐的多角形网眼，其外的小脉分离，小脉单一或二叉，先端有纺锤形水囊。叶革质，干后棕色或褐棕色，无毛，叶轴及羽轴下面疏被棕色纤维状小鳞片，尤以羽片着生处较密，叶轴近先端具1枚被棕色鳞片的腋生大芽孢。孢子囊群粗短线形，挺直或略弯，着生于主脉两侧的狭长网眼上，彼此接近或略疏离，下陷于叶肉；囊群盖同形，厚膜质，棕色或棕褐色，成熟时开向主脉。

【开发利用价值】根状茎可入药，味苦、性凉。有清热解毒、散瘀、杀虫之功效，用于治疗虫积腹痛、感冒、便血、血崩、痈疮肿毒。

【采样编号】SH003-18。

【含硒量】根：62.35 mg/kg；茎：143.30 mg/kg；叶：114.35 mg/kg。

【聚硒指数】根：86.12；茎：197.93；叶：157.94。

十二、木贼科 Equisetaceae

14. 披散木贼

Equisetum diffusum D. Don

【别名】散生木贼。

【形态特征】中小型植物。根茎横走，直立或斜升，黑棕色，节和根密生黄棕色长毛或光滑无毛。地上枝当年枯萎。枝一型。高10～70 cm，节间长1.5～6.0 cm，绿色，但下部1～3节节间黑棕色，无光泽，分枝多。主枝有脊4～10条，脊的两侧隆起成棱伸达鞘齿下部，每棱各有一行小瘤伸达鞘齿，鞘筒狭长，下部灰绿色，上部黑棕色；鞘齿5～10枚，披针形，先端尾状，革质，黑棕色，有一深纵沟贯穿整个鞘背，宿存。侧枝纤细，较硬，圆柱状，有脊4～8条，脊的两侧有棱及小瘤，鞘齿4～6个，三角形，革质，灰绿色，宿存。孢子囊穗圆柱状，长，顶端钝，成熟时柄伸长。

【采样编号】SH007-80。

【含硒量】根、茎和叶均未检出。

十三、石松科 Lycopodiaceae

15. 石松

Diaphasiastrum veitchii Thunb.

【形态特征】多年生土生植物。匍匐茎地上生，细长横走，二至三回分叉，绿色，被稀疏的叶；侧枝直立，多回二叉分枝，稀疏，压扁状（幼枝圆柱状）。叶螺旋状排列，密集，上斜，披针形或线状披针形，基部楔形，下延，无柄，先端渐尖，具透明发丝，边缘全缘，草质，中脉不明显。孢子囊穗3～8个集生于总柄，总柄上苞片螺旋状稀疏着生，薄草质，形状如叶片；孢子囊穗不等位着生（即小柄不等长），直立，圆柱形，具长小柄；孢子叶阔卵形，先端急尖，具芒状长尖头，边缘膜质，啮蚀状，纸质；孢子囊生于孢子叶腋，略外露，圆肾形，黄色。

【开发利用价值】石松叶大扇形，奇特雅致，配置林缘、路旁颇相宜，具有很高的观赏价值。

全草可入药，主治祛风除湿、通经活络、消肿止痛、风湿腰腿痛、关节疼痛、屈伸不利、跌打损伤、刀伤、烫火伤。性味与归经：微苦、辛，温；归肝、脾、肾经。

【采样编号】SH003-12。

十四、鳞始蕨科 Lindsaeaceae

16. 乌蕨

Odontosoria chusana（L.）Ching

【形态特征】植株高达65 cm。根状茎短而横走，粗壮，密被赤褐色的钻状鳞片。叶近生，叶柄禾秆色至褐禾秆色，有光泽，圆，上面有沟，除基部外，通体光滑；叶片披针形，先端渐尖，基部不变狭，四回羽状；羽片15～20对，互生，密接，有短柄，斜展，卵状披针形，先端渐尖，基部楔形，下部三回羽状；一回小羽片在一回羽状的顶部下有10～15对，有短柄，近菱形，先端钝，基部不对称，楔形，上先出，一回羽状或基部二回羽状；二回（或末回）小羽片小，倒披针形，先端截形，有齿牙，基部楔形，下延，其下部小羽片常再分裂成具有1～2条细脉的短而同形的裂片。叶脉上面不显，下面明显，在小裂片上为二叉分枝。叶坚草质，干后棕褐色，通体光滑。孢子囊群边缘着生，每裂片上1枚或2枚，顶生1～2条细脉上；囊群盖灰棕色，革质，半杯形，宽，与叶缘等长，近全缘或多少啮蚀，宿存。

【开发利用价值】全草入药，有清热解毒、利湿之功效。乌蕨是一种观赏价值较高的植物，广泛用于室内的装饰和美化。

【采样编号】SD010-43。

裸子植物 Gymnospermae

十五、杉科 Taxodiaceae

17. 杉木

Cunninghamia lanceolata（Lamb.）Hook.

【别名】正杉、沙树、沙木。

【形态特征】乔木，高可达30 m；幼树树冠尖塔形，大树树冠圆锥形，树皮灰褐色，裂成长条片脱落，内皮淡红色。叶在主枝上辐射伸展，侧枝之叶基部扭转成二列状，披针形或条状披针形，通常微弯、呈镰状，革质、坚硬，边缘有细缺齿，先端渐尖，稀微钝，上面深绿色，有光泽，除先端及基部外两侧有窄气孔带，微具白粉或白粉不明显，下面淡绿色，沿中脉两侧各有1条白粉气孔带。雄球花圆锥状，有短梗，通常40余朵簇生枝顶；雌球花单生或集生，绿色，苞鳞横椭圆形，先端急尖。球果卵圆形；熟时苞鳞革质，棕黄色，三角状卵形，先端有坚硬的刺状尖头，边缘有不规则的锯齿；种子扁平，遮盖着种鳞，长卵形或矩圆形，暗褐色，有光泽，两侧边缘有窄翅；子叶2枚，发芽时出土。

【开发利用价值】生长快，木材优良、用途广，为长江以南温暖地区最重要的速生用材树种。木材黄白色，有时心材带淡红褐色，质较软，细致，有香气，纹理直，易加工，密度0.38 g/cm^3，耐腐力强，不受白蚁蛀食。供建筑、造船、木桩、家具及木纤维工业原料等用。树皮含单宁。

【采样编号】SH006-50。

【含硒量】叶：0.04 mg/kg。

18. 柳杉

Cryptomeria japonica（Thunb. ex L. f.）D. Don

【别名】长叶孔雀松。

【形态特征】乔木，高达40 m，胸径可达2 m多；树皮红棕色，纤维状，裂成长条片脱落；大枝近轮生，平展或斜展；小枝细长，常下垂，绿色，枝条中部的叶较长，常向两端逐渐变短。叶钻形略向内弯曲，先端内曲，四边有气孔线，果枝的叶通常较短。雄球花单生叶腋，长椭圆形，集生于小枝上部，呈短穗状花序状；雌球花顶生于短枝上。球果圆球形或扁球形；种鳞20左右，上部有短三角形裂齿，鳞背中部或中下部有一个三角状分离的苞鳞尖头，能育的种鳞有2粒种子；种子褐色，近椭圆形，扁平，边缘有窄翅。花期4月，球果10月成熟。

【开发利用价值】边材黄白色，心材淡红褐色，材质较轻软，纹理直，结构细，耐腐力强，易加工。可供房屋建筑、家具及造纸原料等用，又为园林树种。

【采样编号】SH002-16。

【含硒量】叶未检出。

19. 水杉

Metasequoia glyptostroboides Hu & W. C. Cheng

【形态特征】乔木，高达35 m，胸径达2.5 m；树干基部常膨大；树皮灰色、灰褐色或暗灰色，幼树裂成薄片脱落，大树裂成长条状脱落，内皮淡紫褐色；枝斜展，小枝下垂，幼树树冠尖塔形，老树树冠广圆形，枝叶稀疏；一年生枝光滑无毛，幼时绿色，后渐变成淡褐色，二年、三年生枝淡褐灰色或褐灰色；侧生小枝排成羽状，冬季凋落；主枝上的冬芽卵圆形或椭圆形，顶端钝，芽鳞宽卵形，先端圆或钝，长宽几相等，边缘薄而色浅，背面有纵脊。叶条形，上面淡绿色，下面色较淡，沿中脉有两条较边带稍宽的淡黄色气孔带，每带有4～8条气孔线，叶在侧生小枝上列成二列，羽状，冬季与枝一同脱落。球果下垂，近四棱状球形或矩圆状球形，成熟前绿色，熟时深褐色，梗长上有交对生的条形叶；种鳞木质，盾形，通常11～12对，交叉对生，鳞顶扁菱形，中央有1条横槽，基部楔形，能育种鳞有5～9粒种子；种子扁平，倒卵形，间或圆形或矩圆形，周围有翅，先端有凹缺；子叶2枚，条形，两面中脉微隆起，上面有气孔线，下面无气孔线；初生叶条形，交叉对生，下面有气孔线。花期2月下旬，球果11月成熟。

【开发利用价值】水杉这一古老稀有的珍贵树种为我国特产，是喜光性强的速生树种，对环境条件的适应性较强。边材白色，心材褐红色，材质轻软，纹理直，结构稍粗，早晚材硬度区别大，不耐水湿。可供房屋建筑、板料、家具及木纤维工业原料等用。生长快，可作长江中下游、黄河下游、南岭以北、四川中部以东广大地区的造林树种及四旁绿化树种。树姿优美，又为著名的庭园树种。

【采样编号】SH007-112。

【含硒量】茎：0.12 mg/kg；叶：0.22 mg/kg。

十六、松科 Pinaceae

20. 马尾松

Pinus massoniana Lamb.

【形态特征】乔木，高达45 m，胸径1.5 m；树皮红褐色，下部灰褐色，裂成不规则的鳞状块片；枝平展或斜展，树冠宽塔形或伞形，枝条每年生长一至两轮，淡黄褐色，稀有白粉，无毛；冬芽卵状圆柱形或圆柱形，褐色，顶端尖，芽鳞边缘丝状，先端尖或成渐尖的长尖头，微反曲。针叶2～3针一束，细柔，微扭曲，两面有气孔线，边缘有细锯齿；横切面皮下层细胞单型，树脂道在背面或腹面边生；叶鞘初呈褐色，后渐变成灰黑色，宿存。雄球花淡红褐色，圆柱形，弯垂，聚生于新枝下部苞腋，穗状；雌球花单生或聚生于新枝近顶端，淡紫红色，一年生小球果卵圆形，褐色或紫褐色，上部珠鳞的鳞脐具向上直立的短刺，下部珠鳞的鳞脐平钝无刺。球果通常圆锥状卵圆形，有短梗，下垂，成熟前绿色，熟时栗褐色，陆续脱落；种子长卵圆形；子叶5～8枚；初生叶条形，叶缘具疏生刺毛状锯齿。

【开发利用价值】心、边材区别不明显，淡黄褐色，纹理直，结构粗，密度0.39～0.49 g/cm^3，有弹性，富树脂，耐腐力弱。供建筑、枕木、矿柱、家具及木纤维工业（人造丝浆及造纸）原料等用。树干可割取松脂，为医药、化工原料。根部树脂含量丰富；树干及根部可培养茯苓、蕈类，供中药及食用，树皮可提制栲胶。为长江流域以南重要的荒山造林树种。

【采样编号】SH002-02。

【含硒量】叶：0.09 mg/kg。

【聚硒指数】叶：1.65。

21. 油松

Pinus tabuliformis Carrière

【形态特征】乔木，高达25 m，胸径可达1 m以上；树皮灰褐色或褐灰色，裂成不规则较厚的鳞状块片，裂缝及上部树皮红褐色；枝平展或向下斜展，老树树冠平顶，小枝较粗，褐黄色，无毛，幼时微被白粉；冬芽矩圆形，顶端尖，微具树脂，芽鳞红褐色，边缘有丝状缺裂。针叶2针一束，深绿色，粗硬，边缘有细锯齿，两面具气孔线；横切面半圆形，二型层皮下层，在第一层细胞下常有少数细胞形成第二层皮下层，树脂道5～8个或更多，边生，多数生于背面，腹面有1～2个，稀角部有1～2个中生树脂道。雄球花圆柱形，在新枝下部聚生成穗状。球果卵形或圆卵形，有短梗，向下弯垂，成熟前绿色，熟时淡黄色或淡褐黄色；中部种鳞近矩圆状倒卵形，鳞盾肥厚，隆起或微隆起，扁菱形或菱状多角形，横脊显著，鳞脐凸起有尖刺；种子卵圆形或长卵圆形，淡褐色有斑纹；子叶8～12枚；初生叶窄条形，先端尖，边缘有细锯齿。花期4—5月，球果翌年10月成熟。

【开发利用价值】可供建筑、矿柱、造船、器具、家具及木纤维工业原料等用。松节、松叶、松球、松花粉、松香可药用。

【采样编号】SH003-47。

【含硒量】叶：1.27 mg/kg。

【聚硒指数】叶：1.75。

22. 华山松

Pinus armandii Franch.

【别名】果松、五须松、白松。

【形态特征】乔木，高达35 m，胸径1 m；幼树树皮灰绿色或淡灰色，平滑，老则呈灰色，裂成方形或长方形厚块片固着于树干上，或脱落；枝条平展，形成圆锥形或柱状塔形树冠；一年生枝绿色或灰绿色，无毛，微被白粉；冬芽近圆柱形，褐色，微具树脂，芽鳞排列疏松。针叶5～7针一束，边缘具细锯齿，仅腹面两侧各具白色气孔线；横切面三角形，单层皮下层细胞，树脂道通常3个；叶鞘早落。雄球花黄色，卵状圆柱形，基部围有卵状匙形的鳞片，多数集生于新枝下部呈穗状，排列较疏松。球果圆锥状长卵圆形，幼时绿色，成熟时黄色或褐黄色，种鳞张开，种子脱落；中部种鳞近斜方状倒卵形，鳞盾近斜方形或宽三角状斜方形，不具纵脊，先端钝圆或微尖，不反曲或微反曲，鳞脐不明显；种子黄褐色、暗褐色或黑色，倒卵圆形，无翅或两侧及顶端具棱脊，稀具极短的木质翅；子叶针形，横切面三角形，先端渐尖，全缘或上部棱脊微具细齿；初生叶条形，上下两面均有气孔线，边缘有细锯齿。

【开发利用价值】边材淡黄色，心材淡红褐色，结构微粗，纹理直，材质轻软，比重0.42，树脂较多，耐久用。可供建筑、枕木、家具及木纤维工业原料等用。树干可割取树脂；树皮可提取栲胶；针叶可提炼芳香油；种子可食用，亦可榨油供食用或工业用。华山松为材质优良、生长较快的树种，可为产区海拔1 100～3 300 m地带造林树种。

【采样编号】SH005-60。

【含硒量】叶：0.07 mg/kg。

【聚硒指数】叶：4.06。

十七、红豆杉科 Taxaceae

23. 南方红豆杉

Taxus wallichiana var. *mairei*（Lemée & H. Lév.）L. K. Fu & Nan Li

【形态特征】常绿乔木，高达30 m，胸径达60～100 cm；树皮灰褐色、红褐色或暗褐色，裂成条片脱落；大枝开展，一年生枝绿色或淡黄绿色，秋季变成绿黄色或淡红褐色，二年、三年生枝黄褐色、淡红褐色或灰褐色；冬芽黄褐色、淡褐色或红褐色，有光泽，芽鳞三角状卵形，背部无脊或有纵脊，脱落或少数宿存于小枝的基部。叶排列成两列，多呈弯镰状，上部常渐窄，先端渐尖，下面中脉带上无角质乳头状凸起点，或局部有成片或零星分布的角质乳头状凸起点，或与气孔带相邻的中脉带两边有一至数条角质乳头状凸起点，中脉带明晰可见，其色泽与气孔带相异，呈淡黄绿色或绿色，绿色边带亦较宽而明显。雄球花淡黄色。种子生于杯状红色肉质的假种皮中，间或生于近膜质盘状的种托（即未发育成肉质假种皮的珠托）之上，微扁，多呈倒卵圆形，上部较宽，稀柱状矩圆形，种脐常呈椭圆形。

【开发利用价值】心材橘红色，边材淡黄褐色，纹理直，结构细，比重0.55～0.76，坚实耐用，干后少开裂，可供建筑、车辆、家具、器具、农具及文具等用。具有药用价值，含抗肿瘤活性成分紫杉醇，同时根、茎、叶均可入药。

【采样编号】HT008-66。

【含硒量】茎：0.07 mg/kg；叶：0.02 mg/kg。

十八、银杏科 Ginkgoaceae

24. 银杏

Ginkgo biloba L.

【形态特征】乔木，高达40 m，胸径可达4 m；幼树树皮浅纵裂，大树之皮呈灰褐色，深纵裂，粗糙；幼年及壮年树冠圆锥形，老则广卵形；枝近轮生，斜上伸展；冬芽黄褐色，常为卵圆形，先端钝尖。叶扇形，淡绿色，无毛，有多数叉状并列细脉，在短枝上常具波状缺刻，在长枝上常2裂，基部宽楔形，秋季落叶前变为黄色。球花雌雄异株，单性，生于短枝顶端的鳞片状叶的腋内，呈簇生状；雄球花葇荑花序状，下垂，雄蕊排列疏松，花药长椭圆形，药室纵裂，药隔不发；雌球花具长梗，梗端常分两叉，每叉顶生一盘状珠座，胚珠着生其上，通常仅一个叉端的胚珠发育成种子，风媒传粉。种子具长梗，下垂，常为椭圆形，外种皮肉质，熟时黄色或橙黄色，外被白粉，有臭味；中种皮白色，骨质，具纵脊；内种皮膜质，淡红褐色；胚乳肉质，味甘略苦；子叶通常2枚，发芽时不出土，初生叶宽条形，先端微凹，第4或第5片起之后生叶扇形；有主根。花期3—4月，种子9—10月成熟。

【开发利用价值】银杏为珍贵的速生用材树种，边材淡黄色，心材淡黄褐色，结构细，质轻软，富弹性，易加工，有光泽，密度0.45 ~ 0.48 g/cm^3，不易开裂，为优良木材，供建筑、家具、室内装饰、雕刻、绘图版等用。种子供食用（多食易中毒）及药用。叶可供药用和制杀虫剂，亦可作肥料。种子的肉质外种皮含白果酸、白果醇及白果酚，有毒。树皮含单宁。银杏树形优美，春夏季叶色嫩绿，秋季变成黄色，颇为美观，可作庭园树及行道树。

【采样编号】SH007-49。

【含硒量】茎：0.06 mg/kg；叶：0.04 mg/kg。

被子植物 Angiospermae

双子叶植物纲 Dicotyledoneae

十九、楝科 Meliaceae

25. 红椿

Toona ciliata M. Roem.

【别名】毛红椿、红楝子、赤昨。

【形态特征】大乔木，高可超过20 m；小枝初时被柔毛，渐变无毛，有稀疏的苍白色皮孔。叶为偶数或奇数羽状复叶，通常有小叶7～8对；叶柄圆柱形；小叶对生或近对生，纸质，长圆状卵形或披针形，先端尾状渐尖，基部一侧圆形，另一侧楔形，不等边，边全缘，两面均无毛或仅于背面脉腋内有毛，侧脉背面凸起。圆锥花序顶生，被短硬毛或近无毛；花长约5 mm，具短花梗；花萼短，5裂，裂片钝，被微柔毛及睫毛；花瓣5枚，白色，长圆形，先端钝或具短尖，无毛或被微柔毛，边缘具睫毛；雄蕊5枚，约与花瓣等长，花丝被疏柔毛，花药椭圆形；花盘与子房等长，被粗毛；子房密被长硬毛，每室有胚珠8～10颗，花柱无毛，柱头盘状，有5条细纹。蒴果长椭圆形，木质，干后紫褐色，有苍白色皮孔；种子两端具翅，翅扁平，膜质。花期4—6月，果期10—12月。

【开发利用价值】木材赤褐色，纹理通直，质软，耐腐，供建筑、车舟、茶箱、家具、雕刻等用。树皮含单宁，可提制栲胶。

【采样编号】SD011-68。

二十、远志科 Polygalaceae

26. 瓜子金

Polygala japonica Houtt.

【别名】小金不换、神砂草、金锁匙。

【形态特征】多年生草本，高15～20 cm；茎、枝直立或外倾，绿褐色或绿色，具纵棱，被卷曲短柔毛。单叶互生，叶片厚纸质或亚革质。卵形或卵状披针形，稀狭披针形，全缘，叶面绿色，背面淡绿色，两面无毛或被短柔毛；叶柄被短柔毛。总状花序与叶对生，或腋外生，最上1个花序低于茎顶。花梗细，被短柔毛，基部具1枚披针形、早落的苞片；萼片5枚，宿存，外面3枚披针形，外面被短柔毛，里面2枚花瓣状，卵形至长圆形，具短尖头，基部具爪；花瓣3枚，白色至紫色，基部合生，侧瓣长圆形，基部内侧被短柔毛，龙骨瓣舟状，具流苏状鸡冠状附属物；雄蕊8枚，花丝合生成鞘，鞘1/2以下与花瓣贴生，且具缘毛，花药无柄，顶孔开裂；子房倒卵形，具翅，花柱弯曲，柱头2枚，间隔排列。蒴果圆形，短于内萼片，顶端凹陷，具喙状突尖，边缘具有横脉的阔翅，无缘毛。种子2颗，卵形，黑色，密被白色短柔毛，种阜2裂下延，疏被短柔毛。花期4—5月，果期5—8月。

【开发利用价值】根含三萜皂苷、树脂、脂肪油、远志醇和远志醇的四乙酸酯。全草或根可入药，有镇咳、化痰、活血、止血、安神、解毒之功效。

【采样编号】SD012-91。

27. 小扁豆

Polygala tatarinowii Regel

【别名】小远志、野豌豆草、天星吊红。

【形态特征】一年生直立草本，高5～15 cm；茎不分枝或多分枝，具纵棱，无毛。单叶互生，叶片纸质，卵形或椭圆形至阔椭圆形，先端急尖，基部楔形下延，全缘，具缘毛，两面均绿色，疏被短柔毛，具羽状脉；叶柄稍具翅。总状花序顶生，花密，花后延长；花具小苞片2枚，苞片披针形，早落；萼片5枚，绿色，花后脱落，外面3枚小，卵形或椭圆形，内面2枚花瓣状，长倒卵形，先端钝圆；花瓣3枚，红色至紫红色，侧生花瓣较龙骨瓣稍长，2/3以下合生，龙骨瓣顶端无鸡冠状附属物，圆形，具乳突；雄蕊8枚，花丝3/4以下合生成鞘，花药卵形；子房圆形，花柱弯曲，向顶端呈喇叭状，具倾斜裂片，柱头生于下方的短裂片内。蒴果扁圆形，顶端具短尖头，具翅，疏被短柔毛；种子近长圆形，黑色，被白色短柔毛，种阜小，盔形。花期8—9月，果期9—11月。

【开发利用价值】全草可药用，用于治疟疾和身体虚弱。

【采样编号】SD012-120。

二十一、藤黄科 Guttiferae

28. 金丝梅

Hypericum patulum Thunb. ex Murray

【形态特征】灌木，高0.3 ~ 3 m，丛状，具开张的枝条，有时略多叶。茎淡红至橙色。叶具柄；叶片通常披针形，常具小尖突，边缘平坦，不增厚，坚纸质，上面绿色，下面较为苍白色，主侧脉3对，中脉在上方分枝，腹腺体多少密集，叶片腺体短线形和点状。花序具1 ~ 15朵花，伞房状，苞片狭椭圆形，凋落。花呈杯状；花蕾宽卵珠形，先端钝形。萼片离生，在花蕾及果时直立，通常宽卵形，边缘有细的啮蚀状小齿至具小缘毛，膜质，常带淡红色，中脉通常分明，有多数腺条纹。花瓣金黄色，无红晕，多少内弯，通常长圆状倒卵形，边缘全缘或略为啮蚀状小齿，有1行近边缘生的腺点，有侧生的小尖突。雄蕊5束，每束有雄蕊50 ~ 70枚，花药亮黄色。子房呈宽卵珠形；花柱直立，向顶端外弯；柱头几不呈头状。蒴果宽卵珠形。种子深褐色，呈圆柱形，几无龙骨状凸起，有浅的线状蜂窝纹。花期6—7月，果期8—10月。

【开发利用价值】花供观赏；根可药用，有舒筋活血、催乳、利尿之功效。

【采样编号】SD010-11。

【含硒量】全株：0.93 mg/kg。

【聚硒指数】全株：14.05。

29. 地耳草

Hypericum japonicum Thunb. in Murray

【别名】千重楼、四方草、小元宝草。

【形态特征】一年生或多年生草本，高2～45 cm。茎单一或多少簇生，直立或外倾或匍地而在基部生根，在花序下部不分枝或各式分枝，具4纵线棱，散布淡色腺点。叶无柄，叶片通常卵形或卵状三角形至长圆形或椭圆形，先端近锐尖至圆形，基部心形抱茎至截形，边缘全缘，坚纸质，上面绿色，下面淡绿但有时带苍白色，具1条基生主脉和1～2对侧脉，但无明显脉网，无边缘生的腺点，全面散布透明腺点。花序具1～30朵花，两歧状或多少呈单歧状，有或无侧生的小花枝；苞片及小苞片线形、披针形至叶状，微小至与叶等长。花多少平展；花蕾圆柱状椭圆形，先端多少钝形。萼片狭长圆形或披针形至椭圆形，先端锐尖至钝形，全缘，无边缘生的腺点，全面散生有透明腺点或腺条纹，果时直伸。花瓣白色、淡黄至橙黄色，椭圆形或长圆形，先端钝形，无腺点，宿存。雄蕊5～30枚，不成束，宿存，花药黄色，具松脂状腺体。子房1室；花柱2～3枚，自基部离生，开展。蒴果短圆柱形至圆球形，无腺条纹。种子淡黄色，圆柱形，两端锐尖，无龙骨状凸起和顶端的附属.物，全面有细蜂窝纹。花期3月，果期6—10月。

【开发利用价值】全草可入药，能清热解毒、止血消肿，治肝炎、跌打损伤以及疮毒。

【采样编号】SH005-08。

30. 贯叶连翘

Hypericum perforatum L.

【别名】夜关门、小叶金丝桃、小金丝桃。

【形态特征】多年生草本，高20 ~ 60 cm，全体无毛。茎直立，多分枝，茎及分枝两侧各有1纵线棱。叶无柄，彼此靠近密集，椭圆形至线形基部抱茎，边缘全缘，背卷，坚纸质，上面绿色，下面白绿色。花序为聚伞花序，生于茎及分枝顶端，多个再组成顶生圆锥花序；苞片及小苞片线形。花瓣黄色，长圆形或长圆状椭圆形，两侧不相等，边缘及上部常有黑色腺点。雄蕊多数为3束，每束约15枚，花丝长短不一，花药黄色，具黑腺点。子房卵珠形，花柱3枚，自基部极少开。蒴果长圆状卵珠形，具背生腺条及侧生黄褐色囊状腺体。种子黑褐色，圆柱形，具纵向条棱，表面有细蜂窝纹。花期7—8月，果期9—10月。

【开发利用价值】贯叶连翘干燥地上部分入药，味苦、辛，性平，可清热解毒、调经止血。民间常将其全草鲜品捣烂或干品研末敷患处，治创伤出血、烧烫伤等。由于该种干燥地上部分可入药，可作为高聚硒药用植物资源。

【采样编号】SH003-50。

【含硒量】全株：57.13 mg/kg。

【聚硒指数】全株：78.91。

31. 短柄小连翘

Hypericum petiolulatum Hook. f. & Thomson ex Dyer

【形态特征】多年生草本，茎圆柱形，多少铺散，多分枝，分枝细弱而能育。叶远离，具柄；叶片卵形至倒卵形，最宽处在叶片中部或中部以上，先端钝形，基部宽楔形或渐狭，边缘全缘，波状，上面绿色，下面淡绿色，边缘生有黑腺点，全面散生淡色腺点。花序顶生，聚伞状，除顶生单花外通常为一回二歧状；苞片和小苞片叶状，略小。萼片线形，不等大，先端锐尖，无腺点或在上部偶有少数不成行的黑色腺点。花瓣黄色，长圆形，先端锐尖，无黑色腺点，宿存。雄蕊3束，每束约有雄蕊7枚，花药黄色，有黑色腺点。子房卵珠形，3室；花柱3枚，自基部分离，开张。蒴果宽卵珠形或近圆球形，成熟时紫红色，外有多数腺纹。种子淡黄褐色，圆柱形，两侧无龙骨状凸起，顶端无附属物，表面有不明显的细蜂窝纹。花期7—8月，果期9—10月。

【开发利用价值】治吐血、衄血、子宫出血、月经不调、乳汁不通、跌打损伤、创伤出血。

【采样编号】SH006-38。

【含硒量】全株：1.67 mg/kg。

32. 密腺小连翘

Hypericum seniawinii Maxim.

【别名】无宝草、大叶防风、小叶连翘。

【形态特征】多年生草本，植株各部分无毛。茎高约40 cm，在中部之上或顶部分枝。叶无柄，披针形或狭长圆形，顶端钝或微圆，基部浅心形或圆形，下面沿边缘有黑色腺点，其他部分有稍密的透明腺点。聚伞花序生分枝和茎顶端；苞片小，狭披针形，边缘有黑色腺体，间或近基部处有具柄的腺体；萼片5枚，狭披针形，顶端微尖，边缘全缘，沿边缘有黑色腺体；花瓣5枚，黄色，狭长圆形，上部边缘有少数黑色腺体；雄蕊长约7 mm，花药小，近球形，有1个黑色腺体；花柱3枚。花期6—8月。

【开发利用价值】药用全草，有调经活血、解毒消肿之功效。

【采样编号】SH007-11。

【含硒量】根茎：0.10 mg/kg；叶：0.06 mg/kg。

二十二、旌节花科 Stachyuraceae

33. 倒卵叶旌节花

Stachyurus obovatus（Rehd.）Hand.-Mazz.

【别名】卵叶旌节花。

【形态特征】常绿灌木或小乔木，高1～4 m。树皮灰色或灰褐色，枝条绿色或紫绿色，有明显的线状皮孔，茎髓白色。叶革质或亚革质，倒卵形或倒卵状椭圆形，中部以下突然收窄变狭，先端长尾状渐尖，基部渐狭成楔形，边缘中部以上具锯齿，齿尖骨质；上面绿色，下面淡绿色，无毛，中脉在上面稍凸，在下面明显凸起，侧脉5～7对，在下面较明显，细脉网状；具叶柄。总状花序腋生。有花5～8朵；总花梗基部具叶；花淡黄绿色，近于无梗；苞片1枚，三角形，急尖，宿存；小苞片2枚，卵形；萼片4枚，卵形；花瓣4枚，倒卵形，先端钝圆；雄蕊8枚；子房长卵形，被微柔毛，柱头卵形。浆果球形，疏被微柔毛；中部具关节，顶端具宿存花柱。花粉具3拟孔沟。花期4—5月，果期8月。

【开发利用价值】茎髓入药；叶含鞣质，可供提制栲胶。

【采样编号】SH003-71。

二十三、山茶科 Theaceae

34. 细枝柃

Eurya loquaiana Dunn

【形态特征】灌木或小乔木，高2～10 m；树皮灰褐色或深褐色，平滑；枝纤细，嫩枝圆柱形，黄绿色或淡褐色，密被微毛。叶薄革质，窄椭圆形或长圆状窄椭圆形，上面暗绿色，有光泽，无毛，下面干后常变为红褐色，除沿中脉被微毛外，其余无毛，中脉在上面凹下，下面凸起，侧脉纤细，两面均稍明显；叶柄被微毛。花1～4朵簇生于叶腋，花梗被微毛。雄花：小苞片2枚，极小，卵圆形；萼片5枚，卵形或卵圆形，外面被微毛；花瓣5枚，白色，倒卵形；雄蕊10～15枚，花药不具分格，退化子房无毛。雌花的小苞片和萼片与雄花相同；花瓣5枚，白色，卵形；子房卵圆形，无毛，3室，花柱顶端3裂。果实圆球形，成熟时黑色；种子肾形，稍扁，暗褐色，有光泽，表面具细蜂窝状网纹。花期10—12月，果期次年7—9月。

【开发利用价值】茎、叶可入药，具有祛风通络、活血止痛之功效，用于治疗风湿痹痛、跌打损伤。

【采样编号】SD010-76。

【含硒量】茎：0.11 mg/kg；叶：0.10 mg/kg。

【聚硒指数】茎：1.68；叶：1.55。

被子植物　山茶科

二十四、堇菜科 Violaceae

35. 鸡腿堇菜

Viola acuminata Ledeb.

【别名】走边疆、红铧头草。

【形态特征】多年生草本，通常无基生叶。根状茎较粗，垂直或倾斜，密生多条淡褐色根。茎直立，通常无毛。叶片心形，边缘具钝锯齿及短缘毛，两面密生褐色腺点，沿叶脉被疏柔毛。花淡紫色或近白色；花梗细长，被细柔毛；萼片线状披针形；花瓣有褐色腺点，上瓣向上反曲，侧瓣里面近基部有长须毛，下瓣里面常有紫色脉纹；距通常直，呈囊状，末端钝；下方2枚雄蕊之距短而钝；子房圆锥状，无毛，花柱基部微向前膝曲，向上渐增粗，顶部具数列明显的乳头状凸起，先端具短喙，喙端微向上噘，具较大的柱头孔。蒴果椭圆形，无毛，通常有黄褐色腺点。花果期5—9月。

【开发利用价值】嫩叶可作蔬菜。民间全草供药用，味淡，性寒，有清热解毒、消肿止痛之功效。主治肺热咳嗽、跌打肿痛等。用量15 ~ 25 g，外用适量捣烂敷患处。

【采样编号】SH003-03。

【含硒量】全株：12.90 mg/kg。

【聚硒指数】全株：17.81。

36. 长萼堇菜

Viola inconspicua Blume

【别名】拟长萼堇菜、犁头草。

【形态特征】多年生草本，无地上茎。根状茎垂直或斜生，较粗壮，节密生，通常被残留的褐色托叶所包被。叶均基生，呈莲座状；叶片三角形或戟形，两侧垂片发达，通常平展，稍下延于叶柄成狭翅，边缘具圆锯齿，两面通常无毛，上面密生乳头状小白点，但在较老的叶上则变成暗绿色；叶柄无毛；托叶3/4与叶柄合生，分离部分披针形，先端渐尖，边缘疏生流苏状短齿，稀全缘，通常有褐色锈点。花淡紫色，有暗色条纹；花梗细弱，通常与叶片等长或稍高出于叶，无毛或上部被柔毛，中部稍上处有2枚线形小苞片；萼片卵状披针形或披针形，顶端渐尖，基部附属物伸长，末端具缺刻状浅齿，具狭膜质缘，无毛或具纤毛；花瓣长圆状倒卵形，侧方花瓣里面基部有须毛；距管状，直，末端钝；下方雄蕊背部的距角状，顶端尖，基部宽；子房球形，无毛，花柱棍棒状，基部稍膝曲，顶端平，两侧具较宽的缘边，前方具明显的短喙，喙端具向上开口的柱头孔。蒴果长圆形，无毛。种子卵球形，深绿色。花果期3—11月。

【开发利用价值】全草可入药，能清热解毒。

【采样编号】SD010-34。

37. 早开堇菜

Viola prionantha Bunge

【别名】光瓣堇菜。

【形态特征】多年生草本，无地上茎。根状茎垂直，短而较粗壮。叶多数，均基生；叶片在花期呈长圆状卵形；果期叶片显著增大；叶柄较粗壮，无毛或被细柔毛，果期上部有狭翅；托叶苍白色或淡绿色，边缘疏生细齿。花大，紫堇色或淡紫色，喉部色淡并有紫色条纹，无香味；花梗较粗壮，具棱，超出于叶，在近中部处有2枚线形小苞片；上方花瓣倒卵形，向上方反曲，侧方花瓣长圆状倒卵形，里面基部通常有须毛或近于无毛，下方花瓣末端钝圆且微向上弯；药隔顶端具附属物，花药下方2枚雄蕊，末端尖；子房长椭圆形，无毛，花柱棍棒状，柱头顶部平或微凹，两侧及后方浑圆或具狭缘边，前方具不明显短喙，喙端具较狭的柱头孔。蒴果长椭圆形，无毛，顶端钝常具宿存的花柱。种子多数卵球形，深褐色，常有棕色斑点。花果期4月上中旬至9月。

【开发利用价值】全草可药用，有清热解毒、除脓消炎之功效；捣烂外敷可排脓、消炎、生肌。本种花形较大，色艳丽，早春4月上旬开始开花，中旬进入盛花期，是一种美丽的早春观赏植物。

【采样编号】SH007-46。

【含硒量】全株：0.39 mg/kg。

二十五、猕猴桃科 Actinidiaceae

38. 中华猕猴桃

Actinidia chinensis Planch.

【别名】阳桃、羊桃、羊桃藤。

【形态特征】大型落叶藤本；幼一枝或厚或薄地被有灰硬毛或刺毛，老时秃净或留有断损残毛；隔年枝完全秃净无毛，髓白色至淡褐色，片层状。叶纸质，倒阔卵形至倒卵形或阔卵形至近圆形，顶端截平形并中间凹入或具突尖、急尖至短渐尖，基部钝圆形、截平形至浅心形，边缘具脉出的直伸的睫状小齿，腹面深绿色，无毛或中脉和侧脉上有少量软毛或散被短糙毛，背面苍绿色，密被灰白色或淡褐色星状茸毛，侧脉5～8对，常在中部以上分歧成叉状，横脉比较发达，易见，网状小脉不易见；叶柄被灰硬毛状刺毛。聚伞花序1～3朵花；苞片小，卵形或钻形，均被灰白色丝状茸毛或黄褐色茸毛；花初放时白色，放后变淡黄色，有香气；萼片3～7枚，阔卵形至卵状长圆形，两面密被压紧的黄褐色茸毛；花瓣5枚，阔倒卵形，有短距；雄蕊极多，花丝狭条形，花药黄色，长圆形，基部叉开或不叉开；子房球形，密被金黄色的压紧交织茸毛或不压紧不交织的刷毛状糙毛，花柱狭条形。果黄褐色，被茸毛、长硬毛或刺毛状长硬毛，成熟时秃净或不秃净，具小而多的淡褐色斑点；宿存萼片反折。

【开发利用价值】中华猕猴桃原产于中国，栽培和利用至少有1 200年历史，是一种闻名世界、富含维生素C等营养成分的水果和食品加工原料。果：能调中理气、生津润燥、解热除烦；可生食或去皮后和蜂蜜煎汤服，用于治疗消化不良、食欲不振、呕吐、烧烫伤。根、根皮：能清热解毒、活血消肿、祛风利湿，用于治疗风湿性关节炎、跌打损伤、丝虫病、肝炎、痢疾、淋巴结结核、癌症等。枝叶：能清热解毒、散瘀、止血，用于治疗烫伤、风湿关节痛、外伤出血等。藤：能和中开胃、清热利湿，用于治疗消化不良、反胃呕吐、黄疸、石淋。

该种可用于提取植物硒，猕猴桃叶可作富硒饲料添加剂。

【采样编号】SH003-21。

【含硒量】叶：2.48 mg/kg；果实：0.09 mg/kg。

【聚硒指数】叶：3.44；果实：0.12。

二十六、虎皮楠科 Daphniphyllaceae

39. 交让木

Daphniphyllum macropodum Miq.

【形态特征】灌木或小乔木，高可达10 m；小枝粗壮，暗褐色，叶革质，叶片长圆形至倒披针形，叶面具光泽，叶背淡绿色，无乳突体，侧脉纤细而密，叶柄紫红色，粗壮，雄花、雌花花萼不育；花丝短，子房卵形，花柱极短，柱头外弯，扩展。果椭圆形，暗褐色，果梗纤细。3—5月开花，8—10月结果。

【开发利用价值】交让木在园林中可孤植或丛植，更宜于与其他观花果树木配植。交让木木材白色至淡黄色，纹理斜，结构细密，不耐腐，易加工，刨面光滑，适于作家具、板料、室内装修、文具及一般工艺用材。种子可榨油供工业用，亦可药用，治疖毒红肿。交让木的叶煮液，可防治蚜虫。

【采样编号】SH005-65。

【含硒量】叶：0.04 mg/kg。

【聚硒指数】叶：2.25。

二十七、大戟科 Euphorbiaceae

40. 乌桕

Triadica sebifera（L.）Small

【形态特征】乔木，高5～10 m，各部均无毛；枝带灰褐色，具细纵棱，有皮孔。叶互生，纸质，叶片阔卵形，全缘，近叶柄处常向腹面微卷；叶柄纤弱，顶端具2个腺体；托叶三角形。花单性，雌雄同株，聚集成顶生的总状花序，雌花生于花序轴下部，雄花生于花序轴上部或有时整个花序全为雄花。雄花：花梗纤细；苞片卵形或阔卵形，每一苞片内有5～10朵花；小苞片长圆形，蕾期紧抱花梗，顶端浅裂或具齿；花萼杯状，具不整齐的小齿；雄蕊2枚，伸出于花萼之外，花丝分离。雌花：花梗圆柱形，粗壮；苞片和小苞片与雄花的相似；花萼3深裂几达基部，裂片三角形；子房卵状球形，3室，柱头3枚，外卷。蒴果近球形，成熟时黑色，横切面呈三角形。

【开发利用价值】根皮、树皮、叶可入药，用于治疗血吸虫病、肝硬化腹水、大小便不利、毒蛇咬伤，外用治疗疮、鸡眼、乳腺炎、跌打损伤、湿疹、皮炎。同时具有经济和园艺价值。

【采样编号】SD011-12。

【含硒量】茎：0.03 mg/kg；叶：0.07 mg/kg。

【聚硒指数】茎：1.94；叶：4.50。

41. 铁苋菜

Acalypha australis L.

【别名】海蚌含珠、蚌壳草。

【形态特征】一年生草本，高0.2～0.5 m，小枝细长，被贴柔毛，毛逐渐稀疏。叶膜质，长卵形，顶端短渐尖，基部楔形，稀圆钝，边缘具圆锯，上面无毛，下面沿中脉具柔毛；基出脉3条，侧脉3对；叶柄具短柔毛；托叶披针形，具短柔毛。雌雄花同序，花序腋生，稀顶生，花序轴具短毛，雌花苞片1～4枚，卵状心形，花后增大，边缘具三角形齿，外面沿掌状脉具疏柔毛，苞腋具雌花1～3朵；花梗无；雄花生于花序上部，排列呈穗状或头状，雄花苞片卵形，苞腋具雄花5～7朵，簇生；雄花：花蕾时近球形，无毛，花萼裂片4枚，卵形；雄蕊7～8枚；雌花：萼片3枚，长卵形，具疏毛；子房具疏毛，花柱3枚，撕裂5～7条。蒴果具3个分果爿，果皮具疏生毛和毛基变厚的小瘤体；种子近卵状，种皮平滑，假种阜细长。花果期4—12月。

【开发利用价值】全草或地上部分可入药，具有清热解毒、利湿消积、收敛止血之功效。嫩叶可以食用，为南方各地民间野菜品种之一。

【采样编号】SD011-33。

【含硒量】全株：0.09 mg/kg。

【聚硒指数】全株：5.81。

42. 石岩枫

Mallotus repandus（Willd.）Müll. Arg.

【别名】杠香藤、倒挂金钩、倒挂茶。

【形态特征】攀援状灌木。嫩枝、叶柄、花序和花梗均密生黄色星状柔毛；老枝无毛，常有皮孔。叶互生，纸质或膜质，卵形或椭圆状卵形，顶端急尖或渐尖，基部楔形或圆形，边全缘或波状，嫩叶两面均被星状柔毛，成长叶仅下面叶脉腋部被毛和散生黄色颗粒状腺体；基出脉3条，有时稍离基，侧脉4～5对；具叶柄。花雌雄异株，总状花序或下部有分枝；雄花序顶生，稀腋生；苞片钻状，密生星状毛，苞腋有花2～5朵；雄花：花萼裂片3～4枚，卵状长圆形，外面被茸毛；雄蕊40～75枚，花药长圆形，药隔狭。雌花序顶生，苞片长三角形；雌花：花萼裂片5枚，卵状披针形，外面被茸毛，具颗粒状腺体；花柱2～3枚，柱头被星状毛，密生羽毛状凸起。蒴果具2～3个分果爿，密生黄色粉末状毛和具颗粒状腺体；种子卵形，黑色，有光泽。花期3—5月，果期8—9月。

【开发利用价值】茎皮纤维可编绳用。根或茎叶，能祛风，可治毒蛇咬伤、风湿痹痛、慢性溃疡等。

【采样编号】SD010-61。

【含硒量】茎：0.53 mg/kg；叶：0.65 mg/kg。

【聚硒指数】茎：8.03；叶：9.77。

43. 毛桐

Mallotus barbatus（Wall. ex Baill.）Müll. Arg.

【形态特征】小乔木，高3～4 m；嫩枝、叶柄和花序均被黄棕色星状长茸毛。叶互生、纸质，卵状三角形或卵状菱形，顶端渐尖，基部圆形或截形，边缘具锯齿或波状，上部有时具2裂片或粗齿，上面除叶脉外无毛，下面密被黄棕色星状长茸毛，散生黄色颗粒状腺体；掌状脉5～7条，侧脉4～6对，近叶柄着生处有时具黑色斑状腺体数个。花雌雄异株，总状花序顶生；雄花序下部常多分枝；苞片线形苞腋具雄花4～6朵；雄花：花蕾球形或卵形；花萼裂片4～5枚，卵形，外面密被星状毛；雄蕊75～85枚。雌花序苞片线形，苞腋有雌花1～2朵；雌花：花萼裂片3～5枚，卵形，顶端急尖；花柱3～5枚，基部稍合生，柱头密生羽毛状凸起。蒴果排列较稀疏，球形，密被淡黄色星状毛和紫红色的软刺，形成连续的厚毛层；种子卵形，黑色，光滑。花期4—5月，果期9—10月。

【开发利用价值】茎皮纤维可作制纸原料；木材质地轻软，可制器具；种子油可供工业用。

【采样编号】SD011-72。

【含硒量】茎：0.08 mg/kg；叶：0.05 mg/kg。

【聚硒指数】茎：5.19；叶：2.88。

44. 野桐

Mallotus tenuifolius Pax

【形态特征】落叶灌木或小乔木，高3 ~ 7 m。叶互生，纸质，卵形、卵圆形、卵状三角形、肾形或横长圆形，边全缘，不分裂或上部每侧具1裂片或粗齿，上面无毛，下面仅叶脉稀疏被星状毛或无毛，疏散橙红色腺点；基出脉3条；侧脉5 ~ 7对，近叶柄具黑色圆形腺体2颗。花雌雄异株，花序总状或下部常具3 ~ 5个分枝；苞片钻形；雄花在每苞片内3 ~ 5朵；花蕾球形，顶端急尖；花萼裂片3 ~ 4枚，卵形，外面密被星状毛和腺点；雄蕊25 ~ 75枚，药隔稍宽；雌花序长开展；苞片披针形；雌花在每苞片内1朵；花梗密被星状毛；花萼裂片4 ~ 5枚，披针形，顶端急尖，外面密被星状茸毛；子房近球形，三棱状；花柱3 ~ 4枚，中部以下合生，柱头长约4 mm，具疣状凸起和密被星状毛。幼枝被星状茸毛。树皮褐色。嫩枝具纵棱，枝、叶柄和花序轴均密被褐色星状毛。蒴果近扁球形，钝三棱形，密被有星状毛的软刺和红色腺点；种子近球形，褐色或暗褐色，具皱纹。花期4—6月，果期7—8月。

【开发利用价值】种子含油量约40%，油为干性油，可作油漆、肥皂、润滑油原料。茎韧皮纤维可作纺织麻袋或作蜡纸及人造棉原料，叶可作猪饲料。树皮含岩白菜素，叶含芸香苷、野梧桐烯醇和它的亚麻酸酯。野桐籽实十分鲜艳，可作旅游观光园打造。

该种水溶性硒代氨基酸和盐酸水解硒代氨基酸含量差异不大，可先提取硒代氨基酸，水解后再提取其他形态植物硒。种子炼油后可提取植物硒。

【采样编号】SH003-19。

45. 蜜甘草

Phyllanthus ussuriensis Rupr. & Maxim.

【别名】飞蛇仔。

【形态特征】一年生草本，高达60 cm；茎直立，常基部分枝，枝条细长；小枝具棱；全株无毛。叶片纸质，椭圆形至长圆形，顶端急尖至钝，基部近圆，下面白绿色；侧脉每边5～6条；叶柄极短或几乎无叶柄；托叶卵状披针形。花雌雄同株，单生或数朵簇生于叶腋；花梗丝状，基部有数枚苞片；雄花：萼片4枚，宽卵形；花盘腺体4个，分离，与萼片互生；雄蕊2枚，花丝分离，药室纵裂；雌花：萼片6枚，长椭圆形，果时反折；花盘腺体6个，长圆形；子房卵圆形，3室，花柱3，顶端2裂。蒴果扁球状，平滑；果梗短；种子黄褐色，具有褐色疣点。花期4—7月，果期7—10月。

【开发利用价值】可药用，全草有消食止泻之功效。

【采样编号】HT008-25。

46. 叶下珠

Phyllanthus urinaria L.

【别名】珍珠草、假油树、阴阳草。

【形态特征】一年生草本，高10～60 cm，茎通常直立，基部多分枝，枝倾卧而后上升；枝具翅状纵棱，上部被一纵列疏短柔毛。叶片纸质，因叶柄扭转而呈羽状排列，长圆形或倒卵形，顶端圆、钝或急尖而有小尖头，下面灰绿色，近边缘或边缘有1～3列短粗毛；侧脉每边4～5条，明显；叶柄极短；托叶卵状披针形。花雌雄同株；雄花：2～4朵簇生于叶腋，通常仅上面1朵开花，下面的很小；花梗基部有苞片1～2枚；萼片6枚，倒卵形，顶端钝；雄蕊3枚，花丝全部合生成柱状；花粉粒长球形，通常具5孔沟，少数3、4、6孔沟，内孔横长椭圆形；花盘腺体6个，分离，与萼片互生；雌花：单生于小枝中下部的叶腋内；萼片6枚，近相等，卵状披针形，边缘膜质，黄白色；花盘圆盘状，边全缘；子房卵状，有鳞片状凸起，花柱分离，顶端2裂，裂片弯卷。蒴果圆球状，红色，表面具小凸刺，有宿存的花柱和萼片，开裂后轴柱宿存；种子橙黄色。花期4—6月，果期7—11月。

【开发利用价值】可药用，全草有解毒、消炎、清热止泻、利尿之功效，可治赤目肿痛、肠炎腹泻、痢疾、肝炎、小儿疳积、肾炎水肿、尿路感染等。

【采样编号】SD011-19。

47. 算盘子

Glochidion puberum（L.）Hutch.

【别名】柿子椒、野南瓜、红毛馒头果等。

【形态特征】直立灌木，高1～5 m，多分枝；小枝灰褐色；小枝、叶片下面、萼片外面、子房和果实均密被短柔毛。叶片纸质或近革质，通常长卵形，上面灰绿色，下面粉绿色；侧脉下面凸起，网脉明显；托叶三角形。花小，雌雄同株或异株，簇生于叶腋内，雄花束常着生于小枝下部，雌花束则在上部，或雌花和雄花同生于一叶腋内；雄花：萼片6枚，狭长圆形或长圆状倒卵形；雄蕊3枚，合生呈圆柱状；雌花：萼片6枚，与雄花的相似，但较短而厚；子房圆球状，5～10室，每室有2颗胚珠，花柱合生呈环状，长宽与子房几相等，与子房接连处缢缩。蒴果扁球状，边缘有纵沟，成熟时带红色，顶端有宿存花柱；种子近肾形，具3棱，朱红色。

【开发利用价值】种子可榨油，含油量20%，可供制肥皂或作润滑油。根、茎、叶和果实均可药用，有活血散瘀、消肿解毒之功效，治痢疾、腹泻、感冒发热、咳嗽、食滞腹痛、湿热腰痛、跌打损伤、氙气（果）等；也可作农药。全株可提制栲胶；叶可作绿肥，置于粪池可杀蛆。

【采样编号】SH005-04。

【含硒量】叶：0.01 mg/kg。

【聚硒指数】叶：0.88。

二十八、三白草科 Saururaceae

48. 蕺菜

Houttuynia cordata Thunb.

【别名】侧耳根、狗贴耳、鱼腥草。

【形态特征】腥臭草本，高30 ~ 60 cm；茎下部伏地，节上轮生小根，上部直立，无毛或节上被毛，有时带紫红色。叶薄纸质，有腺点，背面尤甚，卵形或阔卵形，顶端短渐尖，基部心形，两面有时除叶脉被毛外余均无毛，背面常呈紫红色；叶脉5 ~ 7条，全部基出或最内1对离基约5 mm从中脉发出，如为7条脉时，则最外1对很纤细或不明显；叶柄无毛；托叶膜质，顶端钝，下部与叶柄合生而成鞘，且常有缘毛，基部扩大，略抱茎。总花梗无毛；总苞片长圆形或倒卵形，顶端钝圆；雄蕊长于子房，花丝长为花药的3倍。蒴果顶端有宿存的花柱。花期4—7月。

【开发利用价值】全株可入药，有清热、解毒、利水之功效，治肠炎、痢疾、肾炎水肿、乳腺炎、中耳炎等。嫩根茎可食，在我国西南地区常作蔬菜或调味品。

【采样编号】SH002-20。

【含硒量】根：0.07 mg/kg；茎：0.02 mg/kg；叶：未检出。

【聚硒指数】根：1.27；茎：0.42；叶：0。

二十九、金粟兰科 Chloranthaceae

49. 多穗金粟兰

Chloranthus multistachys S. J. Pei

【别名】四块瓦、大四块瓦、四大天王。

【形态特征】多年生草本，高16～50 cm，根状茎粗壮，生多数细长须根；茎直立，单生，下部节上生一对鳞片叶。叶对生，坚纸质，椭圆形至宽椭圆形、卵状椭圆形或宽卵形，顶端渐尖，基部宽楔形至圆形，边缘具粗锯齿或圆锯齿，齿端有一腺体，腹面亮绿色，背面沿叶脉有鳞屑状毛，有时两面具小腺点；侧脉6～8对，网脉明显。穗状花序多条，粗壮，顶生和腋生，单一或分枝；苞片宽卵形或近半圆形；花小，白色，排列稀疏；雄蕊1～3枚，着生于子房上部外侧；若为1枚雄蕊则花药卵形，2室；若为3（～2）枚雄蕊时，则中央花药2室，而侧生花药1室，且远比中央的小；药隔与药室等长或稍长，稀短于药室；子房卵形，无花柱，柱头截平。核果球形，绿色，具柄，表面有小腺点。花期5—7月，果期8—10月。

【开发利用价值】根及根状茎可供药用，可祛湿散寒、理气活血、散瘀解毒。

【采样编号】HT008-70。

【含硒量】根茎：0.14 mg/kg；叶：0.07 mg/kg。

三十、胡桃科 Juglandaceae

50. 胡桃

Juglans regia L.

【别名】核桃。

【形态特征】乔木，高达20～25 m；树干较别的种类矮，树冠广阔；树皮幼时灰绿色，老时则灰白色而纵向浅裂；小枝无毛，具光泽，被盾状着生的腺体，灰绿色，后来带褐色。奇数羽状复叶，叶柄及叶轴幼时被有极短腺毛及腺体；小叶通常5～9枚，稀3枚，椭圆状卵形至长椭圆形，顶端钝圆或急尖、短渐尖，基部歪斜、近于圆形，边缘全缘或在幼树上者具稀疏细锯齿，上面深绿色，无毛，下面淡绿色，侧脉11～15对，腋内具簇短柔毛，侧生小叶具极短的小叶柄或近无柄，生于下端者较小。雄性葇荑花序下垂。雄花的苞片、小苞片及花被片均被腺毛；雄蕊6～30枚，花药黄色，无毛。雌性穗状花序通常具1～4朵雌花。雌花的总苞被极短腺毛，柱头浅绿色。果序短，杞俯垂，具1～3颗果实；果实近于球状，无毛；果核稍具皱曲，有2条纵棱，顶端具短尖头；内果皮壁内具不规则的空隙或无空隙而仅具皱曲。花期5月，果期10月。

【开发利用价值】为我国平原及丘陵地区常见栽培，喜肥沃湿润的沙质壤土，常见于山区河谷两旁土层深厚的地方。种仁含油量高，可生食，亦可榨油食用；木材坚实，是很好的硬木材料。

【采样编号】SH007-62。

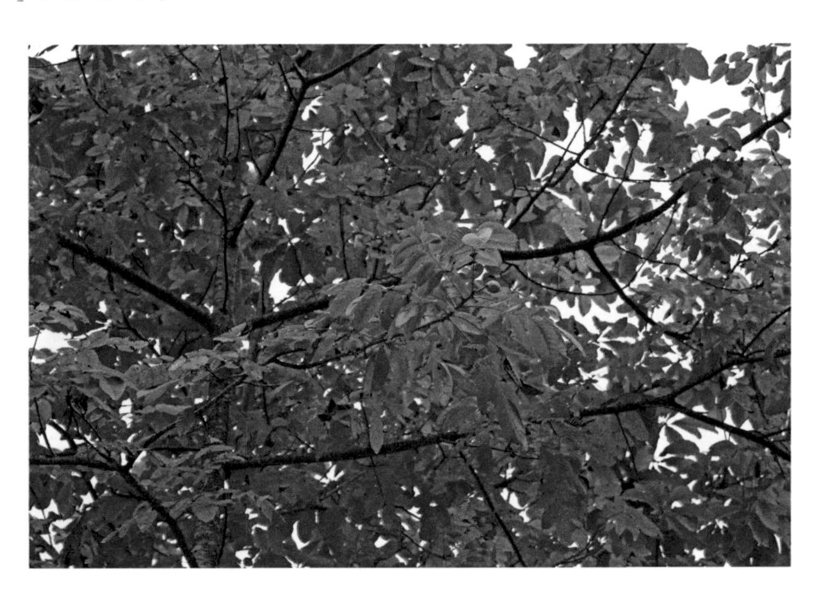

51. 胡桃楸

Juglans mandshurica Maxim.

【别名】野核桃、山核桃、核桃楸。

【形态特征】乔木，高可超过20 m；树冠扁圆形；树皮灰色，具浅纵裂；幼枝被有短茸毛。奇数羽状复叶，叶柄及叶轴被有短柔毛或星芒状毛；小叶通常椭圆状披针形，边缘具细锯齿，深绿色，下面色淡，被贴伏的短柔毛及星芒状毛；侧生小叶对生，无柄，先端渐尖，基部歪斜，截形至近于心脏形；顶生小叶基部楔形。雄性葇荑花序，花序轴被短柔毛。雄花具短花柄；苞片顶端钝，小苞片2枚位于苞片基部，花被片1枚位于顶端而与苞片重叠、2枚位于花的基部两侧；雄蕊花药黄色，药隔急尖或微凹，被灰黑色细柔毛。雌性穗状花序轴被有茸毛。雌花被有茸毛，下端被腺质柔毛，花被片披针形，被柔毛，柱头鲜红色，背面被贴伏的柔毛。果序俯垂，序轴被短柔毛。果实球状、卵状或椭圆状，顶端尖，密被腺质短柔毛；果核表面具纵棱，各棱间具不规则皱曲及凹穴，顶端具尖头。花期5月，果期8—9月。

【开发利用价值】种子油供食用，种仁可食；木材反张力小，不易变形，可作枪托、车轮、建筑等重要原料。树皮、叶及外果皮含鞣质，可提制栲胶；树皮纤维可作造纸等原料；枝、叶、皮可作农药。

【采样编号】SH006-46。

【含硒量】茎：0.65 mg/kg；叶：0.48 mg/kg；果实：0.21 mg/kg。

三十一、蓼科 Polygonaceae

52. 何首乌

Fallopia multiflora（Thunb.）Haraldson

【别名】夜交藤、紫乌藤、多花蓼。

【形态特征】多年生草本。块根肥厚，长椭圆形，黑褐色。茎缠绕，多分枝，具纵棱，无毛，微粗糙，下部木质化。叶卵形或长卵形，顶端渐尖，基部心形或近心形，两面粗糙，边缘全缘；具叶柄；托叶鞘膜质，偏斜，无毛。花序圆锥状，顶生或腋生，分枝开展，具细纵棱，沿棱密被小凸起；苞片三角状卵形，具小凸起，顶端尖，每苞内具2～4朵花；花梗细弱，下部具关节，果时延长；花被5深裂，白色或淡绿色，花被片椭圆形，大小不相等，外面3片较大背部具翅，果时增大，花被果时外形近圆形；雄蕊8枚，花丝下部较宽；花柱3枚，极短，柱头头状。瘦果卵形，具3棱，黑褐色，有光泽，包于宿存花被内。花期8—9月，果期9—10月。

【开发利用价值】块根可入药，有安神、养血、活络之功效。

【采样编号】HT008-61。

53. 细柄野荞麦

Fagopyrum gracilipes（Hemsl.）Dammer ex Diels

【别名】细柄野荞。

【形态特征】一年生草本。茎直立，自基部分枝，具纵棱，疏被短糙伏毛。叶卵状三角形，顶端渐尖，基部心形，两面疏生短糙伏毛，下部叶叶柄具短糙伏毛，上部叶叶柄较短或近无梗；托叶鞘膜质，偏斜，具短糙伏毛，顶端尖。花序总状，腋生或顶生，极稀疏，间断，花序梗细弱，俯垂；苞片漏斗状，上部近缘膜质，中下部草质，绿色，每苞内具2～3朵花，花梗细弱，比苞片长，顶部具关节；花被5深裂，淡红色，花被片椭圆形，背部具绿色脉，果时花被稍增大；雄蕊8枚，比花被短；花柱3枚，柱头头状。瘦果宽卵形，具3锐棱，有时沿棱生狭翅，有光泽，凸出花被之外。花期6—9月，果期8—10月。

【采样编号】SH003-76。

【含硒量】根：0.58 mg/kg；茎：0.30 mg/kg；叶：0.51 mg/kg。

【聚硒指数】根：0.80；茎：0.41；叶：0.70。

54. 虎杖

Reynoutria japonica Houtt.

【别名】苦杖、大虫杖、斑杖、酸杖。

【形态特征】多年生草本。根状茎粗壮，横走。茎直立，粗壮，空心，具明显的纵棱，具小凸起，无毛，散生红色或紫红斑点。叶宽卵形或卵状椭圆形，近革质，顶端渐尖，基部宽楔形、截形或近圆形，边缘全缘，疏生小凸起，两面无毛，沿叶脉具小凸起；叶柄具小凸起；托叶鞘膜质，偏斜，褐色，具纵脉，无毛，顶端截形，无缘毛，常破裂，早落。花单性，雌雄异株，花序圆锥状，腋生；苞片漏斗状，顶端渐尖，无缘毛，每苞内具2～4朵花；花梗中下部具关节；花被5深裂，淡绿色，雄花花被片具绿色中脉，无翅，雄蕊8枚，比花被长；雌花花被片外面3片背部具翅，果时增大，翅扩展下延，花柱3枚，柱头流苏状。瘦果卵形，具3棱，黑褐色，有光泽，包于宿存花被内。花期8—9月，果期9—10月。

【开发利用价值】根为一种黄色染料。干燥根茎和根可入药，微苦，微寒；归肝、胆、肺经。有活血、散瘀、通经、镇咳、祛风利湿、散瘀定痛、止咳化痰之功效，用于治疗关节痹痛、湿热黄疸、经闭、症瘕、水火烫伤、跌打损伤、咳嗽痰多等。孕妇慎用。

【采样编号】SH006-02。

【含硒量】茎：6.77 mg/kg；叶：19.72 mg/kg。

55. 杠板归

Persicaria perfoliata（L.）H. Gross

【别名】贯叶蓼、刺梨头。

【形态特征】一年生草本。茎攀援，多分枝，具纵棱，沿棱具稀疏的倒生皮刺。叶三角形，顶端钝或微尖，基部截形或微心形，薄纸质，上面无毛，下面沿叶脉疏生皮刺；叶柄与叶片近等长，具倒生皮刺，盾状着生于叶片的近基部；托叶鞘叶状，草质，绿色，圆形或近圆形，穿叶。总状花序呈短穗状，不分枝顶生或腋生；苞片卵圆形，每苞片内具花2～4朵；花被5深裂，白色或淡红色，花被片椭圆形，果时增大，呈肉质，深蓝色；雄蕊8枚，略短于花被；花柱3枚，中上部合生；柱头头状。瘦果球形，黑色，有光泽，包于宿存花被内。花期6—8月，果期7—10月。

【采样编号】SH001-07

【含硒量】全株：0.01 mg/kg。

56. 戟叶蓼

Polygonum thunbergii Sieb. et Zucc.

【形态特征】一年生草本。茎直立或上升，具纵棱，沿棱具倒生皮刺，基部外倾，节部生根，高30～90 cm。叶戟形，顶端渐尖，基部截形或近心形，两面疏生刺毛，极少具稀疏的星状毛，边缘具短缘毛，中部裂片卵形或宽卵形，侧生裂片较小，卵形，具倒生皮刺，通常具狭翅；托叶鞘膜质，边缘具叶状翅，翅近全缘，具粗缘毛。花序头状，顶生或腋生，分枝，花序梗具腺毛及短柔毛；苞片披针形，顶端渐尖，边缘具缘毛，每苞内具2～3朵花；花梗无毛，比苞片短，花被5深裂，淡红色或白色，花被片椭圆形；雄蕊8枚，成2轮，比花被短；花柱3枚，中下部合生，柱头头状。瘦果宽卵形，具3棱，黄褐色，无光泽，包于宿存花被内。花期7—9月，果期8—10月。

【开发利用价值】花中含有槲皮苷。全草含有水蓼素。全草夏秋采收，鲜用或晒干备用。有清热解毒、止泻之功效，治毒蛇咬伤、泻痢。

【采样编号】SH003-65。

【含硒量】茎：6.35 mg/kg；叶：32.77 mg/kg。

【聚硒指数】茎：8.77；叶：45.27。

57. 萹蓄

Polygonum aviculare L.

【别名】多茎萹蓄、竹叶草、扁竹、萹蓄。

【形态特征】一年生草本。茎平卧、上升或直立，自基部多分枝，具纵棱。叶椭圆形，狭椭圆形或披针形，顶端钝圆或急尖，基部楔形，边缘全缘，两面无毛，下面侧脉明显；叶柄短或近无柄，基部具关节；托叶鞘膜质，下部褐色，上部白色，撕裂脉明显。花单生或数朵簇生于叶腋，遍布于植株；苞片薄膜质；花梗细，顶部具关节；花被5深裂，花被片椭圆形，绿色，边缘白色或淡红色；雄蕊8枚，花丝基部扩展；花柱3枚，柱头头状。瘦果卵形，具3棱，黑褐色，密被由小点组成的细条纹，无光泽，与宿存花被近等长或稍超过。花期5—7月，果期6—8月。

【开发利用价值】全草可供药用，有通经利尿、清热解毒之功效。主要以幼苗及嫩茎叶为食用部分，是中国民间传统的野菜。嫩茎叶中含有蛋白质、碳水化合物及多种维生素，干品中含钾、钙、镁等多种矿物质，其鲜品和干品可用作牛、羊、猪、兔等的饲料。

【采样编号】HT008-38。

【含硒量】全株：3.35 mg/kg。

58. 尼泊尔蓼

Persicaria nepalensis（Meisn.）H. Gross

【形态特征】一年生草本。茎外倾或斜上，自基部多分枝，无毛或在节部疏生腺毛。茎下部叶卵形或三角状卵形，顶端急尖，基部宽楔形，沿叶柄下延成翅，两面无毛或疏被刺毛，疏生黄色透明腺点，茎上部较小；短叶柄或近无柄，抱茎；托叶鞘筒状，膜质，淡褐色，顶端斜截形，无缘毛，基部具刺毛。花序头状，顶生或腋生，基部常具1枚叶状总苞片，花序梗细长，上部具腺毛；苞片卵状椭圆形，通常无毛，边缘膜质，每苞内具1朵花；花梗比苞片短；花被通常4裂，淡紫红色或白色，花被片长圆形，顶端圆钝；雄蕊5～6枚，与花被近等长，花药暗紫色；花柱2枚，下部合生，柱头头状。瘦果宽卵形，双凸镜状，黑色，密生洼点。无光泽，包于宿存花被内。花期5—8月，果期7—10月。

【开发利用价值】茎、叶柔软，为优等牧草，各种家畜喜食。放牧及刈割补饲，鲜草产量3 750～7 500 kg/hm^2。

【采样编号】SH003-75。

【含硒量】茎：0.32 mg/kg；叶：0.22 mg/kg。

【聚硒指数】茎：0.44；叶：0.31。

59. 愉悦蓼

Persicaria jucunda（Meisn.）Migo

【形态特征】一年生草本。茎直立，基部近平卧，多分枝，无毛。叶椭圆状披针形，两面疏生硬伏毛或近无毛，顶端渐尖基部楔形，边缘全缘，具短缘毛；短叶柄；托叶鞘膜质，淡褐色，筒状，疏生硬伏毛，顶端截形。总状花序呈穗状，顶生或腋生，花排列紧密；苞片漏斗状，绿色，每苞内具3～5朵花；花梗明显比苞片长；花被5深裂，花被片长圆形，长2～3 mm；雄蕊7～8枚；花柱3枚，下部合生，柱头头状。瘦果卵形，具3棱，黑色，有光泽，包于宿存花被内。花期8—9月，果期9—11月。

【开发利用价值】茎、叶可药用，亦有园林应用价值。

【采样编号】HT009-40。

【含硒量】全株：0.08 mg/kg。

【聚硒指数】全株：3.04。

60. 蚕茧草

Persicaria japonica（Meisn.）Nakai

【别名】蚕茧蓼。

【形态特征】多年生草本。根状茎横走；茎直立，淡红色，无毛有时具稀疏的短硬伏毛，节部膨大。叶披针形，近薄革质，坚硬，顶端渐尖，基部楔形，全缘，两面疏生短硬伏毛，中脉上毛较密，边缘具刺状缘毛；叶柄短或近无柄；托叶鞘筒状，膜质，具硬伏毛，顶端截形，具缘毛。总状花序呈穗状顶生，通常数个再集成圆锥状；苞片漏斗状，绿色，上部淡红色，具缘毛，每苞内具3～6朵花；雌雄异株，花被5深裂，白色或淡红色，花被片长椭圆形，雄花：雄蕊8枚，雄蕊比花被长，雌花：花柱2～3枚，中下部合生，花柱比花被长。瘦果卵形，具3棱或双凸镜状，黑色，有光泽，包于宿存花被内。花期8—10月，果期9—11月。

【开发利用价值】全草可供药用，有散寒、活血、止痢之功效。

【采样编号】SD011-06。

【含硒量】全株：0.07 mg/kg。

【聚硒指数】全株：4.44。

61. 春蓼

Persicaria maculosa S. F. Gray

【别名】桃叶蓼、蓼。

【形态特征】一年生草本。茎直立或上升，分枝或不分枝，疏生柔毛或近无毛。叶披针形或椭圆形，顶端渐尖或急尖，基部狭楔形，两面疏生短硬伏毛，下面中脉上毛较密，上面近中部有时具黑褐色斑点，边缘具粗缘毛；叶柄被硬伏毛；托叶鞘筒状，膜质，疏生柔毛，顶端截形，具缘毛。总状花序呈穗状，顶生或腋生，较紧密，通常数个再集成圆锥状，花序梗具腺毛或无毛；苞片漏斗状，紫红色，具缘毛，每苞内含5～7朵花；花被通常5深裂，紫红色，花被片长圆形，脉明显；雄蕊6～7枚，花柱2枚，偶3枚，中下部合生，瘦果近圆形或卵形，双凸镜状，稀具3棱，黑褐色，平滑，有光泽，包于宿存花被内。花期6—9月，果期7—10月。

【开发利用价值】全草，味辛、性温，有发汗除湿、消食止泻之功效，用于治疗痢疾、泄泻、蛇咬伤。

【采样编号】SD011-44。

【含硒量】全株：0.12 mg/kg。

【聚硒指数】全株：7.75。

62. 羊蹄

Rumex japonicus Houtt.

【别名】酸摸、酸模。

【形态特征】多年生草本。茎直立，高50～100 cm，上部分枝，具沟槽。基生叶长圆形或披针状长圆形，长8～25 cm，宽3～10 cm，顶端急尖，基部圆形或心，边缘微波状，下面沿叶脉具小凸起；茎上部叶狭长圆形；叶柄长2～12 cm；托叶鞘膜质，易破裂。花序圆锥状，花两性，多花轮生；花梗细长，中下部具关节；花被片6枚，淡绿色，外花被片椭圆形，长1.5～2 mm，内花被片果时增大，宽心形，长4～5 mm，顶端渐尖，基部心形，网脉明显，边缘具不整齐的小齿，齿长0.3～0.5 mm，全部具小瘤，小瘤长卵形，长2～2.5 mm。瘦果宽卵形，具3锐棱，长约2.5 mm，两端尖，暗褐色，有光泽。花期5—6月，果期6—7月。

【开发利用价值】根可入药，有清热凉血之功效。

【采样编号】SD011-37。

【含硒量】全株：0.28 mg/kg。

【聚硒指数】全株：17.31。

63. 钝叶酸模

Rumex obtusifolius L.

【形态特征】多年生草本。根粗壮。茎直立，有分枝，具深沟槽，无毛。基生叶长圆状卵形或长卵形，顶端钝圆或稍尖，基部心形，边缘微波状，上面无毛，下面疏生小凸起；叶柄被小凸起；茎生叶长卵形，较小，叶柄较短；托叶鞘膜质，易破裂。花序圆锥状具叶，分枝斜上；花两性，密集成轮；花梗细弱，丝状，中下部具关节，关节明显；外花被片狭长圆形，内花被片果时增大，狭三角状卵形，顶端稍钝，基部截形，边缘每侧具2～3个刺状齿，通常1片具小瘤。瘦果卵形，具3锐棱，暗褐色，有光泽。花期5—6月，果期6—7月。

【采样编号】SH007-48。

【含硒量】根茎：0.90 mg/kg；叶：2.07 mg/kg。

三十二、牻牛儿苗科 Geraniaceae

64. 尼泊尔老鹳草

Geranium nepalense Sweet

【别名】五叶草、少花老鹳草。

【形态特征】多年生草本，高30～50 cm。根为直根，多分枝，纤维状。茎多数，细弱，多分枝，仰卧，被倒生柔毛。叶对生或偶为互生；托叶披针形，棕褐色干膜质，外被柔毛；基生叶和茎下部叶具长柄，柄长被开展的倒向柔毛；叶片五角状肾形，茎部心形，掌状5深裂，裂片菱形或菱状卵形，先端锐尖或钝圆，基部楔形，中部以上边缘齿状浅裂或缺刻状，表面被疏伏毛，背面被疏柔毛，沿脉被毛较密；上部叶具短柄，叶片较小，通常3裂。总花梗腋生，长于叶，被倒向柔毛，每梗2朵花，少有1朵花；苞片披针状钻形，棕褐色干膜质；萼片卵状披针形或卵状椭圆形，被疏柔毛，先端锐尖，具短尖头，边缘膜质；花瓣紫红色或淡紫红色，倒卵形，等于或稍长于萼片，先端截平或圆形，基部楔形，雄蕊下部扩大成披针形，具缘毛；花柱不明显，柱头有分枝。蒴果果瓣被长柔毛，喙被短柔毛。花期4—9月，果期5—10月。

【开发利用价值】全草可入药，有强筋骨、祛风湿、收敛和止泻之功效。

【采样编号】SH003-85。

【含硒量】根茎：0.25 mg/kg；叶：0.17 mg/kg。

【聚硒指数】根茎：0.34；叶：0.23。

65. 酢浆草

Oxalis corniculata L.

【别名】酸醋酱、鸠酸、酸味草。

【形态特征】多年生草本。高10～35 cm，全株被柔毛。根茎稍肥厚。茎细弱，多分枝，直立或匍匐，匍匐茎节上生根。叶基生或茎上互生；托叶小，长圆形或卵形，边缘被密长柔毛，基部与叶柄合生，或同一植株下部托叶明显而上部托叶不明显；叶柄基部具关节；小叶3枚，无柄，倒心形，先端凹入，基部宽楔形，两面被柔毛或表面无毛，沿脉被毛较密，边缘具贴伏缘毛。花单生或数朵集为伞形花序状，腋生，总花梗淡红色，与叶近等长；花梗果后延伸；小苞片2枚，披针形，膜质；萼片5枚，披针形或长圆状披针形，背面和边缘被柔毛，宿存；花瓣5枚，黄色，长圆状倒卵形；雄蕊10枚，花丝白色半透明，有时被疏短柔毛，基部合生，长、短互间，长者花药较大且早熟；子房长圆形，5室，被短伏毛，花柱5枚，柱头头状。蒴果长圆柱形，5棱。种子长卵形，长1～1.5 mm，褐色或红棕色，具横向肋状网纹。花果期2—9月。

【开发利用价值】全草可入药，能解热利尿、消肿散淤；茎叶含草酸，可用于磨镜或擦铜器，使其具光泽。牛羊食用过多可中毒致死。

【采样编号】SD011-58。

【含硒量】全株：0.21 mg/kg。

【聚硒指数】全株：13.13。

66. 山酢浆草

Oxalis griffithii Edgew. & Hook. f.

【别名】截叶酢浆草、大山酢浆草、三角酢浆草。

【形态特征】酢浆草属亚种，本亚种与原亚种的主要区别在于小叶倒三角形或宽倒三角形；蒴果椭圆形或近球形。原亚种（白花酢浆草）多年生草本。根纤细；根茎横生，节间褐色或白色小鳞片和细弱的不定根。茎短缩不明显，基部围以残存覆瓦状排列的鳞片状叶柄基。叶基生；托叶阔卵形，被柔毛或无毛，与叶柄茎部合生；叶柄近基部具关节；小叶3枚，倒心形，先端凹陷，两侧角钝圆，基部楔形，两面被毛或背面无毛，有时两面均无毛。总花梗基生，单花，与叶柄近等长或更长；花梗被柔毛；苞片2枚，对生，卵形，被柔毛；萼片5枚，卵状披针形，先端具短尖，宿存；花瓣5枚，白色或稀粉红色，倒心形，长为萼片的1～2倍，先端凹陷，基部狭楔形，具白色或带紫红色脉纹；雄蕊10枚，长、短互间，花丝纤细，基部合生；子房5室，花柱5枚，细长，柱头头状。蒴果卵球形。种子卵形，褐色或红棕色，具纵肋。花期7—8月。

【开发利用价值】全草可入药，能利尿解热。

【采样编号】SH006-18。

三十三、毛茛科 Ranunculaceae

67. 粗齿铁线莲

Clematis grandidentata（Rehder & E. H. Wilson）W. T. Wang

【别名】线木通、小木通、白头公公、大蓑衣藤等。

【形态特征】落叶藤本。小枝密生白色短柔毛，老时外皮剥落。一回羽状复叶，有5朵小叶，有时茎端为三出叶；小叶片卵形或椭圆状卵形，顶端渐尖，基部圆形、宽楔形或微心形，常有不明显3裂，边缘有粗大锯齿状牙齿，上面疏生短柔毛，下面、密生白色短柔毛至较疏，或近无毛。腋生聚伞花序常有3～7朵花，或成顶生圆锥状聚伞花序多花，较叶短；萼片4枚，开展，白色，近长圆形，顶端钝，两面有短柔毛，内面较疏至近无毛；雄蕊无毛。瘦果扁卵圆形，有柔毛，宿存花柱长达3 cm。花期5—7月，果期7—10月。

【开发利用价值】根可药用，能行气活血、祛风湿、止痛，主治风湿筋骨痛、跌打损伤、肢体麻木等症；茎藤药用，能杀虫解毒，主治声嘶失音、虫疮久烂等症。

【采样编号】SH007-108。

【含硒量】茎：0.10 mg/kg；叶：0.94 mg/kg。

68. 大火草

Anemone tomentosa（Maxim.）Pei

【别名】野棉花、大头翁。

【形态特征】高40～150 cm。根状茎。基生叶3～4枚，有长柄，为三出复叶，有时有1～2枚叶为单叶；中央小叶有长柄，小叶片卵形至三角状卵形，顶端急尖，基部浅心形，心形或圆形，3浅裂至3深裂，边缘有不规则小裂片和锯齿，表面有糙伏毛，背面密被白色茸毛，侧生小叶稍斜，叶柄与花葶都密被白色或淡黄色短茸毛。聚伞花序二至三回分枝；苞片3枚，与基生叶相似，不等大，有时1个为单叶，3深裂；花梗有短茸毛；萼片5枚，淡粉红色或白色，倒卵形、宽倒卵形或宽椭圆形，背面有短茸毛，雄蕊长约为萼片长度的1/4；心皮400～500枚，子房密被茸毛，柱头斜，无毛。聚合果球形，直径约1 cm；瘦果有细柄，密被绵毛。7—10月开花。

【开发利用价值】根状茎可供药用，治痢疾等症，也可作小儿驱虫药。茎含纤维，脱胶后可搓绳；种子可榨油，含油率为15%左右，种子毛可作填充物、救生衣等。

【采样编号】SH003-48。

【含硒量】根茎：18.98 mg/kg；叶：25.04 mg/kg。

【聚硒指数】根茎：26.22；叶：34.59。

69. 毛茛

Ranunculus japonicus Thunb.

【形态特征】多年生草本。须根多数簇生。茎直立，中空，有槽，具分枝，生开展或贴伏的柔毛。基生叶多数；叶片圆心形或五角形，基部心形或截形，通常3深裂不达基部，中裂片倒卵状楔形或宽卵圆形或菱形，3浅裂，边缘有粗齿或缺刻，侧裂片不等的2裂，两面贴生柔毛，下面或幼时的毛较密；叶柄生开展柔毛。下部叶与基生叶相似，渐向上叶柄变短，叶片较小，3深裂，裂片披针形，有尖齿牙或再分裂；最上部叶线形，全缘，无柄。聚伞花序有多数花，疏散；花梗贴生柔毛；萼片椭圆形，生白柔毛；花瓣5枚，倒卵状圆形，基部有爪；花托短小，无毛。聚合果近球形；瘦果扁平，上部最宽处与长近相等，约为厚的5倍以上，边缘有棱，无毛，喙短直或外弯。花果期4—9月。

【开发利用价值】全草含原白头翁素，有毒，可制作发泡剂和杀菌剂，捣碎外敷，可截疟、消肿及治疮癣。

【采样编号】HT008-07。

70. 草芍药

Paeonia obovata Maxim.

【形态特征】多年生草本。根粗壮，长圆柱形。茎无毛，基部生数枚鞘状鳞片。茎下部叶为二回三出复叶；顶生小叶倒卵形或宽椭圆形，顶端短尖，基部楔形，全缘，表面深绿色，背面淡绿色，无毛或沿叶脉疏生柔毛，小叶柄短；侧生小叶比顶生小叶小，同形，具短柄；茎上部叶为三出复叶或单叶。单花顶生，宽卵形，淡绿色，花瓣6枚，白色、红色、紫红色，倒卵形；雄蕊花丝淡红色，花药长圆形；花盘浅杯状，包住心皮基部；心皮2～3枚，无毛。蓇葖卵圆形，成熟时果皮反卷呈红色。花期5—6月中旬；果期9月。

【开发利用价值】草芍药花形美，艳丽，可用于园林绿化景观营造。成片种植，花开时十分壮观，适合公园、花坛等，可作花境，亦可在林地边缘栽植，配植矮生、匍匐型花卉，还可单株或数株栽植，其园林价值很高。

根部可供药用。味苦，性微寒，归肝、脾经，有活血散淤、清热凉血之功效，用于治疗胸胁疼痛、痛经、衄血、目齿肿痛等症，其水-醇提取物有显著镇痉和一定的镇痛作用，还能增进食欲和加强消化。

【采样编号】SH006-15。

【含硒量】茎叶：0.04 mg/kg。

71. 乌头

Aconitum carmichaelii Debeaux

【形态特征】块根倒圆锥形。茎中部之上疏被反曲的短柔毛，等距离生叶，分枝。茎下部叶在开花时枯萎。茎中部叶有长柄；叶片薄革质或纸质，五角形，基部浅心形三裂达或近基部，中央全裂片宽菱形，有时倒卵状菱形或菱形，急尖，有时短渐尖近羽状分裂，二回裂片约2对，斜三角形，生1～3枚牙齿，间或全缘，侧全裂片不等二深裂，表面疏被短伏毛，背面通常只沿脉疏被短柔毛；叶柄疏被短柔毛。顶生总状花序；轴及花梗多少密被反曲而紧贴的短柔毛；下部苞片三裂，其他的狭卵形至披针形；小苞片生花梗中部或下部；萼片蓝紫色，外面被短柔毛，上萼片高盔形，自基部至喙长1.7～2.2 cm，下缘稍凹，喙不明显，侧萼片长1.5～2 cm；花瓣无毛；雄蕊无毛或疏被短毛，花丝有2小齿或全缘；心皮3～5枚，子房疏或密被短柔毛，稀无毛。具蓇葖；种子三棱形，只在二面密生横膜翅。9—10月开花。

【开发利用价值】乌头治中风、拘挛疼痛、半身不遂、风痰积聚、癫痫等症。块根可作箭毒，李时珍指出，草乌头取汁晒为毒药，射禽兽，故有射网之称；也可作土农药，防治农作物的一些病害和虫害。乌头的花美丽，可供观赏。

【采样编号】HT009-77。

三十四、樟科 Lauraceae

72. 三桠乌药
Lindera obtusiloba Blume

【别名】山姜、三键风、红叶甘檀。

【形态特征】落叶乔木或灌木，高3～10 m。树皮黑棕色，小枝黄绿色，当年枝条较平滑，有纵纹，老枝渐多木栓质皮孔、褐斑及纵裂；芽卵形，先端渐尖。叶互生，近圆形至扁圆形，先端急尖，全缘或3裂，上面深绿，下面绿苍白色，有时带红色；三出脉，偶有五出脉，网脉明显。花序在腋生混合芽（内有叶芽及花芽），混合芽椭圆形；外面芽鳞革质，棕黄色，有皱纹，无毛，内面鳞片近革质，被贴服微柔毛；花芽内有无总梗花序；总苞片长椭圆形，膜质，外面被长柔毛，内面无毛，内有花。雄花（未开放的）花被片6枚，长椭圆形，外被长柔毛，内面无毛；能育雄蕊，花丝无毛，第三轮的基部着生2个具长柄宽肾形具角突的腺体，第二轮的基部有时也有1个腺体。雌花花被片6枚，长椭圆形，内轮略短，外面背脊部被长柔毛，内面无毛，退化雄蕊条片形，第一、第二轮长1.7 mm，第三轮长1.5 mm，基部有2个具长柄腺体，其柄基部与退化雄蕊基部合生；子房椭圆形，无毛，花柱短，花未开放时沿子房向下弯曲。果广椭圆形，成熟时红色，后变紫黑色。花期3—4月，果期8—9月。

【开发利用价值】种子含油量达60%，可作医药及轻工业原料；木材致密，可作细木工用材。

【采样编号】SH002-11。

【含硒量】叶：0.02 mg/kg。

【聚硒指数】叶：0.31。

73. 山胡椒

Lindera glauca（Sieb. & Zucc.）Bl.

【形态特征】落叶灌木或小乔木，高可达8 m；树皮平滑，灰色或灰白色。冬芽（混合芽）长角锥形，芽鳞裸露部分红色，幼枝条白黄色，初有褐色毛，后脱落成无毛。叶互生，宽椭圆形、椭圆形、倒卵形到狭倒卵形，上面深绿色，下面淡绿色，被白色柔毛，纸质，羽状脉，侧脉每侧4～6条；叶枯后不落，翌年新叶发出时落下。伞形花序腋生，总梗短或不明显，生于混合芽中的总苞片绿色膜质，每总苞有3～8朵花。雄花花被片黄色，椭圆形，内、外轮几相等，外面在背脊部被柔毛；雄蕊9枚，近等长，花丝无毛，第三轮的基部着生2个具角突宽肾形腺体，柄基部与花丝基部合生，有时第二轮雄蕊花丝也着生一较小腺体；退化雌蕊细小，椭圆形，上有一小突尖；花梗长密被白色柔毛。雌花花被片黄色，椭圆或倒卵形，内、外轮几相等，外面在背脊部被稀疏柔毛或仅基部有少数柔毛；退化雄蕊条形，第三轮的基部着生2个具柄不规则肾形腺体，腺体柄与退化雄蕊中部以下合生；子房椭圆形，花柱柱头盘状；花梗熟时黑褐色。花期3—4月，果期7—8月。

【开发利用价值】木材可作家具；叶、果皮可提芳香油；种仁油含月桂酸，油可作肥皂和润滑油；根、枝、叶、果可药用；叶可温中散寒、破气化滞、祛风消肿；根可治劳伤脱力、水湿浮肿、四肢酸麻、风湿性关节炎、跌打损伤；果可治胃痛。

【采样编号】SH007-113。

【含硒量】茎：0.08 mg/kg；叶：0.09 mg/kg；果实：0.02 mg/kg。

74. 毛叶木姜子

Litsea mollis Hemsl.

【别名】香桂子、山胡椒、大木姜。

【形态特征】落叶灌木或小乔木，高达4 m；树皮绿色，光滑，有黑斑，撕破有松节油气味。顶芽圆锥形，鳞片外面有柔毛。小枝灰褐色，有柔毛。叶互生或聚生枝顶，长圆形或椭圆形，先端突尖，基部楔形，纸质，上面暗绿色，无毛，下面带绿苍白色，密被白色柔毛，羽状脉，侧脉每边6～9条，纤细，中脉在叶两面凸起，侧脉在上面微突，在下面凸起，叶柄被白色柔毛。伞形花序腋生，常2～3个簇生于短枝上，花序梗有白色短柔毛，每一花序有花4～6朵，先叶开放或与叶同时开放；花被裂片6枚，黄色，宽倒卵形，能育雄蕊9枚，花丝有柔毛，第3轮基部腺体盾状心形，黄色；退化雌蕊无。果球形，成熟时蓝黑色；果梗有稀疏短柔毛。花期3—4月，果期9—10月。

【开发利用价值】果可提取芳香油，出油率3%～5%；种子含脂肪油25%，属不干性油，为制皂的上等原料；根和果实还可入药，果实在湖北民间代山鸡椒作“毕澄茄”使用。

【采样编号】SD012-77。

【含硒量】茎：未检出；叶：0.02 mg/kg。

【聚硒指数】叶：1.19。

75. 红叶木姜子

Litsea rubescens Lecomte

【形态特征】落叶灌木或小乔木，高4 ~ 10 m；树皮绿色。小枝无毛，嫩时红色。顶芽圆锥形，鳞片无毛或仅上部有稀疏短柔毛。叶互生，椭圆形或披针状椭圆形，两端渐狭或先端圆钝，膜质，上面绿色，下面淡绿色，两面均无毛，羽状脉，侧脉每边5 ~ 7条，直展，在近叶缘处弧曲，中脉、侧脉于叶两面凸起；叶柄无毛；嫩枝、叶脉、叶柄常为红色。伞形花序腋生；总梗无毛；每一花序有雄花10 ~ 12朵，先叶开放或与叶同时开放，花梗密被灰黄色柔毛；花被裂片6枚，黄色，宽椭圆形，先端钝圆，外面中肋有微毛或近于无毛，内面无毛；能育雄蕊9枚，花丝短，无毛，第3轮基部腺体小，黄色，退化雌蕊细小，柱头2裂。果球形；果梗先端稍增粗，有稀疏柔毛。花期3—4月，果期9—10月。

【开发利用价值】红叶木姜子根可入药，味辛，性温。归肝经。有祛风散寒、消肿止痛之功效，主治风寒感冒、头痛、风湿痹痛、跌打肿痛。

【采样编号】SH003-14。

【含硒量】叶：11.68 mg/kg

【聚硒指数】叶：16.13。

76. 宜昌木姜子

Litsea ichangensis Gamble

【别名】狗酱子树。

【形态特征】落叶灌木或小乔木，高达8 m；树皮黄绿色。幼枝黄绿色，较纤细，无毛，老枝红褐或黑褐色。顶芽单生或3个集生，卵圆形，鳞片无毛。叶互生，倒卵形或近圆形，先端急尖或圆钝，基部楔形，纸质，上面深绿色，无毛，下面粉绿色，幼时脉腋处有簇毛，老时变无毛，有时脉腋具腺窝穴，羽状脉，侧脉每边4～6条，纤细，通常离基部第一对侧脉与第二对侧脉之间的距离较大，中脉、侧脉在叶两面微凸起；叶柄纤细，无毛。伞形花序单生或2个簇生；总梗稍粗，无毛；每一花序常有花9朵，花梗被丝状柔毛；花被裂片6枚，黄色，倒卵形或近圆形，先端圆钝，外面有4条脉，无毛或近于无毛；能育雄蕊9枚，花丝无毛，第3轮基部腺体小，黄色，近于无柄；退化雌蕊细小，无毛；雌花中退化雄蕊无毛；子房卵圆形，花柱短，柱头头状。果近球形，成熟时黑色；果梗长1～1.5 cm，无毛，先端稍增粗。花期4—5月，果期7—8月。

【开发利用价值】果实可提取芳香油。

【采样编号】SH004-26。

【含硒量】叶：4.76 mg/kg。

【聚硒指数】叶：0.93。

77. 檫木

Sassafras tzumu（Hemsl.）Hemsl.

【别名】山檫、南树、檫树。

【形态特征】落叶乔木，高可达35 m，胸径达2.5 m；树皮幼时黄绿色，平滑，老时变灰褐色，呈不规则纵裂。顶芽大，椭圆形，芽鳞近圆形，外面密被黄色绢毛。叶互生，聚集于枝顶，卵形或倒卵形，先端渐尖，基部楔形，全缘或2～3浅裂，裂片先端略钝，坚纸质，上面绿色，晦暗或略光亮，下面灰绿色，两面无毛或下面尤其是沿脉网疏被短硬毛；叶柄纤细，鲜时常带红色，腹平背凸，无毛或略被短硬毛。花序顶生，先叶开放，多花，具梗，梗与序轴密被棕褐色柔毛；苞片线形至丝状，位于花序最下部者最长。花黄色，雌雄异株；花梗纤细，密被棕褐色柔毛。雄花：花被筒极短，花被裂片6枚，披针形，近相等；能育雄蕊9枚，成三轮排列，近相等，花丝扁平，被柔毛，花药均为卵圆状长圆形，4室，上方2室较小，药室均内向；退化雌蕊明显。雌花：退化雄蕊12枚，排成四轮；子房卵珠形，无毛，花柱等粗，柱头盘状。果近球形，成熟时蓝黑色而带有白蜡粉，着生于浅杯状的果托上，果梗上端渐增粗，无毛，与果托呈红色。花期3—4月，果期5—9月。

【开发利用价值】木材浅黄色，材质优良，细致，耐久，用于造船、水车及上等家具；根和树皮可入药，有活血散瘀、祛风去湿之功效，治扭挫伤和腰肌劳伤；果、叶和根尚含芳香油，根含油1% 以上，油主要成分为黄樟油素。

【采样编号】SH005-70。

三十五、木通科 Lardizabalaceae

78. 牛姆瓜

Holboellia grandiflora Réaub.

【别名】大花牛姆瓜。

【形态特征】常绿木质藤本；枝圆柱形，具线纹和皮孔；茎皮褐色。掌状复叶具长柄，有小叶3～7枚；叶柄稍粗，叶革质或薄革质，通常倒卵状长圆形，边缘略背卷，上面深绿色，有光泽，干后暗淡，下面苍白色。花淡绿白色或淡紫色，雌雄同株，数朵组成伞房式的总状花序；总花梗2～4个簇生于叶腋。雄花：外轮萼片长倒卵形，内轮的线状长圆形，与外轮的近等长但较狭；花瓣极小，卵形；雄蕊直，花丝圆柱形，药隔伸出花药顶端而成小凸头，退化心皮锥尖。雌花：外轮萼片阔卵形，厚，内轮萼片卵状披针形，远较狭；花瓣与雄花的相似；心皮披针状柱形，柱头圆锥形，偏斜。果长圆形，常孪生；种子多数，黑色。花期4—5月，果期7—9月。

【开发利用价值】味甘、微苦，寒，归肝、胃经。有疏肝理气、活血止痛、杀虫之功效，用于治疗肝胃气痛、烦渴、腰肋痛、疝气、痛经、子宫下坠等。

【采样编号】SD012-44。

【含硒量】茎：0.01 mg/kg。

【聚硒指数】茎：0.69。

79. 猫儿屎

Decaisnea insignis（Griff.）Hook. f. & Thomson

【别名】猫儿子、猫屎瓜。

【形态特征】落叶灌木，直立灌木，高5 m。茎有圆形或椭圆形的皮孔；枝粗而脆，易断，渐变黄色，有粗大的髓部。羽状复叶，有小叶；有叶柄；小叶膜质，卵状长圆形，上面无毛，下面青白色，初时被粉末状短柔毛，渐变无毛。总状花序腋生，或数个再复合为疏松、下垂顶生的圆锥花序；小苞片狭线形；萼片卵状披针形至狭披针形，先端长渐尖，具脉纹。雄花：内轮萼片短于外轮；雄蕊花丝合生呈细长管状，花药离生，药隔伸出于花药之上成阔而扁平的角状附属体，退化心皮小。雌花：退化雄蕊花丝短，合生呈盘状，花药离生，顶具角状附属状；心皮3枚，圆锥形，柱头稍大，马蹄形，偏斜。果下垂，圆柱形，蓝色，顶端截平但腹缝先端延伸为圆锥形凸头，具小疣凸，果皮表面有环状缢纹或无；种子倒卵形，黑色，扁平。

【开发利用价值】果皮含橡胶，可制橡胶用品；果肉可食，亦可酿酒；种子含油，可榨油。根和果可药用，有清热解毒之功效，可治疝气。

该种水解后可先提取硒代氨基酸，再提取其他形态植物硒。

【采样编号】SH003-23。

【含硒量】茎：26.00 mg/kg；叶：109.31 mg/kg；果实：54.02 mg/kg。

【聚硒指数】茎：36.11；叶：150.98；果实：75.03。

80. 三叶木通

Akebia trifoliata（Thunb.）Koidz.

【别名】八月瓜、拿藤等。

【形态特征】落叶木质藤本。茎皮灰褐色，有稀疏的皮孔及小疣点。掌状复叶互生或在短枝上的簇生；叶柄直；小叶3片，纸质或薄革质，卵形至阔卵形，先端通常钝或略凹入，具小凸尖，基部截平或圆形，边缘具波状齿或浅裂，上面深绿色，下面浅绿色；侧脉每边5～6条，与网脉同在两面略凸起。总状花序自短枝上簇生叶中抽出，下部有1～2朵雌花，以上有15～30朵雄花；总花梗纤细。雄花：花梗丝状；萼片3枚，淡紫色，阔椭圆形或椭圆形；雄蕊6枚，离生，排列为杯状，花丝极短，药室在开花时内弯；退化心皮3枚，长圆状锥形。雌花：花梗稍较雄花的粗；萼片3枚，紫褐色，近圆形，先端圆而略凹入，开花时广展反折；退化雄蕊6枚或更多，小，长圆形，无花丝；心皮3～9枚，离生，圆柱形，直，柱头头状，具乳突，橙黄色。果长圆形，直或稍弯，成熟时灰白略带淡紫色；种子极多数，扁卵形，种皮红褐色或黑褐色，稍有光泽。花期4—5月，果期7—8月。

【开发利用价值】根、茎和果均可入药，有利尿、通乳、舒筋活络之功效，治风湿关节痛；果也可食及酿酒；种子可榨油。

【采样编号】SH003-70。

三十六、木兰科 Magnoliaceae

81. 柔毛五味子

Schisandra tomentella A. C. Sm.

【形态特征】落叶木质藤本，当年生枝、叶背、叶柄及花柄均被褐色多细胞的皱波状细茸毛。当年生枝褐色，成短枝或长枝，叶柄基部下延成细纵条凸起，一年生枝变灰色。叶近膜质，椭圆形或倒卵状椭圆形，先端渐尖或急尖，基部阔楔形或狭楔形，稍下延，中脉稍凹下，侧脉每边4～5条，网脉两面稍凸起，2/3以上边缘具疏离的浅齿，齿端具胼胝质齿尖。花雌雄同株或异株；雄花：花被片黄色，5～6枚，外3枚纸质，近圆形或椭圆形，背面被微毛，内2或3枚较厚，雄蕊群近球形或倒卵形，花药内侧向开裂，药隔近长圆形，伸出先端圆；上部雄蕊贴生于花托顶端，无花丝；雌花：花梗与花被片似雄花，但花被片较大，雌蕊群近球形，子房倒卵圆形，稍弯，柱头的柱头面不明显，下面的花柱伸长成长圆形的附属体。花期5月。

【开发利用价值】叶、果实可提取芳香油；种仁含有脂肪油，榨油可作工业原料、润滑油；茎皮纤维柔韧，可供绳索。

【采样编号】SH003-53。

【含硒量】叶：0.88 mg/kg。

【聚硒指数】叶：1.21。

82. 华中五味子

Schisandra sphenanthera Rehder & E.H. Wilson

【形态特征】落叶木质藤本，全株无毛，很少在叶背脉上有稀疏细柔毛。冬芽、芽鳞具长缘毛，先端无硬尖，小枝红褐色，距状短枝或伸长，具颇密而凸起的皮孔。叶纸质，通常倒卵形，先端短急尖或渐尖，基部楔形或阔楔形，干膜质边缘至叶柄成狭翅，上面深绿色，下面淡灰绿色，有白色点，1/2以上边缘具疏离、胼胝质齿尖的波状齿，上面中脉稍凹入，侧脉每边4～5条，网脉密致，干时两面不明显凸起；叶柄红色。花生于近基部叶腋，花梗纤细，基部具膜质苞片，花被片5～9枚，橙黄色，近相似，椭圆形或长圆状倒卵形，具缘毛，背面有腺点。雄花：雄蕊群倒卵圆形；花托圆柱形，顶端伸长；药室内侧向开裂，药隔倒卵形，两药室向外倾斜，顶端分开，基部近邻接，上部1～4枚雄蕊与花托顶贴生，无花丝；雌花：雌蕊群卵球形，子房近镰刀状椭圆形，柱头冠狭窄，下延成不规则的附属体。聚合果成熟绛红色，具短柄；种子长圆体形或肾形，种脐斜“V”字形；种皮褐色光滑，或仅背面微皱。

【开发利用价值】叶、果实可提取芳香油；种仁含有脂肪油，榨油可作工业原料、润滑油；茎皮纤维柔韧，可制绳索。

【采样编号】SH004-27。

【含硒量】茎：3.72 mg/kg；叶：6.12 mg/kg。

【聚硒指数】茎：0.73；叶：1.20。

83. 鹅掌楸

Liriodendron chinense（Hemsl.）Sarg.

【别名】马褂木。

【形态特征】乔木，高达40 m，胸径1 m以上，小枝灰色或灰褐色。叶马褂状，近基部每边具1侧裂片，先端具2浅裂，下面苍白色。花杯状，花被片9枚，外轮3枚绿色，萼片状，向外弯垂，内两轮6枚、直立，花瓣状、倒卵形，绿色，具黄色纵条纹，花期时雌蕊群超出花被之上，心皮黄绿色。聚合果长7～9 cm，具翅的小坚果顶端钝或钝尖，具种子1～2颗。花期5月，果期9—10月。

【开发利用价值】木材淡红褐色、纹理直，结构细，质轻软，易加工，少变形，干燥后少开裂，无虫蛀，是建筑、造船、家具、细木工的优良用材，亦可制胶合板。叶和树皮可入药。树干挺直，树冠伞形，叶形奇特、古雅，为世界最珍贵的树种。但近年来屡遭滥伐，在其主要分布区已逐渐稀少。鹅掌楸是异花授粉种类，但有孤生殖现象，雌蕊往往在含苞欲放时即已成熟，开花时，柱头已枯黄，失去授粉能力，在未受精的情况下，雌蕊虽能继续发育，但种子生命弱，故发芽率低，是濒危树种之一。

【采样编号】SH004-57。

84. 紫油厚朴

Houpoea officinalis（Rehder & E. H. Wilson）N. H. Xia & C. Y. Wu

【形态特征】叶先端凹缺，成2钝圆的浅裂片，但幼苗之叶先端钝圆，并不凹缺；聚合果基部较窄。花期4—5月，果期10月。生于海拔300 ~ 1 400 m的林中。

【开发利用价值】恩施紫油厚朴，湖北恩施特产，中国国家地理标志产品。恩施紫油厚朴栽培历史悠久，产品质优、色紫、油润，故称“紫油厚朴”；因主产区位于双河乡双河桥，又名“双河厚朴”。2005年8月25日，国家质检总局批准对“恩施紫油厚朴”实施地理标志产品保护。厚朴酚总量（$C_{18}H_{18}O_2$）：干皮、根皮≥4.0%，枝皮≥2.5%，水分≤14%（均以干燥物计）。干燥的干皮、枝皮、根皮可入药，是中国传统常用大宗中药材品种，属限量收购的中药材品种。恩施紫油厚朴因其质量“色紫而油重”的特征而冠名，是鄂西地区（包括重庆，即原川东地区）的小凸尖叶型地方品种，经过恩施独特的加工工艺加工而成的厚朴商品药材，是湖北的道地药材。

该种聚硒能力强，可用于提取植物有机硒。

【采样编号】SH003-35。

【含硒量】叶：67.73 mg/kg。

【聚硒指数】叶：93.55。

85. 凹叶厚朴

Magnolia officinalis subsp. *biloba*（Rehd. et Wils.）Cheng et Law

【形态特征】落叶乔木，高达20 m；树皮厚，褐色，不开裂；小枝粗壮，淡黄色或灰黄色，幼时有绢毛；顶芽大，狭卵状圆锥形，无毛。叶大，近革质，7 ~ 9枚聚生于枝端，长圆状倒卵形，先端凹缺，成2枚钝圆的浅裂片，基部楔形，全缘而微波状，上面绿色，无毛，下面灰绿色，被灰色柔毛，有白粉；叶柄粗壮，托叶痕长为叶柄的2/3。花白色，芳香；花梗粗短，被长柔毛，花被片厚肉质，外轮3枚淡绿色，长圆状倒卵形，盛开时常向外反卷，内两轮白色，倒卵状匙形，基部具爪，花盛开时中内轮直立；雄蕊花药内向开裂，花丝红色；雌蕊群椭圆状卵圆形。聚合果长圆状卵圆形；蓇葖具喙；种子三角状倒卵形。通常叶较小而狭窄，侧脉较少，呈狭倒卵形，聚合果顶端较狭尖。叶先端凹缺成2枚钝圆浅裂是与厚朴唯一明显的区别特征。花大单朵顶生，白色芳香，与叶同时开放，花期5—6月，果期8—10月。

【开发利用价值】树干通直，材质轻软，纹理细密，不反翘，易加工。种子可榨油，含油量35%，出油率25%，可制肥皂。木材供建筑、板料、家具、雕刻、乐器、细木工等用。叶大荫浓，花大美丽，可作绿化观赏树种。树皮、根皮、花、种子及芽皆可入药，以树皮为主，为著名中药，有化湿导滞、行气平喘、化食消痰、祛风镇痛之功效；种子有明目益气之功效；芽作妇科药用。《本草纲目》记载，其皮质以鳞皱而厚，紫色多润者佳，薄而白者不佳。

【采样编号】SH004-53。

【含硒量】叶：21.52 mg/kg。

【聚硒指数】叶：4.21。

三十七、小檗科 Berberidaceae

86. 细柄十大功劳

Mahonia gracilipes（Oliv.）Fedde

【别名】刺黄柏。

【形态特征】小灌木，高约1 m。叶椭圆形至狭椭圆形，具2～3对近无柄的小叶，上面暗绿色，背面被白粉，两面网状脉明显隆起，叶轴粗壮；最下部小叶长圆形，上部小叶长圆形至倒披针形，基部楔形，边缘中部以下全缘，以上每边具1～5枚刺齿。总状花序分枝或不分枝，3～5个簇生，花较稀疏；芽鳞披针形；花梗纤细；花具黄色花瓣和紫色萼片；外萼片卵形，先端急尖，中萼片椭圆形，急尖，内萼片椭圆形；花瓣长圆形，基部具2个腺体，先端微缺，裂片急尖；雄蕊药隔不延伸，顶端平截；花柱极短，胚珠2～4枚。浆果球形，黑色，被白粉。花期4—8月，果期9—11月。

【开发利用价值】根可入药，有清热解毒、散瘀消肿之功效，用于治疗目赤肿痛、痈肿疮毒、直肠脱垂等，民间亦用于治黄水疮及虫牙等症。

【采样编号】SH006-42。

87. 假豪猪刺

Berberis soulieana Schneid.

【形态特征】常绿灌木，高1～2 m，有时可达3 m。老枝圆柱形，有时具棱槽，暗灰色，具稀疏疣点，幼枝灰黄色，圆柱形；茎刺粗壮，三分叉，腹面扁平。叶革质，坚硬，长圆形、长圆状椭圆形或长圆状倒卵形，先端急尖，具1硬刺尖，基部楔形，上面暗绿色，中脉凹陷，背面黄绿色，中脉明显隆起，不被白粉，两面侧脉和网脉不显，叶缘平展，每边具5～18枚刺齿。花7～20朵簇生；花黄色；小苞片2枚，卵状三角形，先端急尖，带红色；萼片3轮，外萼片卵形，中萼片近圆形，内萼片倒卵状长圆形；花瓣倒卵形，先端缺裂，基部呈短爪，具2个分离腺体；雄蕊药隔略延伸，先端圆形；胚珠2～3枚。浆果倒卵状长圆形，熟时红色，顶端具明显宿存花柱，被白粉。种子2～3颗。花期3—4月，果期6—9月。

【采样编号】HT009-42。

三十八、豆科 Leguminosae

88. 山槐

Albizia kalkora（Roxb.）Prain

【别名】夜嵩树、黑心树、山合欢。

【形态特征】落叶小乔木或灌木，通常高3～8 m；枝条暗褐色，被短柔毛，有显著皮孔。二回羽状复叶；羽片2～4对；小叶5～14对，长圆形或长圆状卵形，先端圆钝而有细尖头，基部不等侧，两面均被短柔毛，中脉稍偏于上侧。头状花序2～7个生于叶腋，或于枝顶排成圆锥花序；花初白色，后变黄，具明显的小花梗；花萼管状，5齿裂；花冠中部以下连合呈管状，裂片披针形，花萼、花冠均密被长柔毛；雄蕊基部连合呈管状。荚果带状，深棕色，嫩荚密被短柔毛，老时无毛；种子倒卵形。花期5—6月；果期8—10月。

【开发利用价值】生长快，能耐干旱及瘠薄地。木材耐水湿；花美丽，亦可植为风景树；根及茎皮可药用，能补气活血、消肿止痛；花有催眠作用；嫩枝幼叶可作为野菜食用。

该种聚硒能力强，可用于提取植物有机硒。

【采样编号】SD010-74。

【含硒量】茎：5.66 mg/kg；叶：9.62 mg/kg。

【聚硒指数】茎：85.73；叶：145.70。

89. 白车轴草

Trifolium repens L.

【别名】螃蟹草、三消草、白花苜蓿。

【形态特征】短期多年生草本，生长期达5年，高10～30 cm。主根短，侧根和须根发达。茎匍匐蔓生，上部稍上升，节上生根，全株无毛。掌状三出复叶；托叶卵状披针形，膜质，基部抱茎成鞘状，离生部分锐尖；叶柄较长；小叶倒卵形至近圆形，先端凹头至钝圆，基部楔形渐窄至小叶柄，中脉在下面隆起，侧脉约13对，与中脉作50°角展开，两面均隆起，近叶边分叉并伸达锯齿齿尖；小叶柄微被柔毛。花序球形，顶生；总花梗甚长，具花20～80朵，密集；无总苞；苞片披针形，膜质，锥尖；花梗比花萼稍长或等长，开花立即下垂；萼钟形，具脉纹10条，萼齿5枚，披针形，稍不等长，短于萼筒，萼喉开张，无毛；花冠白色、乳黄色或淡红色，具香气。旗瓣椭圆形，比翼瓣和龙骨瓣长近1倍，龙骨瓣比翼瓣稍短；子房线状长圆形，花柱比子房略长，胚珠3～4枚。荚果长圆形；种子通常3颗。种子阔卵形。花果期5—10月。

【开发利用价值】为优良牧草，含丰富的蛋白质和矿物质，抗寒耐热，在酸性和碱性土壤上均能适应，在我国很有推广前途。可作绿肥、堤岸防护草种、草坪装饰以及蜜源和药材等。国外学者常把本种根据地理、形态的差异分成一些亚种、变种以及农业上育成的栽培品种。

【采样编号】HT009-59。

90. 救荒野豌豆

Vicia sativa L.

【别名】苕子、马豆、野毛豆、山扁豆、草藤等。

【形态特征】一年生或二年生草本。茎斜升或攀援，单一或多分枝，具棱，被微柔毛。偶数羽状复叶，叶轴顶端卷须有2～3分支；托叶戟形，通常2～4裂齿；小叶2～7对，长椭圆形或近心形，先端圆或平截有凹，具短尖头，基部楔形，侧脉不甚明显，两面被贴伏黄柔毛。花1～2（～4）朵腋生，近无梗；萼钟形，外面被柔毛，萼齿披针形或锥形；花冠紫红色或红色，旗瓣长倒卵圆形，先端圆，微凹，中部缢缩，翼瓣短于旗瓣，长于龙骨瓣；子房线形，微被柔毛，胚珠4～8枚，子房具柄短，花柱上部被淡黄白色髯毛。荚果线长圆形，表皮土黄色种间缢缩，有毛，成熟时背腹开裂，果瓣扭曲。种子4～8颗，圆球形，棕色或黑褐色，种脐长相当于种子圆周1/5。花期4—7月，果期7—9月。

【开发利用价值】为绿肥及优良牧草。全草药用。花果期及种子有毒，国外曾有用其提取物作抗肿瘤药物的报道。

【采样编号】SD012-25。

91. 百脉根

Lotus corniculatus L.

【形态特征】多年生草本，高15～50 cm，全株散生稀疏白色柔毛或秃净。具主根。茎丛生，平卧或上升，实心，近四棱形。羽状复叶小叶5枚；叶轴疏被柔毛，顶端3枚小叶，基部2枚小叶呈托叶状，纸质，斜卵形至倒披针状卵形，中脉不清晰；小叶柄甚短，密被黄色长柔毛。伞形花序；花集生于总花梗顶端；花梗短，基部有苞片3枚；苞片叶状；萼钟形，萼齿近等长，狭三角形，渐尖；花冠黄色或金黄色，干后常变蓝色，旗瓣扁圆形；雄蕊二体，花丝分离部略短于雄蕊筒；花柱直，等长于子房成直角上指，柱头点状，子房线形，无毛，具胚珠。荚果直，线状圆柱形，褐色，二瓣裂，扭曲；有多数种子，种子细小，卵圆形，灰褐色。

【开发利用价值】是良好的微草或饲料，茎叶柔软多汁，碳水化合物含量丰富，质量超过苜蓿和车轴草。生长期长，能抗寒耐涝，在暖温带地区的豆科牧草中花期较早，到秋季仍能生长，茎叶丰盛，年刈割可达4次。由于花中含有苦味苷和氢氰酸，故盛花期时牲畜不愿啃食，但干草或经青贮处理后，毒性即可消失。具根瘤菌，有改良土壤的功能。又是优良的蜜源植物之一。

【采样编号】SH005-45。

【含硒量】全株：0.03 mg/kg。

【聚硒指数】全株：1.81。

92. 刺槐

Robinia pseudoacacia L.

【别名】洋槐。

【形态特征】落叶乔木，高10～25 m；树皮灰褐色至黑褐色，浅裂至深纵裂，稀光滑。小枝灰褐色，幼时有棱脊，微被毛，后无毛；具托叶刺；冬芽小，被毛。羽状复叶；叶轴上面具沟槽；小叶2～12对，常对生，椭圆形、长椭圆形或卵形，先端圆，微凹，具小尖头，基部圆至阔楔形，全缘，上面绿色，下面灰绿色，幼时被短柔毛，后变无毛；总状花序，花序腋生，下垂，花多数，芳香；苞片早落；花冠白色，各瓣均具瓣柄，旗瓣近圆形，先端凹缺，基部圆，反折，内有黄斑，翼瓣斜倒卵形，与旗瓣几等长，基部一侧具圆耳，龙骨瓣镰状，三角形，与翼瓣等长或稍短，前缘合生，先端钝尖；雄蕊二体，对旗瓣的1枚分离；子房线形，无毛，花柱钻形，上弯，顶端具毛，柱头顶生。荚果褐色，或具红褐色斑纹，线状长圆形，扁平，先端上弯，具尖头，果颈短，沿腹缝线具狭翅；花萼宿存，有种子2～15颗；种子褐色至黑褐色，微具光泽，有时具斑纹，近肾形，种脐圆形，偏于一端。

【开发利用价值】材质硬重，抗腐耐磨，宜作枕木、车辆、建筑、矿柱等多种用材。生长快，萌芽力强，是速生薪炭林树种，又是优良的蜜源植物。

【采样编号】SH007-50。

【含硒量】茎：0.05 mg/kg；叶：0.10 mg/kg。

93. 多花木蓝

Indigofera amblyantha Craib

【别名】景栗子、野蓝枝、多花槐蓝。

【形态特征】直立灌木，高0.8～2 m；少分枝。茎褐色或淡褐色，圆柱形，幼枝禾秆色，具棱，密被白色平贴“丁”字毛，后变无毛。羽状复叶；具叶柄，叶轴上面具浅槽，与叶柄均被平贴“丁”字毛；托叶微小，三角状披针形；小叶3～5对，对生，稀互生，形状、大小变异较大，通常为卵状长圆形，先端圆钝，具小尖头，基部楔形或阔楔形，上面绿色，疏生“丁”字毛，下面苍白色，被毛较密，中脉上面微凹，下面隆起，侧脉4～6对，上面隐约可见；小叶柄长被毛；小托叶微小。总状花序腋生，近无总花梗；苞片线形，早落；花萼被白色平贴“丁”字毛；花冠淡红色，旗瓣倒阔卵形，先端螺壳状，瓣柄短，外面被毛，龙骨瓣较翼瓣短；花药球形，顶端具小突尖；子房线形，被毛，有胚珠17～18枚。荚棕褐色，线状圆柱形，被短“丁”字毛，种子间有横隔，内果皮无斑点；种子褐色，长圆形。花期5—7月，果期9—11月。

【开发利用价值】全草可入药，有清热解毒、消肿止痛之功效。亦是优良的水土保持树种；适口性好，可作饲料。

【采样编号】SD010-47。

【含硒量】茎：0.04 mg/kg；叶：0.04 mg/kg。

【聚硒指数】茎：0.53；叶：0.53。

94. 紫云英

Astragalus sinicus L.

【别名】红花草、沙蒺藜、翘摇。

【形态特征】二年生草本，多分枝，匍匐，高10～30 cm，被白色疏柔毛。奇数羽状复叶，具7～13片小叶；叶柄较叶轴短；托叶离生，卵形，先端尖，基部互相多少合生，具缘毛；小叶倒卵形或椭圆形，先端钝圆或微凹，基部宽楔形，上面近无毛，下面散生白色柔毛，具短柄。总状花序生5～10朵花，呈伞形；总花梗腋生，较叶长；苞片三角状卵形；花梗短；花萼钟状，被白色柔毛；花冠紫红色或橙黄色，旗瓣倒卵形，先端微凹，基部渐狭成瓣柄，翼瓣较旗瓣短，瓣片长圆形，基部具短耳，瓣柄长约为瓣片的1/2，龙骨瓣与旗瓣近等长，瓣片半圆形，瓣柄长约等于瓣片的1/3；子房无毛或疏被白色短柔毛，具短柄。荚果线状长圆形，稍弯曲，具短喙，黑色，具隆起的网纹；种子肾形，栗褐色。花期2—6月，果期3—7月。

【开发利用价值】为重要的绿肥作物、牲畜饲料，嫩梢可供蔬食，亦为我国主要蜜源植物之一。全草、种子可入药，甘、微辛，寒，有清热解毒、利尿消肿之功效，用于治疗风痰咳嗽、咽喉痛。

【采样编号】SH004-05。

【含硒量】全株：106.79 mg/kg。

【聚硒指数】全株：20.89。

95. 杭子梢

Campylotropis macrocarpa（Bunge）Rehder

【形态特征】灌木，高1～3 m。小枝贴生或近贴生短或长柔毛，嫩枝毛密，少有具茸毛，老枝常无毛。羽状复叶具3小叶；托叶狭三角形、披针形或披针状钻形；叶柄通常长稍密生柔毛；小叶通常椭圆形，先端圆形、钝或微凹，具小凸尖，基部圆形，稀近楔形，上面通常无毛，脉明显，下面通常贴生或近贴生柔毛，疏生至密生，中脉明显隆起，毛较密。总状花序单一（稀二）腋生并顶生，花序轴密生开展的短柔毛或微柔毛总花梗常斜生或贴生短柔毛，稀为具茸毛；苞片卵状披针形，早落或花后逐渐脱落，小苞片近线形或披针形，早落；花梗具开展的微柔毛或短柔毛，极稀贴生毛；花萼钟形，稍浅裂或近中裂，通常贴生短柔毛，萼裂片狭三角形，渐尖；花冠紫红色或近粉红色，旗瓣通常椭圆形，近基部狭窄，翼瓣微短于旗瓣或等长，龙骨瓣呈直角或微钝角内弯，瓣片上部通常比瓣片下部（连瓣柄）短。荚果长圆形、近长圆形或椭圆形，先端具短喙尖，无毛，具网脉，边缘生纤毛。

【开发利用价值】该种以无机硒为主，不宜作为植物有机硒原料，但花朵艳丽，可作为观赏植物栽培。

【采样编号】SH003-25。

【含硒量】茎：55.79 mg/kg；叶：84.05 mg/kg。

【聚硒指数】茎：77.06；叶：116.10。

96. 西南杭子梢

Campylotropis delavayi（Franch.）Schindl.

【别名】西南笐子梢。

【形态特征】灌木，高1～3 m。全珠除小叶上面及花冠外均密被灰白色绢毛；小枝有细棱，因密被毛而呈灰白色，老枝毛少，呈灰褐色或褐色。羽状复叶具3小叶；托叶披针状钻形；小叶宽倒卵形、宽椭圆形或倒心形，先端微凹至圆形，具小凸尖，基部圆形或稍渐狭或近宽楔形，上面无毛，下面因密生短绢毛而呈银白色或灰白色。总状花序通常单一腋生并顶生，有时花序轴再分枝，常于顶部形成无叶的较大圆锥花序；苞片披针形，宿存；花梗密生开展的丝状柔毛；小苞片早落；花萼密被灰白色绢毛，萼筒裂片线状披针形，上方裂片大部分合生；花冠深堇色或红紫色，旗瓣宽卵状椭圆形，翼瓣略呈半椭圆形，均具细瓣柄，龙骨瓣略成直角或锐角内弯，瓣片上部比瓣片下部（连瓣柄）短；子房被毛。荚果压扁而两面凸，表面被短绢毛。花期10—12月，果期11—12月。

【开发利用价值】根可药用，有解热之功效。

【采样编号】SH002-06。

【含硒量】叶：0.02 mg/kg。

【聚硒指数】叶：0.44。

97. 截叶铁扫帚

Lespedeza cuneata（Dum. Cours.）G. Don

【别名】铁马鞭、苍蝇翼、夜关门。

【形态特征】小灌木，高达1 m。茎直立或斜升，被毛，上部分枝；分枝斜上举。叶密集，柄短；小叶楔形或线状楔形，先端截形或近截形，具小刺尖，基部楔形，上面近无毛，下面密被伏毛。总状花序腋生，具2～4朵花；总花梗极短；小苞片卵形，背面被白色伏毛，边具缘毛；花萼狭钟形，密被伏毛，5深裂，裂片披针形；花冠淡黄色或白色，旗瓣基部有紫斑，有时龙骨瓣先端带紫色，翼瓣与旗瓣近等长，龙骨瓣稍长；闭锁花簇生于叶腋。荚果宽卵形或近球形，被伏毛。

【开发利用价值】可作饲料。开花期鲜草干物质中含粗蛋白质13.5%，粗脂肪4.6%，粗纤维23.5%，无氮浸出物52.1%。适宜饲喂牛、羊等家畜，放牧时要重牧，使其保持柔嫩多叶状态。但其单宁含量高，适口性较差，从而降低了干物质和粗蛋白质的消化率。若晒制干草，放置一年后其单宁含量可降低70%～80%。生长在受侵蚀或经露天采矿剥离后的土地及路旁，可用于土壤保持。

可药用。性微寒，味苦，有益肝明目、利尿解热之功效。

【采样编号】SH004-64。

【含硒量】全株：1.57 mg/kg。

【聚硒指数】全株：0.31。

98. 鸡眼草

Kummerowia striata（Thunb.）Schindl.

【别名】公母草、牛黄黄、掐不齐。

【形态特征】一年生草本，披散或平卧，多分枝，高5～45 cm，茎和枝上被倒生的白色细毛。叶为三出羽状复叶；托叶大，膜质，卵状长圆形，比叶柄长，具条纹，有缘毛；叶柄极短；小叶纸质，倒卵形、长倒卵形或长圆形，较小，先端圆形，稀微缺，基部近圆形或宽楔形，全缘；两面沿中脉及边缘有白色粗毛，但上面毛较稀少，侧脉多而密。花小，单生或2～3朵簇生于叶腋；花梗下端具2枚大小不等的苞片，萼基部具4枚小苞片，其中1枚极小，位于花梗关节处，小苞片常具5～7条纵脉；花萼钟状，带紫色，5裂，裂片宽卵形，具网状脉，外面及边缘具白毛；花冠粉红色或紫色，旗瓣椭圆形，下部渐狭成瓣柄，具耳，龙骨瓣比旗瓣稍长或近等长，翼瓣比龙骨瓣稍短。荚果圆形或倒卵形，稍侧扁，较萼稍长或长达1倍，先端短尖，被小柔毛。花期7—9月，果期8—10月。

【开发利用价值】全草可供药用，有利尿通淋、解热止痢之功效；全草煎水，可治风疹。又可作饲料和绿肥。

【采样编号】SH005-57。

【含硒量】全株：0.07 mg/kg。

【聚硒指数】全株：4.13。

99. 尖叶长柄山蚂蝗

Hylodesmum podocarpum subsp. *oxyphyllum*（DC.）H. Ohashi & R. R. Mill

【别名】逢人打、小山蚂蝗、山蚂蝗。

【形态特征】直立草本，高50 ~ 100 cm。根茎稍木质；茎具条纹，疏被伸展短柔毛。叶为羽状三出复叶，小叶3枚；托叶钻形，外面与边缘被毛；着生茎上部的叶柄较短，茎下部的叶柄较长，疏被伸展短柔毛；小叶纸质，顶生小叶菱形，先端渐尖，尖头钝，基部楔形，全缘，两面疏被短柔毛或几无毛，侧脉每边约4条，直达叶缘，侧生小叶斜卵形，较小，偏斜，小托叶丝状。总状花序或圆锥花序，顶生或顶生和腋生，结果时延长；总花梗被柔毛和钩状毛；通常每节生2朵花；花萼钟形，裂片极短，较萼筒短，被小钩状毛；花冠紫红色，旗瓣宽倒卵形，翼瓣窄椭圆形，龙骨瓣与翼瓣相似，均无瓣柄；雄蕊单体；雌蕊子房具子房柄。荚果通常有荚节2个，背缝线弯曲，节间深凹入达腹缝线；荚节略呈宽半倒卵形，先端截形，基部楔形，被钩状毛和小直毛，稍有网纹。花、果期8—9月。

【开发利用价值】全株可供药用，有解表散寒、祛风解毒之功效，治风湿骨痛、咳嗽吐血。

【采样编号】SH001-19。

【含硒量】根：0.87 mg/kg；茎：未检出；叶：0.04 mg/kg。

【聚硒指数】根：36.04；叶：1.46。

100. 天蓝苜蓿

Medicago lupulina L.

【别名】天蓝、野苜蓿、接筋草。

【形态特征】一年生、二年生或多年生草本，高15～60 cm，全株被柔毛或有腺毛。主根浅，须根发达。茎平卧或上升，多分枝，叶茂盛。羽状三出复叶；托叶卵状披针形，先端渐尖，基部圆或戟状，常齿裂；下部叶柄较长，上部叶柄比小叶短；小叶倒卵形、阔倒卵形或倒心形，纸质，先端多少截平或微凹，具细尖，基部楔形，边缘在上半部具不明显尖齿，两面均被毛，侧脉近10对，平行达叶边，几不分叉，上下均平坦；顶生小叶较大。花序小头状，具花10～20朵；总花梗细，挺直，比叶长，密被贴伏柔毛；苞片刺毛状，甚小；花梗短；萼钟形，密被毛，萼齿线状披针形，稍不等长，比萼筒略长或等长；花冠黄色，旗瓣近圆形，顶端微凹，翼瓣和龙骨瓣近等长，均比旗瓣短：子房阔卵形，被毛，花柱弯曲，胚珠1枚。荚果肾形，表面具同心弧形脉纹，被稀疏毛，熟时变黑；有种子1颗。种子卵形，褐色，平滑。花期7—9月，果期8—10月。

【采样编号】SH007-76。

101. 红车轴草

Trifolium pratense L.

【别名】红菽草、三叶草、红三叶草。

【形态特征】短期多年生草本，生长期2～5（～9）年；主根深入土层达1 m；茎粗壮，具纵棱，直立或平卧上升，疏生柔毛或秃净；掌状三出复叶；托叶近卵形，膜质，每侧具脉纹8～9条，基部抱茎，先端离生部分渐尖，具锥刺状尖头；叶柄较长，茎上部的叶柄短，被伸展毛或秃净；小叶卵状椭圆形至倒卵形，先端钝，有时微凹，基部阔楔形，两面疏生褐色长柔毛，叶面上常有“V”字形白斑，侧脉约15对，作20°角展开在叶边处分叉隆起，伸出形成不明显的钝齿；小叶柄短；花序球状或卵状，顶生；无总花梗或具甚短总花梗，包于顶生叶的托叶内，托叶扩展成焰苞状，具花30～70朵，密集；几无花梗；萼钟形，被长柔毛，具脉纹10条，萼齿丝状，锥尖，比萼筒长，最下方1齿比其余萼齿长1倍，萼喉开张，具一多毛的加厚环；花冠紫红色至淡红色，旗瓣匙形，先端圆形，微凹缺，基部狭楔形，明显比翼瓣和龙骨瓣长，龙骨瓣稍比翼瓣短；子房椭圆形，花柱丝状细长，胚珠1～2枚；荚果卵形；通常有1颗扁圆形种子。花果期5—9月。

【开发利用价值】茎叶柔嫩，适口性好，鲜草和干草各种家畜均喜食。可用于建植草坪，全草可作为良好的绿肥，也是夏季蜜蜂的花蜜来源。花、种子、植株及根可药用。提取物被广泛用于保健食品中。

【采样编号】SH004-12。

【含硒量】全株：86.36 mg/kg。

【聚硒指数】全株：16.89。

102. 菱叶鹿藿

Rhynchosia dielsii Harms

【别名】山黄豆藤。

【形态特征】缠绕草本。茎纤细，通常密被黄褐色长柔毛或有时混生短柔毛。叶具羽状3小叶；托叶小，披针形；叶柄被短柔毛，顶生小叶卵形、卵状披针形、宽椭圆形或菱状卵形，先端渐尖或尾状渐尖，基部圆形，两面密被短柔毛，下面有松脂状腺点，基出脉3，侧生小叶稍小，斜卵形；小托叶刚毛状；小叶柄均被短柔毛。总状花序腋生，被短柔毛；苞片披针形，脱落；花疏生，黄色；花萼5裂，裂片三角形，下面一裂片较长，密被短柔毛；花冠各瓣均具瓣柄，旗瓣倒卵状圆形，基部两侧具内弯的耳，翼瓣狭长椭圆形，具耳，其中一耳较长而弯，另一耳短小，龙骨瓣具长喙，基部一侧具钝耳。荚果长圆形或倒卵形，扁平，成熟时红紫色，被短柔毛；种子2颗，近圆形。花期6—7月，果期8—11月。

【开发利用价值】茎叶或根可药用，能祛风解热，主治小儿风热咳嗽、各种惊风；用量3 ~ 9 g，煎服。注意：无热者忌用，多服致哑。

【采样编号】SH004-50。

103. 葛

Pueraria montana（Lour.）Merr.

【别名】三野葛。

【形态特征】粗壮藤本，长可达8 m，全体被黄色长硬毛，茎基部木质，有粗厚的块状根。羽状复叶具3小叶；托叶背着，卵状长圆形，具线条；小托叶线状披针形，与小叶柄等长或较长；小叶三裂，偶尔全缘，顶生小叶宽卵形或斜卵形，先端长渐尖，侧生小叶斜卵形，稍小，上面被淡黄色、平伏的蔬柔毛。下面较密；小叶柄被黄褐色茸毛。总状花序中部以上有颇密集的花；苞片线状披针形至线形，远比小苞片长，早落；小苞片卵形；花2～3朵聚生于花序轴的节上；花萼钟形，被黄褐色柔毛，裂片披针形，渐尖，比萼管略长；花冠为紫色，旗瓣倒卵形，基部有2耳及1黄色硬痂状附属体，具短瓣柄，翼瓣镰状，较龙骨瓣为狭，基部有线形、向下的耳，龙骨瓣镰状长圆形，基部有极小、急尖的耳；对旗瓣的1枚雄蕊仅上部离生；子房线形，被毛。荚果长椭圆形，扁平，被褐色长硬毛。花期9—10月，果期11—12月。

【开发利用价值】葛根可药用，有解表退热、生津止渴、止泻之功效，并能改善高血压病人的项强、头晕、头痛、耳鸣等症状。有效成分为黄豆苷、黄苷及葛根素等。茎皮纤维可供织布和造纸用。古代应用甚广，葛衣、葛巾均为平民服饰；葛纸、葛绳应用亦久；葛粉用于解酒。也是一种良好的水土保持植物。

【采样编号】SH001-11。

【含硒量】茎：0.09 mg/kg；叶：0.05 mg/kg。

【聚硒指数】茎：3.58；叶：2.04。

104. 扁豆

Lablab purpureus（L.）Sweet

【形态特征】多年生、缠绕藤本。全株几无毛，常呈淡紫色。羽状复叶具3小叶；托叶基着，披针形；小托叶线形；小叶宽三角状卵形，宽约与长相等，侧生小叶两边不等大，偏斜，先端急尖或渐尖，基部近截平。总状花序直立，花序轴粗壮；小苞片，近圆形，脱落；花2至多朵簇生于每一节上；花萼钟状，上方2裂齿几完全合生，下方的3枚近相等；花冠白色或紫色，旗瓣圆形，基部两侧具2枚长而直立的小附属体，附属体下有2耳，翼瓣宽倒卵形，具截平的耳，龙骨瓣呈直角弯曲，基部渐狭成瓣柄；子房线形，无毛，花柱比子房长，弯曲不逾90°，一侧扁平，近顶部内缘被毛。荚果长圆状镰形，近顶端最阔，扁平，直或稍向背弯曲，顶端有弯曲的尖喙，基部渐狭；种子3 ~ 5颗，扁平，长椭圆形，在白花品种中为白色，在紫花品种中为紫黑色，种脐线形，长约占种子周围的2/5。花期4—12月。

【开发利用价值】花有红、白两种，豆荚有绿白、浅绿、粉红或紫红等色。嫩荚可作蔬食，白花和白色种子可入药，有消暑除湿、健脾止泻之功效。

【采样编号】SH007-121。

105. 棉豆

Phaseolus lunatus L.

【别名】大白芸豆、香豆、金甲豆。

【形态特征】一年生或多年生缠绕草本。茎无毛或被微柔毛。羽状复叶具3枚小叶；托叶三角形，基着；小叶卵形，先端渐尖或急尖，基部圆形或阔楔形，沿脉上被疏柔毛或无毛，侧生小叶常偏斜。总状花序腋生；小苞片较花萼短，椭圆形，有3条粗脉，干时隆起；花萼钟状，外被短柔毛；花冠白色、淡黄或淡红色，旗瓣圆形或扁长圆形，先端微缺，翼瓣倒卵形，龙骨瓣先端旋卷1～2圈；子房被短柔毛，柱头偏斜。荚果镰状长圆形，扁平，顶端有喙，内有种子2～4颗；种子近菱形或肾形，白色、紫色或其他颜色，种脐白色，凸起。花期春夏间。

【开发利用价值】成熟的种子供蔬食；荚不堪食。有的品种的种子含氢氰酸，食前应先用水煮沸，然后换清水浸过。干豆含水分12.6%、蛋白质20.7%、脂肪1.3%、碳水化合物57.3%、纤维4.3%、灰分3.8%。

【采样编号】SH007-127。

【含硒量】果实：0.20 mg/kg。

106. 荷包豆

Phaseolus coccineus L.

【别名】龙爪豆、红花菜豆。

【形态特征】多年生缠绕草本。在温带地区通常作一年生作物栽培，具块根；茎被毛或无毛。羽状复叶具3枚小叶；托叶小，不显著；小叶卵形或卵状菱形，先端渐尖或稍钝，两面被柔毛或无毛。花多朵生于较叶为长的总花梗上，排成总状花序；苞片长圆状披针形，通常和花梗等长，多少宿存，小苞片长圆状披针形，与花萼等长或较萼为长；花萼阔钟形，无毛或疏被长柔毛，萼齿远较萼管为短；花冠通常鲜红色，偶为白色。荚果镰状长圆形；种子阔长圆形，顶端钝，深紫色而具红斑、黑色或红色，稀为白色。

【开发利用价值】我国东北、华北至西南有栽培。其豆较大而味美，已作为杂豆大宗出口。该种可栽培供观赏，但在中美洲其嫩荚、种子或块根亦可食用。

【采样编号】SH007-128。

【含硒量】果实：0.66 mg/kg。

107. 菜豆

Phaseolus vulgaris L.

【别名】地豆、云扁豆、四季豆等。

【形态特征】一年生、缠绕或近直立草本。茎被短柔毛或老时无毛。羽状复叶具3枚小叶；托叶披针形，基着。小叶宽卵形或卵状菱形，侧生的偏斜，先端长渐尖，有细尖，基部圆形或宽楔形，全缘，被短柔毛。总状花序比叶短，有数朵生于花序顶部的花；小苞片卵形，有数条隆起的脉，约与花萼等长或稍较其为长，宿存；花萼杯状，上方的2枚裂片连合成一微凹的裂片；花冠白色、黄色、紫堇色或红色；旗瓣近方形，翼瓣倒卵形，龙骨瓣长约1 cm，先端旋卷，子房被短柔毛，花柱压扁。荚果带形，稍弯曲，略肿胀，通常无毛，顶有喙；种子4～6颗，长椭圆形或肾形，白色、褐色、蓝色或有花斑，种脐通常白色。花期春夏。

【开发利用价值】为该属栽培最广的一种作物，嫩荚供蔬食，品种逾500个，故植株的形态、花的颜色和大小、荚果及种子的形状和颜色均有较大的变异，风味也不同。广州常见的龙牙豆即为本种的一个变种（var. *humilis* Alef.）。新鲜的豆含水分85.2%、蛋白质6.1%、脂肪0.2%、碳水化合物6.3%、纤维1.4%、灰分0.8%。

【采样编号】SH007-130。

【含硒量】果实：0.30 mg/kg。

三十九、虎耳草科 Saxifragaceae

108. 常山

Dichroa febrifuga Lour.

【别名】恒山、蜀漆、土常山、黄常山、白常山等。

【形态特征】灌木，高1～2 m；小枝圆柱状或稍具四棱，无毛或被稀疏短柔毛，常呈紫红色。叶形状大小变异大，常椭圆形、倒卵形、椭圆状长圆形或披针形，先端渐尖，基部楔形，边缘具锯齿或粗齿，稀波状，两面绿色或一至两面紫色，无毛或仅叶脉被皱卷短柔毛，稀下面被长柔毛，侧脉每边8～10条，网脉稀疏；叶柄无毛或疏被毛。伞房状圆锥花序顶生，有时叶腋有侧生花序，花蓝色或白色；花蕾倒卵形；花萼倒圆锥形，4～6裂；裂片阔三角形，急尖，无毛或被毛；花瓣长圆状椭圆形，稍肉质，花后反折；雄蕊10～20枚，一半与花瓣对生，花丝线形，扁平，初与花瓣合生，后分离，花药椭圆形；花柱4（5～6）枚，棒状，柱头长圆形，子房3/4下位。浆果蓝色，干时黑色；种子具网纹。花期2—4月，果期5—8月。

【开发利用价值】根含常山素，可抗疟疾。

【采样编号】HT008-64。

【含硒量】根茎：0.13 mg/kg；叶果：0.12 mg/kg。

109. 马桑绣球

Hydrangea aspera D. Don

【别名】柔毛绣球，八仙马桑绣球。

【形态特征】灌木或小乔木，高2～3 m，有时达10 m；枝圆柱状，略具四钝棱，密被黄白色短糙伏毛和颗粒状鳞秕，树皮褐色。叶纸质，长卵形、卵状披针形或长椭圆形，先端长渐尖，基部阔楔形或圆形，边缘有具短尖头的不规则锯形小齿，上面被疏糙伏毛，下面密被黄褐色颗粒状腺体和灰白色、直或稍弯曲且彼此略交接的茸毛状短柔毛，脉上的毛稍粗长，直而贴伏；叶柄密被糙伏毛。伞房状聚伞花序顶端弯拱，分枝疏散，粗长；不育花萼片4枚，阔卵形、圆形或倒卵圆形，边缘具锐尖粗齿，绿白色；孕性花萼筒钟状，萼齿阔三角形，先端尖；花瓣长卵形，先端急尖，基部截平；雄蕊不等长，短的稍短于花瓣，花药近圆形；子房下位，花柱多数3枚，少有2枚，外弯，柱头略增大。蒴果坛状，顶端截平，基部略尖，具棱；种子褐色，阔椭圆形或近圆形，稍扁，具凸起的纵脉纹，两端具翅，先端的翅宽扁，钝三角形或卵状披针形，基部的收狭呈一柄状物。花期8—9月，果期10—11月。

【开发利用价值】该种可作富硒饲料及肥料添加剂。

【采样编号】SH003-02。

【含硒量】叶：49.48 mg/kg。

【聚硒指数】叶：68.34。

110. 山梅花

Philadelphus incanus Koehne

【别名】白毛山梅花、毛叶木通等。

【形态特征】灌木，高1.5 ~ 3.5 m；二年生小枝灰褐色，表皮呈片状脱落，当年生小枝浅褐色或紫红色，被微柔毛或有时无毛。叶卵形或阔卵形，先端急尖，基部圆形，花枝上叶较小，卵形、椭圆形至卵状披针形，先端渐尖，基部阔楔形或近圆形，边缘具疏锯齿，上面被刚毛，下面密被白色长粗毛，叶脉离基出3 ~ 5条。总状花序有花5 ~ 7（~ 11）朵，下部的分枝有时具叶；花序轴疏被长柔毛或无毛；花梗上部密被白色长柔毛；花萼外面密被紧贴糙伏毛；萼筒钟形，裂片卵形，先端骤渐尖；花冠盘状，花瓣白色，卵形或近圆形，基部急收狭；花盘和花柱均无毛，近先端稍分裂，柱头棒形，较花药小。蒴果倒卵形；种子具短尾。花期5—6月，果期7—8月。

【开发利用价值】根皮可用于治疗挫伤、腰胁痛、胃痛、头痛。花多，花期较长，常作庭园观赏植物。

【采样编号】SD010-62。

【含硒量】茎：0.35 mg/kg；叶：1.20 mg/kg。

【聚硒指数】茎：5.29；叶：18.11。

111. 黄水枝

Tiarella polyphylla D. Don

【别名】防风七、水前胡、博落。

【形态特征】多年生草本，高20～45 cm；根状茎横走，深褐色。茎不分枝，密被腺毛。基生叶具长柄，叶片心形，先端急尖，基部心形，掌状3～5浅裂，边缘具不规则浅齿，两面密被腺毛；叶柄基部扩大呈鞘状，密被腺毛；托叶褐色；茎生叶通常2～3枚，与基生叶同型，叶柄较短。总状花序密和花梗均被腺毛；萼片在花期直立，卵形，先端稍渐尖，腹面无毛，背面和边缘具短腺毛，3条至多条脉；无花瓣；雄蕊花丝钻形；心皮2枚，不等大，下部合生，子房近上位，花柱2枚。种子黑褐色，椭圆球形。花果期4—11月。

【开发利用价值】全草可入药，苦，寒；有清热解毒、活血祛瘀、消肿止痛之功效；主治跌打损伤及咳嗽气喘等。也可供观赏。

【采样编号】SH003-72。

112. 落新妇

Astilbe chinensis（Maxim.）Franch. & Sav.

【别名】小升麻、术活、马尾参、红升麻等。

【形态特征】多年生草本，高50～100 cm。根状茎暗褐色，粗壮，须根多数。茎无毛。基生叶为二至三回三出羽状复叶；顶生小叶片菱状椭圆形，侧生小叶片卵形至椭圆形，先端短渐尖至急尖，边缘有重锯齿，基部楔形、浅心形至圆形，腹面沿脉生硬毛，背面沿脉疏生硬毛和小腺毛；叶轴仅于叶腋部具褐色柔毛；茎生叶2～3枚，较小。下部第一回分枝通常与花序轴成15°～30°斜上；花序轴密被褐色卷曲长柔毛；苞片卵形，几无花梗；花密集；萼片5枚，卵形，两面无毛，边缘中部以上生微腺毛；花瓣5枚，淡紫色至紫红色，线形，单脉；心皮2枚，仅基部合生。种子褐色。花果期6—9月。

【开发利用价值】全草含氢氰酸，花含槲皮素，根和根状茎含岩白菜素，根状茎、茎、叶含鞣质。可提制栲胶。根状茎可入药，味辛、苦，温；有散瘀止痛、祛风除湿、清热止咳之功效。

【采样编号】SH006-21。

四十、景天科 Crassulaceae

113. 东南景天

Sedum alfredii Hance

【别名】石板菜、变叶景天等。

【形态特征】多年生草本。茎斜上，单生或上部有分枝。叶互生，下部叶常脱落，上部叶常聚生，线状楔形、匙形至匙状倒卵形，先端钝，有时有微缺，基部狭楔形，有距，全缘。聚伞花序有多花；苞片似叶而小；花无梗；萼片5枚，线状匙形，基部有距；花瓣5枚，黄色，披针形至披针状长圆形，有短尖，基部稍合生；鳞片5枚，匙状正方形，先端钝截形；心皮5枚，卵状披针形，直立，基部合生，花柱在内。蓇葖斜叉开；种子多数，褐色。花期4—5月，果期6—8月。

【开发利用价值】东南景天不仅对土壤过量的锌、镉、铅具有强忍耐能力和超积累特性，并具有多年生、无性繁殖、生物量较大及适于刈割的特点。同时，它适应性强，耐瘠薄、干旱及强光等恶劣生境，观赏性强，是实施植物修复与生态绿化的优良植物。

【采样编号】HT009-27。

【含硒量】全株：0.16 mg/kg。

【聚硒指数】全株：6.32。

四十一、金缕梅科 Hamamelidaceae

114. 蜡瓣花

Corylopsis sinensis Hemsl.

【形态特征】落叶灌木；嫩枝有柔毛，老枝秃净，有皮孔；芽体椭圆形，外面有柔毛。叶薄革质，倒卵圆形或倒卵形，有时为长倒卵形；先端急短尖或略钝，基部不等侧心形；上面秃净无毛，或仅在中肋有毛，下面有灰褐色星状柔毛；侧脉7～8对，最下一对侧脉靠近基部，第二次分支侧脉不强烈；边缘有锯齿，齿尖刺毛状；叶柄有星毛；托叶窄矩形，略有毛。花序柄被毛，花序轴有长茸毛；总苞状鳞片卵圆形，外面有柔毛，内面有长丝毛；苞片卵形，外面有毛；小苞片矩圆形；萼筒有星状茸毛，萼齿卵形，先端略钝，无毛；花瓣匙形；雄蕊比花瓣略短；退化雄蕊2裂，先端尖，与萼齿等长或略超出；子房有星毛，花柱基部有毛。蒴果近圆球形，被褐色柔毛。种子黑色。

【采样编号】SH005-32。

【含硒量】叶：0.09 mg/kg；果实：0.05 mg/kg。

【聚硒指数】叶：5.56；果实：3.00。

四十二、蔷薇科 Rosaceae

115. 川莓

Rubus setchuenensis Bureau & Franch.

【别名】无刺乌泡、黄水泡、糖泡刺。

【形态特征】落叶灌木，高2～3 m；小枝圆柱形，密被淡黄色茸毛状柔毛，老时脱落，无刺。单叶，近圆形或宽卵形，顶端圆钝或近截形，基部心形，上面粗糙，无毛或仅沿叶脉稍具柔毛，下面密被灰白色茸毛，有时茸毛逐渐脱落，叶脉凸起，基部具掌状五出脉，侧脉2～3对，边缘5～7浅裂，裂片圆钝或急尖并再浅裂，有不整齐浅钝锯齿；叶柄具浅黄色茸毛状柔毛，常无刺；托叶离生，卵状披针形，顶端条裂，早落。花成狭圆锥花序，顶生或腋生或花少数簇生于叶腋；总花梗和花梗均密被浅黄色茸毛状柔毛；苞片与托叶相似；花萼外密被浅黄色茸毛和柔毛；萼片卵状披针形，顶端尾尖，全缘或外萼片顶端浅条裂，在果期直立，稀反折；花瓣倒卵形或近圆形，紫红色，基部具爪，比萼片短很多；雄蕊较短，花丝线形；雌蕊无毛，花柱比雄蕊长。果实半球形，黑色，无毛，常包藏在宿萼内；核较光滑。花期7—8月，果期9—10月。

【开发利用价值】果可生食；根可药用，有祛风、除湿、止呕、活血之功效，又可提制栲胶；茎皮可作造纸原料；种子可榨油。

【采样编号】SH001-12。

【含硒量】全株：0.05 mg/kg。

116. 寒莓

Rubus buergeri Miq.

【别名】咯咯红、聋朵公、猫儿茹、寒刺泡、地莓等。

【形态特征】直立或匍匐小灌木。茎常伏地生根，出长新株；匍匐枝与花枝均密被茸毛状长柔毛，无刺或具稀疏小皮刺。单叶，卵形至近圆形，顶端圆钝或急尖，基部心形，上面微具柔毛或仅沿叶脉具柔毛，下面密被茸毛，沿叶脉具柔毛，成长时下面茸毛常脱落，故在同一枝上，往往嫩叶密被茸毛，老叶则下面仅具柔毛，边缘5～7浅裂，裂片圆钝，有不整齐锐锯齿；叶柄密被茸毛状长柔毛，无刺或疏生针刺；托叶离生，早落，掌状或羽状深裂，裂片线形或线状披针形，具柔毛。花成短总状花序，顶生或腋生，或花数朵簇生于叶腋、总花梗和花梗密被茸毛状长柔毛，无刺或疏生针刺；苞片与托叶相似，较小；花萼外密被淡黄色长柔毛和茸毛；萼片披针形或卵状披针形，顶端渐尖，外萼片顶端常浅裂，内萼片全缘，在果期常直立开展，稀反折；花瓣倒卵形，白色，几与萼片等长；雄蕊多数，花丝线形，无毛；雌蕊无毛，花柱长于雄蕊。果实近球形，紫黑色，无毛；核具粗皱纹。

【开发利用价值】果可食及酿酒；根及全草可入药，有活血、清热解毒之功效。

【采样编号】SD010-41。

【含硒量】全株：0.28 mg/kg。

【聚硒指数】全株：4.23。

117. 鸡爪茶

Rubus henryi Hemsl. & Kuntze

【别名】走牛修勒、亨利莓、老林茶。

【形态特征】常绿攀援灌木，高达6 m；枝疏生微弯小皮刺，幼时被茸毛，老时近无毛，褐色或红褐色。单叶，革质，基部较狭窄，宽楔形至近圆形，稀近心形，深3裂，稀5裂，分裂至叶片的2/3处或超过之，顶生裂片与侧生裂片之间常成锐角，裂片披针形或狭长圆形，顶端渐尖，边缘有稀疏细锐锯齿，上面亮绿色，无毛，下面密被灰白色或黄白色茸毛，叶脉凸起，有时疏生小皮刺；叶柄细，有茸毛；托叶长圆形或长圆披针形，离生，膜质，全缘或顶端有2～3个锯齿，有长柔毛。花常9～20朵，成顶生和腋生总状花序；总花梗、花梗和花萼密被灰白色或黄白色茸毛和长柔毛，混生少数小皮刺；花梗短；苞片和托叶相似；花萼有时混生腺毛；萼片长三角形，顶端尾状渐尖，全缘，花后反折；花瓣狭卵圆形，粉红色，两面疏生柔毛，基部具短爪；雄蕊多数，有长柔毛；雌蕊多数，被长柔毛。果实近球形，黑色，宿存花柱带红色并有长柔毛；核稍有网纹。花期5—6月，果期7—8月。

【开发利用价值】嫩叶可代茶。

【采样编号】SH006-27。

118. 木莓

Rubus swinhoei Hance

【别名】斯氏悬钩子、高脚老虎扭。

【形态特征】落叶或半常绿灌木，高1～4 m；茎细而圆，暗紫褐色，幼时具灰白色短茸毛，老时脱落，疏生微弯小皮刺。单叶，叶形变化较大，自宽卵形至长圆披针形，顶端渐尖，基部截形至浅心形，上面仅沿中脉有柔毛，下面密被灰色茸毛或近无毛，往往不育枝和老枝上的叶片下面密被灰色平贴茸毛，不脱落，而结果枝（或花枝）上的叶片下面仅沿叶脉有少许茸毛或完全无毛，主脉上疏生钩状小皮刺，边缘有不整齐粗锐锯齿，稀缺刻状，叶脉9～12对；叶柄被灰白色茸毛，有时具钩状小皮刺；托叶卵状披针形，稍有柔毛，全缘或顶端有齿，膜质，早落。花常5～6朵，成总状花序；总花梗、花梗和花萼均被紫褐色腺毛和稀疏针刺；花梗细，被茸毛状柔毛；苞片与托叶相似，有时具深裂锯齿；花萼被灰色茸毛；萼片卵形或三角状卵形，顶端急尖，全缘，在果期反折；花瓣白色，宽卵形或近圆形，有细短柔毛；雄蕊多数，花丝基部膨大，无毛；雌蕊多数，比雄蕊长很多，子房无毛。果实球形，由多数小核果组成，无毛，成熟时由绿紫红色转变为黑紫色，味酸涩；核具明显皱纹。花期5—6月，果期7—8月。

【开发利用价值】果可食，根皮可提制栲胶。

【采样编号】SD010-31。

119. 高粱泡

Rubus lambertianus Ser.

【别名】十月苗、寒泡刺、冬牛、刺五泡藤等。

【形态特征】半落叶藤状灌木。高达3 m；枝幼时有细柔毛或近无毛，有微弯小皮刺。单叶宽卵形，稀长圆状卵形，顶端渐尖，基部心形，上面疏生柔毛或沿叶脉有柔毛，下面被疏柔毛，沿叶脉毛较密，中脉上常疏生小皮刺，边缘明显3～5裂或呈波状，有细锯齿；叶柄具细柔毛或近于无毛，有稀疏小皮刺；托叶离生，线状深裂，有细柔毛或近无毛，常脱落。圆锥花序顶生，生于枝上部叶腋内的花序常近总状，有时仅数朵花簇生于叶腋；总花梗、花梗和花萼均被细柔毛；苞片与托叶相似；萼片卵状披针形，顶端渐尖、全缘，外面边缘和内面均被白色短柔毛，仅在内萼片边缘具灰白色茸毛；花瓣倒卵形，白色，无毛，稍短于萼片；雄蕊多数，稍短于花瓣，花丝宽扁；雌蕊通常无毛。果实小，近球形，由多数小核果组成，无毛，熟时红色；核较小，有明显皱纹。花期7—8月，果期9—11月。

【开发利用价值】果熟后可食用及酿酒；根、叶可药用，有清热散瘀、止血之功效；种子可药用，也可榨油作发油用。

【采样编号】SD011-70。

120. 乌泡子

Rubus parkeri Hance

【别名】乌泡、乌藨子等。

【形态特征】攀援灌木。枝细长，密被灰色长柔毛，疏生紫红色腺毛和微弯皮刺。单叶，卵状披针形或卵状长圆形，顶端渐尖，基部心形，弯曲较宽而浅，两耳短而不相靠近，下面伏生长柔毛，沿叶脉较多，下面密被灰色茸毛，沿叶脉被长柔毛，侧脉5～6对，在下面凸起，沿中脉疏生小皮刺，边缘有细锯齿和浅裂片；叶柄密被长柔毛，疏生腺毛和小皮刺；托叶脱落，常掌状条裂，裂片线形，被长柔毛。大型圆锥花序顶生，稀腋生，总花梗、花梗和花萼密被长柔毛和长短不等的紫红色腺毛，具稀疏小皮刺；苞片与托叶相似，有长柔毛和腺毛；花萼带紫红色；萼片卵状披针形，顶端短渐尖，全缘，里面有灰白色茸毛；花瓣白色，但常无花瓣；雄蕊多数，花丝线形；雌蕊少数，无毛。果实球形，紫黑色，无毛。花期5—6月，果期7—8月。

【开发利用价值】嫩枝梢和叶为山羊和黄牛喜食。

【采样编号】SD011-80。

121. 盾叶莓

Rubus peltatus Maxim.

【形态特征】直立或攀援灌木，全株高1～2 m；枝红褐色或棕褐色，无毛，疏生皮刺，小枝常有白粉。叶片盾状，卵状圆形，基部心形，两面均有贴生柔毛，下面毛较密并沿中脉有小皮刺，边缘3～5掌状分裂，裂片三角状卵形，顶端急尖或短渐尖，有不整齐细锯齿；叶柄无毛，有小皮刺；托叶大，膜质，卵状披针形，无毛。单花顶生，直径约5 cm或更大；花梗无毛；苞片与托叶相似；萼筒常无毛；萼片卵状披针形，两面均有柔毛，边缘常有齿；花瓣近圆形，白色，长于萼片；雄蕊多数，花丝钻形或线形；雌蕊很多，被柔毛。果实圆柱形或圆筒形，橘红色，密被柔毛；核具皱纹。花期4—5月，果期6—7月。

【开发利用价值】果可食用及药用，治腰腿酸疼；根皮可提制栲胶。

【采样编号】SH005-18。

122. 红花悬钩子

Rubus inopertus（Diels）Focke

【形态特征】攀援灌木，高1～2 m；小枝紫褐色，无毛，疏生钩状皮刺。小叶7～11枚，稀5枚，卵状披针形或卵形，顶端渐尖，基部圆形或近截形，上面疏生柔毛，下面沿叶脉具柔毛，边缘具粗锐重锯齿；叶柄为紫褐色，顶生小叶柄，侧生小叶几无柄，与叶轴均具稀疏小钩刺，无毛或微具柔毛；托叶线状披针形。花数朵簇生或成顶生伞房花序；总花梗和花梗均无毛；花梗无毛；苞片线状披针形；花萼外面无毛或仅于萼片边缘具茸毛；萼片卵形或三角状卵形，顶端急尖至渐尖，在果期常反折；花瓣倒卵形，粉红至紫红色，基部具短爪或微具柔毛；花丝线形或基部增宽；花柱基部和子房有柔毛。果实球形，熟时紫黑色，外面被柔毛；核有细皱纹。花期5—6月，果期7—8月。

【开发利用价值】果味甜美，含糖、苹果酸、柠檬酸及维生素C等，可供生食、制果酱及酿酒。

【采样编号】SH003-10。

【含硒量】茎：26.86 mg/kg；叶：26.86 mg/kg。

【聚硒指数】茎：37.10；叶：37.10。

123. 红毛悬钩子

Rubus wallichianus Wight & Arn.

【别名】鬼悬钩子、黄刺泡等。

【形态特征】攀援灌木。高1 ~ 2 m；小枝粗壮，红褐色，有棱，密被红褐色刺毛，并具柔毛和稀疏皮刺。小叶3枚，椭圆形、卵形、稀倒卵形，顶端尾尖或急尖，稀圆钝，基部圆形或宽楔形，上面紫红色，无毛，叶脉下陷，下面仅沿叶脉疏生柔毛、刺毛和皮刺，边缘有不整齐细锐锯齿；叶柄顶生小叶柄，侧生小叶近无柄，与叶轴均被红褐色刺毛、柔毛和稀疏皮刺；托叶线形，有柔毛和稀疏刺毛。花数朵在叶腋团聚成束，稀单生；花梗短，密被短柔毛；苞片线形或线状披针形，有柔毛；花萼外面密被茸毛状柔毛；萼片卵形，顶端急尖，在果期直立；花瓣长倒卵形，白色，基部具爪，长于萼片；雄蕊花丝稍宽扁，几与雌蕊等长；花柱基部和子房顶端具柔毛。果实球形，熟时金黄色或红黄色，无毛；核有深刻皱纹。花期3—4月，果期5—6月。

【开发利用价值】根和叶可药用，有祛风除湿、散瘰伤之功效。

【采样编号】SD010-48。

【含硒量】茎：0.07 mg/kg；叶：0.07 mg/kg。

【聚硒指数】茎：1.09；叶：1.09。

124. 插田泡

Rubus coreanus Miq.

【别名】高丽悬钩子、插田藨。

【形态特征】灌木，高1～3 m；枝粗壮，红褐色，被白粉，具近直立或钩状扁平皮刺。小叶通常5枚，稀3枚，卵形、菱状卵形或宽卵形，顶端急尖，基部楔形至近圆形，上面无毛或仅沿叶脉有短柔毛，下面被稀疏柔毛或仅沿叶脉被短柔毛，边缘有不整齐粗锯齿或缺刻状粗锯齿，顶生小叶顶端有时3浅裂；叶柄顶生小叶柄，侧生小叶近无柄，与叶轴均被短柔毛和疏生钩状小皮刺；托叶线状披针形，有柔毛。伞房花序生于侧枝顶端，具花数朵至30余朵，总花梗和花梗均被灰白色短柔毛；苞片线形，有短柔毛；花萼外面被灰白色短柔毛；萼片长卵形至卵状披针形，顶端渐尖，边缘具茸毛，花时开展，果时反折；花瓣倒卵形，淡红色至深红色，与萼片近等长或稍短；雄蕊比花瓣短或近等长，花丝带粉红色；雌蕊多数；花柱无毛，子房被稀疏短柔毛。果实近球形，深红色至紫黑色，无毛或近无毛；核具皱纹。花期4—6月，果期6—8月。

【开发利用价值】果实味酸甜，可生食、熬糖及酿酒，又可入药，为强壮剂；根有止血、止痛之功效；叶能明目。

【采样编号】SH004-52。

125. 喜阴悬钩子

Rubus mesogaeus Focke ex Diels

【别名】莓子、深山悬钩子、短梓刺泡藤。

【形态特征】攀援灌木，高1～4 m；老枝有稀疏基部宽大的皮刺，小枝红褐色或紫褐色，具稀疏针状皮刺或近无刺，幼时被柔毛。小叶常3枚，稀5枚，顶生小叶宽菱状卵形或椭圆卵形，顶端渐尖，边缘常羽状分裂，基部圆形至浅心形，侧生小叶斜椭圆形或斜卵形，顶端急尖，基部楔形至圆形，上面疏生平贴柔毛，下面密被灰白色茸毛，边缘有不整齐粗锯齿并常浅裂；叶柄顶生小叶柄，侧生小叶有短柄或几无柄，与叶轴均有柔毛和稀疏钩状小皮刺；托叶线形，被柔毛。伞房花序生于侧生小枝顶端或腋生，具花数朵至20余朵，通常短于叶柄；总花梗具柔毛，有稀疏针刺；花梗密被柔毛；苞片线形，有柔毛。花萼外密被柔毛；萼片披针形，顶端急尖至短渐尖，内萼片边缘具茸毛，花后常反折；花瓣倒卵形、近圆形或椭圆形，基部稍有柔毛，白色或浅粉红色；花丝线形，几与花柱等长；花柱无毛，子房有疏柔毛。果实扁球形，紫黑色，无毛；核三角卵球形，有皱纹。花期4—5月，果期7—8月。

【开发利用价值】悬钩子是灌木型果树、生态经济型水土保持灌木树种，在欧美一些国家早已广泛栽培，并形成产业化发展，引入中国后得到快速发展，很多省、市、自治区都广泛种植。因其具有很好的营养价值、药用价值和食用价值，所以经济效益较好。

【采样编号】SH003-08。

【含硒量】茎：1.59 mg/kg；叶：13.33 mg/kg。

【聚硒指数】茎：2.20；叶：18.41。

126. 山莓

Rubus corchorifolius L. f.

【别名】树莓、山抛子、牛奶泡、泡儿刺、山泡等。

【形态特征】直立灌木，高1～3 m；枝具皮刺，幼时被柔毛。单叶，卵形至卵状披针形，顶端渐尖，基部微心形，有时近截形或近圆形，上面色较浅，沿叶脉有细柔毛，下面色稍深，幼时密被细柔毛，逐渐脱落至老时近无毛，沿中脉疏生小皮刺，边缘不分裂或3裂，通常不育枝上的叶3裂，有不规则锐锯齿或重锯齿，基部具3条脉；叶柄疏生小皮刺，幼时密生细柔毛；托叶线状披针形，具柔毛。花单生或少数生于短枝上；花梗具细柔毛；花萼外密被细柔毛，无刺；萼片卵形或三角状卵形，顶端急尖至短渐尖；花瓣长圆形或椭圆形，白色，顶端圆钝，长于萼片；雄蕊多数，花丝宽扁；雌蕊多数，子房有柔毛。果实由很多小核果组成，近球形或卵球形，红色，密被细柔毛；核具皱纹。花期2—3月，果期4—6月。

【开发利用价值】果味甜美，含糖、苹果酸、柠檬酸及维生素C等，可供生食、制果酱及酿酒。根皮、茎皮、叶可提制栲胶。果、根及叶可入药，有活血、解毒、止血，以及涩精、益肾、助阳、明目、醒酒止渴、化痰解毒之功效，主治肾虚、遗精、醉酒、丹毒等症。叶微苦，可解毒、消肿、敛疮等，用于治疗咽喉肿痛、多发性脓肿、乳腺炎等症。

【采样编号】SH003-16。

【含硒量】茎：11.84 mg/kg；叶：29.93 mg/kg。

【聚硒指数】茎：16.35；叶：41.34。

127. 白叶莓

Rubus innominatus S. Moore

【别名】刺泡、白叶悬钩子。

【形态特征】灌木，高1～3 m；枝拱曲，褐色或红褐色，小枝密被茸毛状柔毛，疏生钩状皮刺。小叶常3枚，稀于不孕枝上具5枚小叶，顶端急尖至短渐尖，顶生小叶卵形或近圆形，稀卵状披针形，基部圆形至浅心形，边缘常3裂或缺刻状浅裂，侧生小叶斜卵状披针形或斜椭圆形，基部楔形至圆形，上面疏生平贴柔毛或几无毛，下面密被灰白色茸毛，沿叶脉混生柔毛，边缘有不整齐粗锯齿或缺刻状粗重锯齿；托叶线形，被柔毛。总状或圆锥状花序，顶生或腋生，腋生花序常为短总状；总花梗和花梗均密被黄灰色或灰色茸毛状长柔毛和腺毛；苞片线状披针形，被茸毛状柔毛；花萼外面密被黄灰色或灰色茸毛状长柔毛和腺毛；萼片卵形，顶端急尖，内萼片边缘具灰白色茸毛，在花果时均直立；花瓣倒卵形或近圆形，紫红色，边啮蚀状，基部具爪，稍长于萼片；雄蕊稍短于花瓣；花柱无毛；子房稍具柔毛。果实近球形，橘红色，初期被疏柔毛，成熟时无毛；核具细皱纹。花期5—6月，果期7—8月。

【开发利用价值】果酸甜，可食。根可入药，治风寒咳喘。

【采样编号】SH003-26。

【含硒量】茎：39.76 mg/kg；叶：50.99 mg/kg。

【聚硒指数】茎：7.78；叶：9.97。

128. 龙芽草

Agrimonia pilosa Ledeb.

【别名】瓜香草、仙鹤草。

【形态特征】多年生草本。根多呈块茎状，周围长出若干侧根，根茎短，基部常有1至数个地下芽。茎被疏柔毛及短柔毛，稀下部被稀疏长硬毛。叶为间断奇数羽状复叶，通常有小叶3～4对，稀2对，向上减少至3小叶，叶柄被稀疏柔毛或短柔毛；小叶片无柄或有短柄，倒卵形，倒卵椭圆形或倒卵披针形，顶端急尖至圆钝，稀渐尖，基部楔形至宽楔形，边缘有急尖到圆钝锯齿，上面被疏柔毛，稀脱落几无毛，下面通常脉上伏生疏柔毛，稀脱落几无毛，有显著腺点；托叶草质，绿色，镰形，稀卵形，顶端急尖或渐尖，边缘有尖锐锯齿或裂片，稀全缘，茎下部托叶有时卵状披针形，常全缘。花序穗状总状顶生，分枝或不分枝，花序轴被柔毛，花梗被柔毛；苞片通常深3裂，裂片带形，小苞片对生，卵形，全缘或边缘分裂；萼片5枚，三角卵形；花瓣黄色，长圆形；雄蕊5～8（～15）枚；花柱2枚，丝状，柱头头状。果实倒卵圆锥形，外面有10条肋，被疏柔毛，顶端有数层钩刺，幼时直立，成熟时靠合。花果期5—12月。

【开发利用价值】全草可药用，为收敛止血药，兼有强心作用，市售止血剂仙鹤草素即自本品提取。近年来，秋末、春初的地下根茎芽常用作驱绦虫特效药，有效成分为鹤草酚；全株富含鞣质，可提制栲胶；可作农药，捣烂水浸液喷洒，能防治蚜虫及小麦锈病。

【采样编号】SH003-61。

【含硒量】根：11.52 mg/kg；茎：6.03 mg/kg；叶：16.39 mg/kg。

【聚硒指数】根：15.91；茎：8.33；叶：22.64。

129. 柔毛路边青

Geum japonicum var. *chinense* F. Bolle

【别名】追风七、柔毛水杨梅。

【形态特征】多年生草本。须根，簇生。茎直立，高25 ~ 60 cm，被黄色短柔毛及粗硬毛。基生叶为大头羽状复叶，通常有小叶1 ~ 2对，其余侧生小叶呈附片状，叶柄被粗硬毛及短柔毛，顶生小叶最大，卵形或广卵形，浅裂或不裂，顶端圆钝，基部阔心形或宽楔形，边缘有粗大圆钝或急尖锯齿，两面绿色，被稀疏糙伏毛，下部茎生叶3小叶，上部茎生叶单叶，3浅裂，裂片圆钝或急尖；茎生叶托叶草质，绿色，边缘有不规则粗大锯齿。花序疏散，顶生数朵，花梗密被粗硬毛及短柔毛；萼片三角卵形，顶端渐尖，副萼片狭小，椭圆披针形，顶端急尖，比萼片短1倍多，外面被短柔毛；花瓣黄色，几圆形，比萼片长；花柱顶生，在上部1/4处扭曲，成熟后自扭曲处脱落，脱落部分下部被疏柔毛。聚合果卵球形或椭球形，瘦果被长硬毛，花柱宿存部分光滑，顶端有小钩，果托被长硬毛。花果期5—10月。

【开发利用价值】全草可入药，有祛风、除湿、止痛、镇痉之功效。种子含干性油，可制肥皂和油漆。鲜嫩叶可食用。

【采样编号】SH005-38。

【含硒量】全株：0.12 mg/kg。

【聚硒指数】全株：7.31。

130. 蛇含委陵菜

Potentilla kleiniana Wight & Arn.

【别名】五爪龙、蛇含、蛇含萎陵菜。

【形态特征】一年生、二年生或多年生宿根草本。多须根。花茎上升或匍匐，常于节处生根并发育出新植株，被疏柔毛或开展长柔毛。基生叶为近于鸟足状5小叶，叶柄被疏柔毛或开展长柔毛；小叶几无柄稀有短柄，小叶片倒卵形或长圆倒卵形，顶端圆钝，基部楔形，边缘有多数急尖或圆钝锯齿，两面绿色，被疏柔毛，有时上面脱落几无毛，或下面沿脉密被伏生长柔毛，下部茎生叶有5枚小叶，上部茎生叶有3枚小叶，小叶与基生小叶相似，唯叶柄较短；基生叶托叶膜质，淡褐色，外面被疏柔毛或脱落几无毛，茎生叶托叶草质，绿色，卵形至卵状披针形，全缘，稀有1~2个齿，顶端急尖或渐尖，外被稀疏长柔毛。聚伞花序密集枝顶如假伞形，花梗密被开展长柔毛，下有茎生叶如苞片状；萼片三角卵圆形，顶端急尖或渐尖，副萼片披针形或椭圆披针形，顶端急尖或渐尖，花时比萼片短，果时略长或近等长，外被稀疏长柔毛；花瓣黄色，倒卵形，顶端微凹，长于萼片；花柱近顶生，圆锥形，基部膨大，柱头扩大。瘦果近圆形，一面稍平，具皱纹。花果期4—9月。

【开发利用价值】全草可药用，有清热、解毒、止咳、化痰之功效，捣烂外敷治疮毒、痈肿及蛇虫咬伤。

【采样编号】SH007-39。

131. 蛇莓

Duchesnea indica (Andrews) Teschem.

【别名】三爪风、龙吐珠、蛇泡草。

【形态特征】多年生草本；根茎短，粗壮；匍匐茎多数，有柔毛。小叶片倒卵形至菱状长圆形，先端圆钝，边缘有钝锯齿，两面皆有柔毛，或上面无毛，具小叶柄；叶柄有柔毛；托叶窄卵形至宽披针形。花单生于叶腋；花梗有柔毛；萼片卵形，先端锐尖，外面有散生柔毛；副萼片倒卵形，比萼片长，先端常具3～5个锯齿；花瓣倒卵形，黄色，先端圆钝；雄蕊20～30枚；心皮多数；花托在果期膨大，海绵质，鲜红色，有光泽，外面有长柔毛。瘦果卵形，光滑或具不显明凸起，鲜时有光泽。花期6—8月，果期8—10月。

【开发利用价值】全草可药用，能散瘀消肿、收敛止血、清热解毒。茎叶捣敷对治疗疮有特效，亦可外敷治蛇咬伤、烫伤、烧伤。果实煎服能治支气管炎。全草水浸液可防治农业害虫，杀蛆、孑孓等。

【采样编号】SH007-54。

【含硒量】全株：0.07 mg/kg。

132. 黄毛草莓

Fragaria nilgerrensis Schlecht. ex J. Gay

【别名】锈毛草莓。

【形态特征】多年生草本，粗壮，密集成丛，高5～25 cm，茎密被黄棕色绢状柔毛，几与叶等长；叶三出，小叶具短柄，质地较厚，小叶片倒卵形或椭圆形，顶端圆钝，顶生小叶基部楔形，侧生小叶基部偏斜，边缘具缺刻状锯齿，锯齿顶端急尖或圆钝，上面深绿色，被疏柔毛，下面淡绿色，被黄棕色绢状柔毛，沿叶脉上毛长而密；叶柄密被黄棕色绢状柔毛。聚伞花序（1）2～5（6）个，花序下部具一或三出有柄的小叶；花两性；萼片卵状披针形，比副萼片宽或近相等，副萼片披针形，全缘或2裂，果时增大；花瓣白色，圆形，基部有短爪；雄蕊20枚，不等长。聚合果圆形，白色、淡白黄色或红色，宿存萼片直立，紧贴果实；瘦果卵形，光滑。花期4—7月，果期6—8月。

【开发利用价值】该种可作富硒饲料添加剂。

【采样编号】SH003-15。

【含硒量】全株：58.20 mg/kg。

【聚硒指数】全株：80.39。

133. 湖北海棠

Malus hupehensis（Pamp.）Rehder

【别名】野海棠、野花红、花红茶、秋子、茶海棠等。

【形态特征】乔木，高达8 m；小枝最初有短柔毛，不久脱落，老枝紫色至紫褐色；冬芽卵形，先端急尖，鳞片边缘有疏生短柔毛，暗紫色。叶片卵形至卵状椭圆形，先端渐尖，基部宽楔形，稀近圆形，边缘有细锐锯齿，嫩时具稀疏短柔毛，不久脱落无毛，常呈紫红色；叶柄嫩时有稀疏短柔毛，逐渐脱落；托叶草质至膜质，线状披针形，有疏生柔毛，早落。伞房花序，具花4～6朵，花梗无毛或稍有长柔毛；苞片膜质，披针形，早落；萼筒外面无毛或稍有长柔毛；萼片三角卵形，先端渐尖或急尖，外面无毛，内面有柔毛，略带紫色，与萼筒等长或稍短；花瓣倒卵形，基部有短爪，粉白色或近白色；雄蕊20枚，花丝长短不齐，约等于花瓣之半；花柱3枚，稀4枚，基部有长茸毛，较雄蕊稍长。果实椭圆形或近球形，黄绿色稍带红晕，萼片脱落。

【开发利用价值】嫩叶晒干可作聚硒茶叶代用品，味微苦涩，俗名花红茶。春季满树缀以粉白色花朵，秋季结实累累，甚为美丽，可作观赏树种。

【采样编号】SH003-45。

【含硒量】叶：47.72 mg/kg。

【聚硒指数】叶：65.91。

134. 波叶红果树

Stranvaesia davidiana var. *undulata*（Decne.）Rehder & E. H. Wilson in Sarg.

【形态特征】灌木或小乔木，高达1～10 m，枝条密集；小枝粗壮，圆柱形，幼时密被长柔毛，逐渐脱落，当年枝条紫褐色，老枝灰褐色，有稀疏不显明皮孔；冬芽长卵形，先端短渐尖，红褐色，近于无毛或在鳞片边缘有短柔毛。叶片长圆形、长圆披针形或倒披针形，先端急尖或突尖，基部楔形至宽楔形，全缘，上面中脉下陷，沿中脉被灰褐色柔毛，下面中脉凸起，侧脉8～16对，不明显，沿中脉有稀疏柔毛；叶柄被柔毛，逐渐脱落；托叶膜质，钻形，早落。复伞房花序，密具多花；总花梗和花梗均被柔毛，花梗短；苞片与小苞片均膜质，卵状披针形，早落；萼筒外面有稀疏柔毛；萼片三角卵形，先端急尖，全缘，长不及萼筒之半，外被少数柔毛；花瓣近圆形，基部有短爪，白色；雄蕊20枚，花药紫红色；花柱5枚，大部分连合，柱头头状，比雄蕊稍短；子房顶端被茸毛。果实近球形，橘红色；萼片宿存，直立；种子长椭圆形。花期5—6月，果期9—10月。

【采样编号】SH006-54。

【含硒量】茎：0.01 mg/kg；叶：0.01 mg/kg。

135. 华西花楸

Sorbus wilsoniana C. K. Schneid.

【别名】威氏花楸。

【形态特征】乔木，高5～10 m；小枝粗壮，圆柱形，暗灰色，有皮孔，无毛；冬芽长卵形，肥大，先端急尖，外被数枚红褐色鳞片，无毛或先端具柔毛。大形奇数羽状复叶；小叶片6～7对，顶端和基部的小叶片常较中部的稍小，长圆椭圆形或长圆披针形，先端急尖或渐尖，基部宽楔形或圆形，边缘每侧有8～20细锯齿，基部近于全缘，上下两面均无毛或仅在下面沿中脉附近有短柔毛，侧脉17～20对，在边缘稍弯曲；叶轴上面有浅沟，下面无毛或在小叶着生处有短柔毛；托叶发达，草质，半圆形，有锐锯齿，开花后有时脱落。复伞房花序具多数密集的花朵，总花梗和花梗均被短柔毛；萼筒钟状，外面有短柔毛，内面无毛；萼片三角形，先端稍钝，外面微具短柔毛或无毛，内面无毛；花瓣卵形，先端圆钝，稀微凹，白色，内面无毛或微有柔毛；雄蕊20枚，短于花瓣；花柱3～5枚，较雄蕊短，基部密具柔毛。果实卵形，橘红色，先端有宿存闭合萼片。花期5月，果期9月。

【开发利用价值】落叶小乔木，枝叶茂密，秋季变红，红色果穗经久不落，甚为美观，有栽培价值。

【采样编号】SH005-68。

【含硒量】叶未检出。

136. 石灰花楸

Sorbus folgneri（C. K. Schneid.）Rehder in Sarg.

【别名】华盖木、傅氏花楸、反白树、石灰树等。

【形态特征】乔木，高达10 m；小枝圆柱形，具少数皮孔，黑褐色，幼时被白色茸毛；冬芽卵形，先端急尖，外具数枚褐色鳞片。叶片卵形至椭圆卵形，先端急尖或短渐尖，基部宽楔形或圆形，边缘有细锯齿或在新枝上的叶片有重锯齿和浅裂片，上面深绿色，无毛，下面密被白色茸毛，中脉和侧脉上也具茸毛，侧脉通常8～15对，直达叶边锯齿顶端；叶柄密被白色茸毛。复伞房花序具多花，总花梗和花梗均被白色茸毛；萼筒钟状，外被白色茸毛，内面稍具茸毛；萼片三角卵形，先端急尖，外面被茸毛，内面微有茸毛；花瓣卵形，先端圆钝，白色；雄蕊18～20枚，几与花瓣等长或稍长；花柱2～3枚，近基部合生并有茸毛，短于雄蕊。果实椭圆形，红色，近平滑或有极少数不显明的细小斑点，2～3室，先端萼片脱落后留有圆穴。花期4—5月，果期7—8月。

【开发利用价值】树姿优美，春开白花，秋结红果，十分秀丽。适于园林栽培观赏。木材可制高级家具。枝条可供药用。

【采样编号】SD010-75。

【含硒量】茎：0.12 mg/kg；叶：0.04 mg/kg。

【聚硒指数】茎：1.88；叶：0.67。

137. 沙梨

Pyrus pyrifolia（Burm. f.）Nakai

【形态特征】乔木，高达7 ~ 15 m；小枝嫩时具黄褐色长柔毛或茸毛，不久脱落，二年生枝紫褐色或暗褐色，具稀疏皮孔；冬芽长卵形，先端圆钝，鳞片边缘和先端稍具长茸毛。叶片卵状椭圆形或卵形，先端长尖，基部圆形或近心形，稀宽楔形，边缘有刺芒锯齿。微向内合拢，上下两面无毛或嫩时有褐色绵毛；叶柄嫩时被茸毛，不久脱落；托叶膜质，线状披针形，先端渐尖，全缘，边缘具有长柔毛，早落。伞形总状花序，具花6 ~ 9朵；总花梗和花梗幼时微具柔毛；苞片膜质，线形，边缘有长柔毛；萼片三角卵形，先端渐尖，边缘有腺齿；外面无毛，内面密被褐色茸毛；花瓣卵形，先端啮齿状，基部具短爪，白色；雄蕊20枚，长约等于花瓣之半；花柱5枚，稀4枚，光滑无毛，约与雄蕊等长。果实近球形，浅褐色，有浅色斑点，先端微向下陷，萼片脱落；种子卵形，微扁，深褐色。花期4月，果期8月。

【采样编号】SH007-124。

138. 平枝栒子

Cotoneaster horizontalis Decne.

【别名】栒刺木、岩楞子、山头姑娘、平枝灰栒子、矮红子等。

【形态特征】落叶或半常绿匍匐灌木，高不超过0.5 m，枝水平开张成整齐两列状；小枝圆柱形，幼时外被糙伏毛，老时脱落，黑褐色。叶片近圆形或宽椭圆形，稀倒卵形，先端多数急尖，基部楔形，全缘，上面无毛，下面有稀疏平贴柔毛；叶柄被柔毛；托叶钻形，早落。花1～2朵，近无梗；萼筒钟状，外面有稀疏短柔毛，内面无毛；萼片三角形，先端急尖，外面微具短柔毛，内面边缘有柔毛；花瓣直立，倒卵形，先端圆钝，粉红色；雄蕊约12枚，短于花瓣；花柱常为3枚，有时为2枚，离生，短于雄蕊；子房顶端有柔毛。果实近球形，鲜红色，常具3个小核，稀2个小核。花期5—6月，果期9—10月。

【开发利用价值】可用于布置岩石园、庭院、绿地，以及墙沿、角隅，另外可作地被或制作盆景，果枝也可用于插花。根（水莲沙根）、全草（水莲沙）：酸、涩，凉，可清热化湿、止血止痛，用于治疗泄泻、腹痛、吐血、痛经、带下病。由于其根和全草均可入药，可作为高聚硒中药材开发。

【采样编号】SH003-45。

【含硒量】茎叶：53.88 mg/kg。

【聚硒指数】茎叶：74.43。

139. 恩施栒子

Cotoneaster fangianus T. T. Yu

【形态特征】落叶灌木。小枝细瘦，圆柱形，红褐色至灰褐色，幼时密被黄色糙伏毛，成长时脱落至老时近无毛。叶片宽卵形至近圆形，先端多数圆钝，稀急尖，基部圆形，上面无毛，中脉及侧脉3～5对，微陷，下面密被浅黄色茸毛；叶柄粗短，具黄色柔毛；托叶线状披针形，部分宿存。花10～15朵成聚伞花序；总花梗和花梗具柔毛；萼筒外面微具柔毛或几无毛；萼片三角形，先端钝，稀急尖，外面微具短柔毛，内面仅沿边缘有柔毛；花瓣直立，近圆形或宽倒卵形，宽几与长相等，先端微凹佳免圆钝，基部具短爪，粉红色；雄蕊20枚，稍短于花瓣；花柱3枚，稍短或几与花瓣等长，离生；子房顶部有柔毛。果实长圆形，有3个小核。花期5—6月。

【开发利用价值】列入《世界自然保护联盟濒危物种红色名录》，近危。

【采样编号】HT009-33。

【含硒量】茎：0.07 mg/kg；叶：0.05 mg/kg。

【聚硒指数】茎：2.92；叶：1.80。

140. 火棘

Pyracantha fortuneana（Maxim.）H. L. Li

【别名】赤阳子、红子、救命粮、救军粮、救兵粮、火把果等。

【形态特征】常绿灌木。高达3 m；侧枝短，先端呈刺状，嫩枝外被锈色短柔毛，老枝暗褐色，无毛；芽小，外被短柔毛。叶片倒卵形或倒卵状长圆形，先端圆钝或微凹，有时具短尖头，基部楔形，下延连于叶柄，边缘有钝锯齿，齿尖向内弯，近基部全缘，两面皆无毛；叶柄短，无毛或嫩时有柔毛。花集成复伞房花序，花梗和总花梗近于无毛；萼筒钟状，无毛；萼片三角卵形，先端钝；花瓣白色，近圆形；雄蕊20枚，药黄色；花柱5枚，离生，与雄蕊等长，子房上部密生白色柔毛。果实近球形，橘红色或深红色。花期3—5月，果期8—11月。

【开发利用价值】可作庭院中绿篱以及园林造景材料，是一种极好的春季看花、冬季观果的植物。果实、根、叶可入药，性平，味甘、酸，叶能清热解毒。

【采样编号】SD010-55。

【含硒量】叶：0.06 mg/kg。

【聚硒指数】叶：0.91。

141. 枇杷

Eriobotrya japonica（Thunb.）Lindl.

【别名】卢橘、金丸等。

【形态特征】常绿小乔木。高可达10 m；小枝粗壮，黄褐色，密生锈色或灰棕色茸毛。叶片革质，披针形、倒披针形、倒卵形或椭圆长圆形，先端急尖或渐尖，基部楔形或渐狭成叶柄，上部边缘有疏锯齿，基部全缘，上面光亮，多皱，下面密生灰棕色茸毛，侧脉11～21对；叶柄短或几无柄，有灰棕色茸毛；托叶钻形，先端急尖，有毛。圆锥花序顶生，具多花；总花梗和花梗密生锈色茸毛；苞片钻形，密生锈色茸毛；萼筒浅杯状，萼片三角卵形，先端急尖，萼筒及萼片外面有锈色茸毛；花瓣白色，长圆形或卵形，基部具爪，有锈色茸毛；雄蕊20枚，远短于花瓣，花丝基部扩展；花柱5枚，离生，柱头头状，无毛，子房顶端有锈色柔毛，5室，每室有2枚胚珠。果实球形或长圆形，黄色或橘黄色，外有锈色柔毛，不久脱落；种子1～5颗，球形或扁球形，褐色，光亮，种皮纸质。花期10—12月，果期5—6月。

【开发利用价值】美丽观赏树木和果树。果味甘酸，供生食、蜜饯和酿酒用；叶晒干去毛，可供药用，有化痰止咳、和胃降气之功效。木材红棕色，可制作木梳、手杖、农具柄等。

【采样编号】SD010-68。

【含硒量】茎：2.03 mg/kg；叶：0.22 mg/kg。

【聚硒指数】茎：30.68；叶：3.35。

142. 椭圆叶粉花绣线菊

Spiraea japonica var. *ovalifolia* Franch.

【别名】卵叶绣线菊。

【形态特征】直立灌木，高达1.5 m；枝条细长，开展，小枝近圆柱形，无毛或幼时被短柔毛；冬芽卵形，先端急尖，有数个鳞片。叶片较小，宽卵形或椭圆形，先端圆钝或稍急尖，边缘有圆钝重锯齿，上面暗绿色，两面无毛，下面有白霜，通常沿叶脉有短柔毛；叶柄具短柔毛。复伞房花序生于当年生的直立新枝顶端，花朵密集，密被短柔毛；苞片披针形至线状披针形，下面微被柔毛；花萼外面有稀疏短柔毛，萼筒钟状，内面有短柔毛；萼片三角形，先端急尖，内面近先端有短柔毛；花瓣卵形至圆形，先端通常圆钝，白色；雄蕊25～30枚，远较花瓣长；花盘圆环形，约有10个不整齐的裂片。蓇葖果半开张，无毛或沿腹缝有稀疏柔毛，花柱顶生，稍倾斜开展，萼片常直立。花期6—7月，果期8—9月。

【开发利用价值】该种聚硒能力强，可用于提取生物有机硒。

【采样编号】SH003-41。

【含硒量】茎：132.46 mg/kg；叶：60.73 mg/kg。

【聚硒指数】茎：182.96；叶：83.88。

四十三、杜仲科 Eucommiaceae

143. 杜仲

Eucommia ulmoides Oliv.

【形态特征】落叶乔木，高达20 m；树皮灰褐色，粗糙，内含橡胶，折断拉开有多数细丝。嫩枝有黄褐色毛，不久变秃净，老枝有明显的皮孔。芽体卵圆形，外面发亮，红褐色，边缘有微毛。叶椭圆形、卵形或矩圆形，薄革质；基部圆形或阔楔形，先端渐尖；上面暗绿色，初时有褐色柔毛，不久变秃净，老叶略有皱纹，下面淡绿，初时有褐毛，以后仅在脉上有毛；侧脉6～9对；叶柄上面有槽，被散生长毛。花生于当年枝基部，雄花无花被；花梗无毛；苞片倒卵状匙形，顶端圆形，边缘有睫毛，早落；雄蕊无毛，药隔凸出，花粉囊细长，无退化雌蕊。雌花单生，苞片倒卵形，子房无毛，1室，扁而长，先端2裂，子房柄极短。翅果扁平，长椭圆形，先端2裂，基部楔形，周围具薄翅；坚果位于中央，稍凸起，子房柄与果梗相接处有关节。种子扁平，线形，两端圆形。早春开花，秋后果实成熟。

【开发利用价值】树皮可药用，作为强壮剂及降血压，并能治腰膝痛、风湿及习惯性流产等。树皮分泌的硬橡胶可作工业原料及绝缘材料，抗酸、碱及化学试剂腐蚀的性能高，可制造耐酸、碱容器及管道的衬里。种子含油率达27%；木材可供建筑及制家具用。

【采样编号】HT009-78。

四十四、桦木科 Betulaceae

144. 西桦

Betula alnoides Buch.-Ham. ex D. Don

【别名】西南桦木。

【形态特征】乔木或小乔木，高5～12 m；树皮灰黑色或灰色；枝条灰褐色或暗灰色，无毛；小枝褐色，疏被长柔毛，基部密生黄色长柔毛，有时具或疏或密的刺状腺体。叶厚纸质，矩圆形或倒卵状矩圆形，很少宽倒卵形，顶端尾状，基部近心形或近圆形，边缘具刺毛状重锯齿，上面仅幼时疏被长柔毛，后变无毛，下面沿脉密被淡黄色长柔毛，脉腋间有时具簇生的髯毛，侧脉8～14对；叶柄较细瘦，密被长柔毛或疏被毛至几无毛。雄花序1～5个排成总状；苞鳞背面密被长柔毛；花药紫红色。果3～6枚簇生，极少单生；果苞钟状，成熟时褐色，背面密被短柔毛，偶有刺状腺体；上部具分叉而锐利的针刺状裂片。坚果扁球形，上部裸露，顶端密被短柔毛。

【开发利用价值】树皮可提制栲胶。西桦具有生产成本低、生长性状好、经济效益高等优点，是重要的山地造林树种。

【采样编号】SH001-01。

【含硒量】叶：0.03 mg/kg。

【聚硒指数】叶：1.21。

四十五、壳斗科 Fagaceae

145. 枹栎

Quercus serrata Thunb.

【别名】短柄枹栎、枹树。

【形态特征】落叶乔木，高达25 m，树皮灰褐色，深纵裂。幼枝被柔毛，不久即脱落；冬芽长卵形，芽鳞多数，棕色，无毛或有极少毛。叶片薄革质，倒卵形或倒卵状椭圆形，叶常聚生于枝顶，叶片较小，长椭圆状倒卵形或卵状披针形；叶缘具内弯浅锯齿，齿端具腺；叶柄短。雄花序轴密被白毛，雄蕊8枚。壳斗杯状，包着坚果1/4～1/3；小苞片长三角形，贴生，边缘具柔毛。坚果卵形至卵圆形，果脐平坦。花期3—4月，果期9—10月。

【开发利用价值】木材坚硬，木材为环孔材，边材浅黄白色，心材褐色，木材气干密度0.75 g/cm^3，可作建筑、车辆等用材；树皮可提制栲胶；叶含蛋白质12.31%，可饲养柞蚕；栎实含淀粉46.3%、单宁7.7%、蛋白质3.9%；种子富含淀粉，可作酿酒和饮料。

【采样编号】SH005-55。

【含硒量】叶：0.04 mg/kg。

【聚硒指数】叶：2.56。

146. 栗

Castanea mollissima Blume

【别名】板栗、毛栗、凤栗等。

【形态特征】高达20 m的乔木，胸径80 cm，冬芽长约5 mm，小枝灰褐色，托叶长圆形，被疏长毛及鳞腺。叶椭圆至长圆形，顶部短至渐尖，基部近截平或圆，或两侧稍向内弯而呈耳垂状，常一侧偏斜而不对称，新生叶的基部常狭楔尖且两侧对称，叶背被星芒状伏贴茸毛或因毛脱落变为几无毛。花序轴被毛；花3～5朵聚生成簇，雌花1～3（～5）朵发育结实，花柱下部被毛。成熟壳斗的锐刺有长有短，有疏有密，密时全遮蔽壳斗外壁，疏时则外壁可见；坚果。花期4—6月，果期8—10月。

【开发利用价值】栗子除富含淀粉外，还含单糖，双糖、胡萝卜素、硫胺素、核黄素、烟酸、抗坏血酸、蛋白质、脂肪、无机盐类等营养物质。

栗木的心材黄褐色，纹理直，结构粗，坚硬，耐水湿，属优质材。壳斗及树皮富含没食子鞣质。叶可作蚕饲料。见于平地至海拔2 800 m山地。

【采样编号】SH003-36。

【含硒量】叶：9.08 mg/kg。

【聚硒指数】叶：12.54。

147. 扁刺锥

Castanopsis platyacantha Rehder & E. H. Wilson in Sarg.

【别名】丝栗、猴栗、石栗、扁刺栲。

【形态特征】乔木，高达20 m，胸径达1 m，树皮灰褐黑色，枝、叶均无毛。叶革质，卵形，长椭圆形，常兼有倒卵状椭圆形的叶，顶端短尖或弯斜的长尖，基部近于圆或阔楔形，通常一侧略偏斜，叶缘中或上部有锯齿状裂齿，或兼有全缘叶，中脉在叶面平坦或上半段微凹陷，侧脉每边9～13条，支脉通常不显，嫩叶叶背有红棕色易抹落的蜡鳞层，成长叶黄灰或银灰色。花序自叶腋抽出，雄花序穗状或为圆锥花序，花被裂片内面被短柔毛，每壳斗有雌花1～3朵，花柱2～3枚。果序壳斗近圆球形或阔椭圆形，不规则2～4瓣开裂，下部合生成刺束，有时连生成鸡冠状刺环，壳壁及刺被灰棕色微柔毛，每壳斗有坚果1～3个；坚果阔圆锥形，每壳斗有1坚果的，则果宽稍过于高，每壳斗有坚果2～3颗的，则坚果有一面平坦，较小，密被棕色伏毛，果脐约占坚果面积的1/3。花期5—6月，果翌年9—11月成熟。

【采样编号】SH007-103。

【含硒量】茎：0.08 mg/kg；叶：0.07 mg/kg。

四十六、胡颓子科 Elaeagnaceae

148. 银果牛奶子

Elaeagnus magna（Servett.）Rehder in Sarg.

【别名】银果胡颓子等。

【形态特征】落叶直立散生灌木。高1～3 m，通常具刺，稀无刺；幼枝淡黄白色，被银白色鳞片，老枝鳞片脱落，灰黑色。叶纸质或膜质，倒卵状矩圆形或倒卵状披针形，顶端钝尖或钝形，基部阔楔形，稀圆形，全缘，上面幼时具互相不重叠的白色鳞片，成熟后部分脱落，下面灰白色，密被银白色和散生少数淡黄色鳞片，有光泽。花银白色，密被鳞片，1～3朵花着生新枝基部，单生叶腋；萼筒圆筒形，在裂片下面稍扩展，在子房上骤收缩，裂片卵形或卵状三角形，顶端渐尖，内面几无毛，包围子房的萼管细长；雄蕊的花丝极短，花药矩圆形，黄色；花柱直立，无毛或具白色星状柔毛。果实矩圆形或长椭圆形，密被银白色和散生少数褐色鳞片，成熟时粉红色；果梗直立，粗壮，银白色。花期4—5月，果期6月。

【开发利用价值】果实可生食和酿酒，亦是观赏植物。

【采样编号】HT009-71。

【含硒量】茎：未检出；叶：0.01 mg/kg。

【聚硒指数】叶：0.20。

149. 巴东胡颓子

Elaeagnus difficilis Servettaz

【形态特征】常绿直立或蔓状灌木，高2～3 m，无刺或有时具短刺；幼枝褐锈色，密被鳞片，老枝鳞片脱落，灰黑色或深灰褐色。叶纸质，椭圆形或椭圆状披针形，顶端渐尖，基部圆形或楔形，边缘全缘，稀微波状，上面幼时散生锈色鳞片，成熟后脱落，绿色，干燥后褐绿色或褐色，下面灰褐色或淡绿褐色，密被锈色和淡黄色鳞片，侧脉6～9对，两面明显；叶柄粗壮，红褐色。花深褐色，密被鳞片，数花生于叶腋短小枝上成伞形总状花序，花枝锈色；萼筒钟形或圆筒状钟形，在子房上骤收缩，裂片宽三角形，顶端急尖或钝形，内面略具星状柔毛；雄蕊的花丝极短，花药长椭圆形，达裂片的2/3；花柱弯曲，无毛。果实长椭圆形，被锈色鳞片，成熟时橘红色。花期11月至翌年3月，果期4—5月。

【开发利用价值】株形自然，红果下垂，适于草地丛植，也用于林缘、树群外围作自然式绿篱。果实味甜，可生食，也可酿酒和熬糖。茎皮纤维可造纸和制人造纤维板。

【采样编号】SH006-52。

【含硒量】茎：0.02 mg/kg；叶：0.20 mg/kg。

四十七、蓝果树科 Nyssaceae

150. 蓝果树

Nyssa sinensis Oliver

【形态特征】落叶乔木，高可达20m，树皮粗糙，常裂成薄片脱落；小枝圆柱形，鳞片覆瓦状排列。叶片顶端短急锐尖，基部近圆形，边缘略呈浅波状，上面深绿色，下面淡绿色，叶柄淡紫绿色，花序伞形或短总状，花单性；雄花着生于叶已脱落的老枝上，花萼的裂片细小；花瓣早落，雌花生于具叶的幼枝上，基部有小苞片，子房下位，核果幼时紫绿色，成熟深褐色，种子外壳坚硬，骨质，4月下旬开花，9月结果。

【开发利用价值】该种木材坚硬，供建筑和制舟车、家具等用，或作枕木和胶合板、造纸原料。树干通直，树冠呈宝塔形，色彩美观，秋叶红艳，供观赏。树皮中提取的蓝果碱有抗癌作用。

该种以无机硒为主，由于生物有机硒含量低，不宜作为植物有机硒原料开发。

【采样编号】SH003-54。

【含硒量】叶：63.08 mg/kg。

【聚硒指数】叶：87.12。

四十八、柳叶菜科 Onagraceae

151. 小花柳叶菜

Epilobium parviflorum Schreb.

【形态特征】多年生粗壮草本，直立，秋季自茎基部生出地上越冬的莲座状叶芽。茎在上部常分枝，周围混生长柔毛与短的腺毛，下部被伸展的灰色长柔毛，同时叶柄下延的棱线多少明显。叶对生，茎上部的互生，狭披针形或长圆状披针形，先端近锐尖，基部圆形，边缘每侧具15～60枚不等距的细牙齿，两面被长柔毛，侧脉每侧4～8条。总状花序直立，常分枝；苞片叶状。花直立，花蕾长圆状倒卵球形；子房密被直立短腺毛，有时混生少数长柔毛；花管在喉部有一圈长毛；萼片狭披针形，背面隆起成龙骨状，被腺毛与长柔毛；花瓣粉红色至鲜玫瑰紫红色，稀白色，宽倒卵形，先端凹缺；雄蕊长圆形；花柱直立，白色至粉红色，无毛；柱头4深裂，裂片长圆形，初时直立，后下弯，与雄蕊近等长。蒴果被毛同子房上的。种子倒卵球状顶端圆形，具很不明显的喙，褐色，表面具粗乳突；种缨为深灰色或灰白色，易脱落。花期6—9月，果期7—10月。

【采样编号】SH007-05。

【含硒量】茎：0.59 mg/kg；叶：0.70 mg/kg。

152. 沼生柳叶菜

Epilobium palustre L.

【形态特征】多年生直立草本，自茎基部底下或地上生出纤细的越冬匍匐枝，长5～50 cm，稀疏的节上生成对的叶，顶生肉质鳞芽，次年鳞叶变褐色，生茎基部。茎不分枝或分枝，有时中部叶腋有退化枝，圆柱状，无棱线，周围被曲柔毛，有时下部近无毛。叶对生，花序上的互生，近线形至狭披针形，先端锐尖或渐尖，有时稍钝，基部近圆形或楔形，边缘全缘或每边有5～9枚不明显浅齿，侧脉每侧3～5条，不明显，下面脉上与边缘疏生曲柔毛或近无毛；叶柄缺或稀。花序花前直立或稍下垂，密被曲柔毛，有时混生腺毛。花近直立；花蕾椭圆状卵形；密被曲柔毛与稀疏的腺毛；花管喉部近无毛或有一环稀疏的毛；萼片长圆状披针形，先端锐尖，密被曲柔毛与腺毛；花瓣白色至粉红色或玫瑰紫色，倒心形，先端凹缺；花药长圆状；花柱直立，无毛；柱头棍棒状至近圆柱状，开花时稍伸出外轮花药。蒴果被曲柔毛。种子棱形至狭倒卵状，顶端具长喙，褐色，表面具细小乳突；种缨灰白色或褐黄色，不易脱落。花期6—8月，果期8—9月。

【开发利用价值】花：有清热消炎、调经止带、止痛之功效，用于治疗牙痛、急性结膜炎、咽喉炎、月经不调、白带过多。根：可理气活血、止血，用于治疗闭经、胃痛、食滞饱胀。根或带根全草可用于治疗骨折、跌打损伤、疔疮痈肿、外伤出血。

【采样编号】SH004-01。

【含硒量】根：143.30 mg/kg；茎：95.42 mg/kg；叶：146.95 mg/kg。

【聚硒指数】根：28.03；茎：18.66；叶：28.74。

四十九、瑞香科 Thymelaeaceae

153. 小黄构

Wikstroemia micrantha Hemsl.

【别名】小雀儿麻、耗子皮、圆锥荛花、黄狗皮、香构等。

【形态特征】灌木，高0.5～3 m，除花萼有时被极稀疏的柔毛外，余部无毛；小枝纤弱，圆柱形，幼时绿色，后渐变为褐色。叶坚纸质，通常对生或近对生，长圆形，椭圆状长圆形或窄长圆形，少有为倒披针状长圆形或匙形，先端钝或具细尖头，基部通常圆形，边缘向下面反卷，叶上面绿色，下面灰绿色，侧脉6～11对，在下面明显且在边缘网结。总状花序单生，簇生或为顶生的小圆锥花序，无毛或被疏散的短柔毛；花黄色，疏被柔毛，花萼近肉质，顶端4裂，裂片广卵形；雄蕊8枚，2裂，花药线形，花盘鳞片小，近长方形，顶端不整齐或为分离的2～3枚线形鳞片；子房倒卵形，顶端被柔毛，花柱短，柱头头状。果卵圆形，黑紫色。花果期秋冬。

【开发利用价值】四川北碚称香叶，可用作线香的原料；茎皮纤维是制蜡纸的主要原料；茎皮、根可入药，能止咳化痰，治风火牙痛、哮喘及百日咳。

【采样编号】SD012-62。

【含硒量】茎：0.01 mg/kg；叶：0.01 mg/kg。

【聚硒指数】茎：0.38；叶：0.38。

五十、桑科 Moraceae

154. 鸡桑

Morus australis Poir.

【别名】小叶桑、集桑、山桑等。

【形态特征】灌木或小乔木。树皮灰褐色，冬芽大，圆锥状卵圆形。叶卵形，先端急尖或尾状，基部楔形或心形，边缘具粗锯齿，不分裂或3～5裂，表面粗糙，密生短刺毛，背面疏被粗毛；叶柄被毛；托叶线状披针形，早落。雄花序被柔毛，雄花绿色，具短梗，花被片卵形，花药黄色；雌花序球形，密被白色柔毛，雌花花被片长圆形，暗绿色，花柱很长，柱头2裂，内面被柔毛。聚花果短椭圆形，成熟时红色或暗紫色。花期3—4月，果期4—5月。

【开发利用价值】韧皮纤维可以造纸，果实成熟时味甜，可食。根皮、叶能清热解表，用于治疗感冒咳嗽。

【采样编号】HT009-92。

【含硒量】茎：0.01 mg/kg；叶：0.04 mg/kg。

【聚硒指数】茎：0.36；叶：1.52。

155. 桑

Morus alba L.

【形态特征】落叶乔木或灌木。高3 ~ 10 m或更高，树皮厚，灰色，具不规则浅纵裂；冬芽红褐色，卵形，芽鳞覆瓦状排列，灰褐色，有细毛；小枝有细毛。叶卵形或广卵形，先端急尖、渐尖或圆钝，基部圆形至浅心形，边缘锯齿粗钝，有时叶为各种分裂，表面鲜绿色，无毛，背面沿脉有疏毛，脉腋有簇毛；叶柄具柔毛；托叶披针形，早落，外面密被细硬毛。花单性，腋生或生于芽鳞腋内，与叶同时生出；雄花序下垂，密被白色柔毛，雄花。花被片宽椭圆形，淡绿色。花丝在芽时内折，花药2室，球形至肾形，纵裂；雌花序被毛，总花梗被柔毛，雌花无梗，花被片倒卵形，顶端圆钝，外面和边缘被毛，两侧紧抱子房，无花柱，柱头2裂，内面有乳头状凸起。聚花果卵状椭圆形，成熟时红色或暗紫色。花期4—5月，果期5—8月。

【开发利用价值】叶为养蚕的主要饲料；桑葚不但可以充饥，还可以酿酒，称桑子酒。树皮可作药材、造纸原料；桑木也可以造纸，还可以用来制造农业生产工具。桑树树冠宽阔，树叶茂密，秋季叶色变黄，颇为美观，且能抗烟尘及有毒气体，适于城市、工矿区及农村四旁绿化。药用：桑叶有疏散风热、清肺、明目之功效，主治风热感冒、风温初起、发热头痛、汗出恶风、咳嗽胸痛，或肺燥干咳无痰、咽干口渴、风热及肝阳上扰、目赤肿痛。

【采样编号】SH006-04。

【含硒量】茎：0.64 mg/kg；叶：0.78 mg/kg。

156. 构树

Broussonetia papyrifera（Linnaeus）L′Hér. ex Vent.

【别名】构桃树、毛桃、谷树、谷桑、楮桃等。

【形态特征】落叶乔木，高10～20 m；树皮暗灰色；小枝密生柔毛。叶螺旋状排列，广卵形至长椭圆状卵形，先端渐尖，基部心形，两侧常不相等，边缘具粗锯齿，不分裂或3～5裂，小树之叶常有明显分裂，表面粗糙，疏生糙毛，背面密被茸毛，基生叶脉三出，侧脉6～7对；叶柄密被糙毛；托叶大，卵形，狭渐尖。花雌雄异株；雄花序为柔荑花序，粗壮，苞片披针形，被毛，花被4裂，裂片三角状卵形，被毛，雄蕊4枚，花药近球形，退化雌蕊小；雌花序球形头状，苞片棍棒状，顶端被毛，花被管状，顶端与花柱紧贴，子房卵圆形，柱头线形，被毛。聚花果成熟时橙红色，肉质；瘦果具与等长的柄，表面有小瘤，龙骨双层，外果皮壳质。花期4—5月，果期6—7月。

【开发利用价值】韧皮纤维可作造纸材料，楮实子及根、皮可供药用。

【采样编号】SD011-78。

【含硒量】茎：0.02 mg/kg；叶：0.05 mg/kg。

【聚硒指数】茎：1.50；叶：3.00。

157. 楮

Broussonetia kazinoki Sieb.

【别名】小构树。

【形态特征】灌木，高2～4 m；小枝斜上，幼时被毛，成长脱落。叶卵形至斜卵形，先端渐尖至尾尖，基部近圆形或斜圆形，边缘具三角形锯齿，不裂或3裂，表面粗糙，背面近无毛；托叶小，线状披针形，渐尖。花雌雄同株；雄花序球形头状，雄花花被3～4裂，裂片三角形，外面被毛，雄蕊3～4枚，花药椭圆形；雌花序球形，被柔毛，花被管状，顶端齿裂，或近全缘，花柱单生，仅在近中部有小凸起。聚花果球形；瘦果扁球形，外果皮壳质，表面具瘤体。花期4—5月，果期5—6月。

【开发利用价值】韧皮纤维可作造纸原料。可药用，用于治疗水气蛊胀、肝热生翳、喉痹、喉风、石疽、刀伤出血、目昏难视。

【采样编号】SH003-63。

【含硒量】茎：4.37 mg/kg；叶：3.86 mg/kg。

【聚硒指数】茎：6.04；叶：5.33。

158. 藤构

Broussonetia monoica Hance

【别名】蔓构、褚。

【形态特征】蔓生藤状灌木；树皮黑褐色；小枝显著伸长，幼时被浅褐色柔毛，成长脱落。叶互生，螺旋状排列，近对称的卵状椭圆形，先端渐尖至尾尖，基部心形或截形，边缘锯齿细，齿尖具腺体，不裂，稀为2～3裂，表面无毛，稍粗糙；叶柄被毛。花雌雄异株，雄花序短穗状，花序轴约1 cm；雄花花被片3～4枚，裂片外面被毛，雄蕊3～4枚，花药黄色，椭圆球形，退化雌蕊小；雌花集生为球形头状花序。聚花果花柱线形，延长。花期4—6月，果期5—7月。

【开发利用价值】韧皮纤维为造纸优良原料。

【采样编号】SH006-11。

【含硒量】叶：0.10 mg/kg。

159. 异叶榕

Ficus heteromorpha Hemsl.

【别名】异叶天仙果。

【形态特征】落叶灌木或小乔木，高2～5 m；树皮灰褐色；小枝红褐色，节短。叶多形，琴形、椭圆形、椭圆状披针形，先端渐尖或为尾状，基部圆形或浅心形，表面略粗糙，背面有细小钟乳体，全缘或微波状，基生侧脉较短，侧脉6～15对，红色；叶柄为红色；托叶披针形。榕果成对生短枝叶腋，稀单生，无总梗，球形或圆锥状球形，光滑，成熟时紫黑色，顶生苞片脐状，基生苞片3枚，卵圆形，雄花和瘿花同生于一榕果中；雄花散生内壁，花被片4～5枚，匙形，雄蕊2～3枚；瘿花花被片5～6枚，子房光滑，花柱短；雌花花被片4～5枚，包围子房，花柱侧生，柱头画笔状，被柔毛。瘦果光滑。花期4—5月，果期5—7月。

【开发利用价值】茎皮纤维供可作造纸原料；榕果成熟后可食或作果酱；叶可作猪饲料。

【采样编号】SD010-02。

【含硒量】茎：0.28 mg/kg；叶：0.30 mg/kg。

【聚硒指数】茎：4.23；叶：4.61。

160. 地果

Ficus tikoua Bureau

【别名】地爬根、地瓜榕、地瓜、地石榴、地枇杷等。

【形态特征】匍匐木质藤本。茎上生细长不定根，节膨大；幼枝偶有直立的，叶坚纸质，倒卵状椭圆形，先端急尖，基部圆形至浅心形，边缘具波状疏浅圆锯齿，基生侧脉较短，侧脉3～4对，表面被短刺毛，背面沿脉有细毛；托叶披针形，被柔毛。榕果成对或簇生于匍匐茎上，常埋于土中，球形至卵球形，基部收缩成狭柄，成熟时深红色，表面多圆形瘤点，基生苞片3枚，细小；雄花生榕果内壁孔口部，无柄，花被片2～6枚，雄蕊1～3枚；雌花生另一植株榕果内壁，有短柄。无花被，有黏膜包被子房。瘦果卵球形，表面有瘤体，花柱侧生，长，柱头2裂。花期5—6月，果期7月。

【开发利用价值】榕果成熟后可食，可作为高聚硒水果开发；可作水土保持植物。

【采样编号】SD010-10。

【含硒量】茎：2.37 mg/kg；叶：4.45 mg/kg。

【聚硒指数】茎：35.95；叶：67.41。

161. 葎草

Humulus scandens（Lour.）Merr.

【别名】锯锯藤、拉拉藤、拉拉秧、割人藤、葛勒子秧等。

【形态特征】多年生攀援草本，茎、枝、叶柄均具倒钩刺。叶纸质，肾状五角形，掌状5～7深裂，稀为3裂，基部心脏形，表面粗糙，疏生糙伏毛，背面有柔毛和黄色腺体，裂片卵状三角形，边缘具锯齿。雄花小，黄绿色，圆锥花序；雌花序球果状，苞片纸质，三角形，顶端渐尖，具白色茸毛；子房为苞片包围，柱头2枚，伸出苞片外。瘦果成熟时露出苞片外。花期春夏，果期秋季。常生于沟边、荒地、废墟、林缘边。

【开发利用价值】可药用，茎皮纤维可作造纸原料，种子油可制肥皂，果穗可代啤酒花用。

【采样编号】SD011-27。

【含硒量】茎：0.08 mg/kg。

【聚硒指数】茎：4.69。

五十一、荨麻科 Urticaceae

162. 苎麻

Boehmeria nivea（L.）Gaudich.

【别名】野麻、青麻。

【形态特征】亚灌木或灌木，高0.5～1.5 m；茎上部与叶柄均密被开展的长硬毛和近开展和贴伏的短糙毛。叶互生；叶片草质，通常圆卵形或宽卵形，少数卵形，顶端骤尖，基部近截形或宽楔形，边缘在基部之上有牙齿，上面稍粗糙，疏被短伏毛，下面密被雪白色毡毛。圆锥花序腋生，或植株上部的为雌性，其下的为雄性，或同一植株的全为雌性；雄团伞花序有少数雄花；雌团伞花序有多数密集的雌花。雄花：花被片4枚，狭椭圆形，合生至中部，顶端急尖，外面有疏柔毛；退化雌蕊狭倒卵球形。雌花：花被椭圆形，外面有短柔毛，果期菱状倒披针形。瘦果近球形，光滑，基部突缩成细柄。花期8—10月。

【开发利用价值】茎皮纤维细长，强韧，洁白，有光泽，拉力强，耐水湿，富弹力和绝缘性，可织成夏布、飞机的翼布、橡胶工业的衬布、电线包被、人造丝、人造棉等，与羊毛、棉花混纺可制高级衣料；短纤维可为高级纸张、火药、人造丝等的原料，又可织地毯、麻袋等。药用：根可利尿解热，并有安胎作用；叶为止血剂，治创伤出血；根、叶并用治急性淋浊、尿道炎出血等症。嫩叶可作蚕饲料。种子可榨油，供制肥皂和食用。

【采样编号】SH001-24。

【含硒量】全株：0.10 mg/kg。

【聚硒指数】全株：4.25。

163. 序叶苎麻

Boehmeria clidemioides var. *diffusa*（Wedd.）Hand.-Mazz.

【别名】水苏麻、水苎麻、合麻仁。

【形态特征】多年生草本，高约1 m；茎略带四棱形，有细伏毛。叶互生，或有时茎下部少数叶对生，卵形至卵状披针形，顶端短至长渐尖，基部楔形，边缘密生锯齿，两面疏生平伏毛，基部三出脉。花雌雄异株，有时同株，雌花成团伞花序集成穗状，主轴上有叶着生；雄花花被片3～4枚，下部合生，雄蕊3～4枚；雌花花被管状。瘦果卵圆形，为花被管所包。花果期8—10月。

【开发利用价值】在四川民间全草或根可药用，治风湿、筋骨痛等症。茎、叶可饲猪。

【采样编号】SH003-64。

【含硒量】根茎：13.31 mg/kg；叶：28.48 mg/kg。

【聚硒指数】根茎：18.38；叶：33.81。

164. 悬铃叶苎麻

Boehmeria platanifolia（Maxim.）C. H. Wright

【形态特征】亚灌木或多年生草本。茎高50～150 cm，中部以上与叶柄和花序轴密被短毛。叶对生，稀互生；叶片纸质，扁五角形或扁圆卵形，茎上部叶常为卵形，顶部3骤尖或3浅裂，基部截形、浅心形或宽楔形，边缘有粗牙齿，上面粗糙，有糙伏毛，下面密被短柔毛，侧脉2对。穗状花序单生叶腋，或同一植株的全为雌性，或茎上部的雌性，其下的为雄性，雌的分枝呈圆锥状或不分枝，雄的分枝呈圆锥状。雄花：花被片4枚，椭圆形，下部合生，外面上部疏被短毛；退化雌蕊椭圆形。雌花：花被椭圆形，齿不明显，外面有密柔毛，果期呈楔形至倒卵状菱形。花期7—8月。

【开发利用价值】茎皮纤维坚韧，光泽如丝，弹力和拉力都很强，可纺纱织布，也可作高级纸张原料；民间常用其茎皮搓绳、编草鞋。叶可作猪饲料。种子含脂肪油，可制肥皂及食用。根、叶可药用，治外伤出血、跌打肿痛、风疹、荨麻疹等症。

【采样编号】SH004-61。

【含硒量】全株：18.82 mg/kg。

165. 糯米团

Gonostegia hirta（Blume）Miq.

【别名】红头带、小粘药、糯米草。

【形态特征】多年生草本，有时茎基部变木质；茎蔓生、铺地或渐升，不分枝或分枝，上部带四棱形，有短柔毛。叶对生；叶片草质或纸质，宽披针形至狭披针形、狭卵形、稀卵形或椭圆形，顶端长渐尖至短渐尖，基部浅心形或圆形，边缘全缘，上面稍粗糙，有稀疏短伏毛或近无毛，下面沿脉有疏毛或近无毛，基出脉3～5条；托叶钻形。团伞花序腋生，通常两性，有时单性，雌雄异株；苞片三角形。雄花：花蕾只在内折线上有稀疏长柔毛；花被片5枚，分生，倒披针形，顶端短骤尖；雄蕊5枚，花丝条形；退化雌蕊极小，圆锥状。雌花：花被菱状狭卵形，顶端有2个小齿，有疏毛，果期呈卵形，有10条纵肋；柱头有密毛。瘦果卵球形，白色或黑色，有光泽。花期5—9月。

【开发利用价值】茎皮纤维可制人造棉，供混纺或单纺。全草可药用，治消化不良、食积胃痛等症，外用治血管神经性水肿、乳腺炎、外伤出血等症。全草可饲猪。

【采样编号】SH002-17。

【含硒量】根：0.14 mg/kg；茎：未检出；叶：0.03 mg/kg。

【聚硒指数】根：2.75；叶：0.62。

166. 水麻

Debregeasia orientalis C. J. Chen

【别名】柳莓、水麻叶、水冬瓜、比满等。

【形态特征】灌木，高达1～4 m，小枝纤细，暗红色，常被贴生的白色短柔毛，以后渐变无毛。叶纸质或薄纸质，干时硬膜质，长圆状狭披针形或条状披针形，先端渐尖或短渐尖，基部圆形或宽楔形，边缘有不等的细锯齿或细牙齿，上面暗绿色，常有泡状隆起，疏生短糙毛，钟乳体点状，背面被白色或灰绿色毡毛，在脉上疏生短柔毛，基出脉3条，其侧出2条达中部边缘，近直伸，二级脉3～5对；细脉结成细网，各级脉在背面凸起；叶柄短，稀更长，毛被同幼枝；托叶披针形，顶端浅2裂，背面纵肋上疏生短柔毛。花序雌雄异株，稀同株，生上年生枝和老枝的叶腋，二回二歧分枝或二叉分枝，具短梗或无梗，每分枝的顶端各生一球状团伞花簇；苞片宽倒卵形。雄花在芽时扁球形；花被片4枚（混生于雌花序上的雄花花被片3～4枚），在下部合生，裂片三角状卵形，背面疏生微柔毛；雄蕊4枚；退化雌蕊倒卵形，在基部密生雪白色绵毛。雌花几无梗，倒卵形；花被薄膜质紧贴于子房，倒卵形，顶端有4齿，外面近无毛；柱头画笔头状，从一小圆锥体上生出一束柱头毛。瘦果小浆果状，倒卵形，长约1 mm，鲜时橙黄色，宿存花被肉质紧贴生于果实。花期3—4月，果期5—7月。

【开发利用价值】为我国南部与西部地区常用的一种野生纤维植物，果可食，叶可作饲料。

【采样编号】SD010-01。

【含硒量】茎：0.83 mg/kg；叶：0.88 mg/kg。

【聚硒指数】茎：12.64；叶：13.39。

167. 骤尖楼梯草

Elatostema cuspidatum Wight

【形态特征】多年生草本。茎不分枝或有少数分枝，无毛。叶无柄或近无柄；叶片草质，斜椭圆形或斜长圆形，有时稍镰状弯曲，顶端骤尖或长骤尖，基部在狭侧楔形或钝，在宽侧宽楔形、圆形或近耳形，边缘在狭侧中部以上，在宽侧自基部之上有尖牙齿，无毛或上面疏被短伏毛，钟乳体稍明显，密，半离基三出脉，侧脉在狭侧约2条，在宽侧3～5条；托叶膜质，白色，条形或条状披针形，无毛，中脉绿色。花序雌雄同株或异株，单生叶腋。雄花序具短梗；花序托长圆形或近圆形，常2浅裂，无毛；苞片约6枚，扁卵形或正三角形，顶端具粗角状凸起，边缘有短睫毛；小苞片长圆形或船状长圆形，有或无凸起。雄花具梗；花被片4枚，椭圆形，下部合生，顶端之下有角状凸起。雌花序具极短梗；花序托椭圆形或近圆形，无毛；苞片多数，扁宽卵形或三角形，顶端有绿色细角状凸起；小苞片多数，密集，狭条形，被短柔毛。雌花：花被片不明显；子房卵形。瘦果狭椭圆球形，约有8条纵肋。花期5—8月。

【采样编号】SH003-69。

【含硒量】根：12.95 mg/kg；茎：4.85 mg/kg；叶：18.99 mg/kg。

【聚硒指数】根：17.89；茎：6.70；叶：26.23。

168. 透茎冷水花

Pilea pumila（L.）A. Gray

【形态特征】一年生草本。茎肉质，直立，高5～50 cm，无毛，分枝或不分枝。叶近膜质，同对的近等大，近平展，菱状卵形或宽卵形，先端渐尖、短渐尖、锐尖或微钝，基部常宽楔形，有时钝圆，边缘除基部全缘外，其上有牙齿或牙状锯齿，稀近全绿，两面疏生透明硬毛，钟乳体条形，基出脉3条，侧出的一对微弧曲，伸达上部与侧脉网结或达齿尖，侧脉数对，不明显，上部的几对常网结；叶柄上部近叶片基部常疏生短毛；托叶卵状长圆形，后脱落。花雌雄同株并常同序，雄花常生于花序的下部，花序蝎尾状，密集，生于几乎每个叶腋，雌花枝在果时增长。雄花具短梗或无梗，在芽时倒卵形；花被片常2枚，有时3～4枚，近船形，外面近先端处有短角凸起；退化雌蕊不明显。雌花花被片3枚，近等大，或侧生的2枚较大，中间的1枚较小，条形，在果时长不过果实或与果实近等长，而不育的雌花花被片更长；退化雄蕊在果时增大，椭圆状长圆形，长及花被片的一半。瘦果三角状卵形，扁，初时光滑，常有褐色或深棕色斑点，熟时色斑多少隆起。花期6—8月，果期8—10月。

【开发利用价值】根、茎可药用，有利尿解热和安胎之功效。

【采样编号】SH004-37。

【含硒量】茎叶：39.04 mg/kg。

【聚硒指数】茎叶：7.63。

五十二、杨柳科 Salicaceae

169. 垂柳

Salix babylonica L.

【别名】清明柳、垂丝柳、水柳、柳树。

【形态特征】落叶乔木，高达12 ~ 18 m，树冠开展而疏散。树皮灰黑色，不规则开裂；枝细，下垂，淡褐黄色、淡褐色或带紫色，无毛。芽线形，先端急尖。叶狭披针形或线状披针形，先端长渐尖，基部楔形两面无毛或微有毛，上面绿色，下面色较淡，锯齿缘；叶柄有短柔毛；托叶仅生在萌发枝上，斜披针形或卵圆形，边缘有齿牙。花序先叶开放，或与叶同时开放；雄花序有短梗，轴有毛；雄蕊2枚，花丝与苞片近等长或较长，基部多少有长毛，花药红黄色；苞片披针形，外面有毛；腺体2个；子房椭圆形，无毛或下部稍有毛，无柄或近无柄，花柱短，柱头2 ~ 4深裂；苞片披针形，外面有毛；腺体1个。蒴果长3 ~ 4 mm，带绿黄褐色。花期3—4月，果期4—5月。

【开发利用价值】为优美的绿化树种，木材可制家具；枝条可编筐；树皮含鞣质，可提制栲胶；叶可作羊饲料。

【采样编号】SD011-13。

【含硒量】茎：0.08 mg/kg；叶：0.13 mg/kg。

【聚硒指数】茎：5.25；叶：8.06。

170. 皂柳

Salix wallichiana Andersson

【别名】红心柳。

【形态特征】灌木或乔木。小枝红褐色、黑褐色或绿褐色，初有毛后无毛。芽卵形，有棱，先端尖，常外弯，红褐色或栗色，无毛。叶披针形，长圆状披针形，卵状长圆形，狭椭圆形，先端急尖至渐尖，基部楔形至圆形，上面初有丝毛，后无毛，平滑，下面有平伏的绢质短柔毛或无毛，浅绿色至有白霜，幼叶发红色；全缘，萌枝叶常有细锯齿；上年落叶灰褐色。花序先叶开放或近同时开放，无花序梗；雄蕊2枚，花药大，椭圆形，黄色，花丝纤细，无毛或基部有疏柔毛；苞片赭褐色或黑褐色，长圆形或倒卵形，先端急尖，两面有白色长毛或外面毛少；雌花序圆柱形；子房狭圆锥形，密被短柔毛，子房柄短或受粉后逐渐伸长，有的果柄可与苞片近等长，花柱短至明显，柱头直立；苞片长圆形，先端急尖，赭褐色或黑褐色，有长毛；腺体同雄花。蒴果有毛或近无毛，开裂后，果瓣向外反卷。花期4月中下旬至5月初，果期5月。

【开发利用价值】枝条可编筐篓，板材可制木箱（湖北西部）；根可入药，治风湿性关节炎。

【采样编号】SH003-46。

【含硒量】茎：17.44 mg/kg；叶：31.44 mg/kg。

【聚硒指数】茎：24.09；叶：43.43。

171. 椅杨

Populus wilsonii C. K. Schneid. in Sargent

【形态特征】乔木，高达25 m。树皮浅纵裂，呈片状剥裂，暗灰褐色；树冠阔塔形。小枝粗壮圆柱形，光滑，幼时紫色或暗褐色，具疏柔毛，老时灰褐色。芽肥大，卵圆形，红褐色或紫褐色，光滑，微具黏质。叶宽卵形，或近圆形至宽卵状长椭圆形，先端钝尖，基部心形至圆截形，边缘有腺状圆齿牙，上面暗蓝绿色，叶基沿脉疏毛或光滑，下面初被茸毛，后渐光滑，灰绿色，叶脉隆起；叶柄圆，先端微有棱，紫色，先端有时具腺点。果序轴有柔毛；蒴果卵形，具短柄，近光滑。花期4—5月，果期5—6月。

【开发利用价值】经济价值同大叶杨，材质疏松，可制作家具、作板料等。

该种聚硒能力强，可用于提取生物有机硒。

【采样编号】SH003-38。

【含硒量】叶：191.74 mg/kg。

【聚硒指数】叶：264.83。

172. 毛白杨

Populus tomentosa Carrière

【别名】大叶杨、响杨等。

【形态特征】乔木，高达30 m。树皮幼时暗灰色，壮时灰绿色，渐变为灰白色，老时基部黑灰色，纵裂，粗糙，干直或微弯，皮孔菱形散生，或2～4连生；树冠圆锥形至卵圆形或圆形。侧枝开展，雄株斜上，老树枝下垂；小枝（嫩枝）初被灰毡毛，后光滑。芽卵形，花芽卵圆形或近球形，微被毡毛。长枝叶阔卵形或三角状卵形，先端短渐尖，基部心形或截形，边缘深齿牙缘或波状齿牙缘，上面暗绿色，光滑，下面密生毡毛，后渐脱落；叶柄上部侧扁，顶端通常有2（3～4）个腺点；短枝叶通常较小，卵形或三角状卵形，先端渐尖，上面暗绿色有金属光泽，下面光滑，具深波状齿牙缘；叶柄稍短于叶片，侧扁，先端无腺点。雄花苞片约具10个尖头，密生长毛，雄蕊6～12枚，花药红色；雌花苞片褐色，尖裂，沿边缘有长毛；子房长椭圆形，柱头2裂，粉红色。蒴果圆锥形或长卵形，2瓣裂。花期3月，果期4—5月。

【开发利用价值】材质好，生长快，寿命长，较耐干旱和盐碱，树姿雄壮，冠形优美，为各地群众所喜欢的优良庭园绿化或行道树，也为华北地区速生用材造林树种。

【采样编号】HT008-37。

【含硒量】根茎：0.06 mg/kg；叶：0.16 mg/kg。

五十三、十字花科 Cruciferae

173. 甘蓝

Brassica oleracea var. *capitata* L.

【别名】洋白菜、包菜、卷心菜。

【形态特征】二年生草本，被粉霜。矮且粗壮一年生茎肉质，不分枝，绿色或灰绿色。基生叶多数，质厚，层层包裹成球状体，扁球形，乳白色或淡绿色；二年生茎有分枝，具茎生叶。基生叶及下部茎生叶长圆状倒卵形至圆形。顶端圆形，基部骤窄成极短有宽翅的叶柄，边缘有波状不显明锯齿；上部茎生叶卵形或长圆状卵形，基部抱茎；最上部叶长圆形，抱茎。总状花序顶生及腋生；花淡黄色；萼片直立，线状长圆形；花瓣宽椭圆状倒卵形或近圆形，脉纹显明，顶端微缺，基部骤变窄成爪。长角果圆柱形，两侧稍压扁，中脉凸出，喙圆锥形；果梗粗，直立开展。种子球形，棕色。花期4月，果期5月。

【开发利用价值】作蔬菜及饲料用。叶的浓汁用于治疗胃及十二指肠溃疡。

【采样编号】SH002-23。

【含硒量】根：0.10 mg/kg；茎：0.05 mg/kg；叶：0.05 mg/kg。

174. 无瓣焊菜

Rorippa dubia（Pers.）H. Hara

【别名】塘葛菜、焊菜、野油菜等。

【形态特征】一年生草本，高10～30 cm；植株较柔弱，光滑无毛，直立或呈铺散状分枝，表面具纵沟。单叶互生，基生叶与茎下部叶倒卵形或倒卵状披针形，多数呈大头羽状分裂，顶裂片大，边缘具不规则锯齿，下部具1～2对小裂片，稀不裂，叶质薄；茎上部叶卵状披针形或长圆形，边缘具波状齿，上下部叶形及大小均多变化，具短柄或无柄。总状花序顶生或侧生，花小，多数，具细花梗；萼片4枚，直立，披针形至线形，边缘膜质；无花瓣（偶有不完全花瓣）；雄蕊6枚，2枚较短。长角果线形，细而直；果梗纤细，斜升或近水平开展。种子每室1行，多数，细小，种子褐色、近卵形，一端尖而微凹，表面具细网纹；子叶缘筒胚根。花期4—6月，果期6—8月。

【开发利用价值】全草可入药，内服有解表健胃、止咳化痰、平喘、清热解毒、散热消肿等功效；外用治痈肿疮毒及烫火伤。

【采样编号】SD011-35。

175. 壶瓶碎米荠

Cardamine hupingshanensis K. M. Liu，L. B. Chen，H. F. Bai & L. H. Liu

【形态特征】多年生草本，地下茎明显，茎起立或弯曲，上部常有分枝，全株光滑无毛。单叶互生，纸质，肾形或近心形，掌状脉，边缘具锯齿，基生叶偶有1～4对小叶；叶柄具不明显的翅，基本扩大呈叶耳状，不抱茎。总状花序顶生或腋生，无苞片。花萼卵形；花瓣白色，具网状脉，宽倒卵形，顶端钝圆，基部楔形；雄蕊6枚，近等长，花丝基部稍扩大，中部4枚，侧生2枚，花药长卵形；雌蕊柱状，柱头明显，光滑无毛。长角果，线形。果梗直立或斜展。种子椭圆形，褐色或黄色，无翅。花期4—5月，果期6—7月。

【物种发现与定名过程】吴永尧等（2000）在湖北恩施发现碎米荠植物，定名为恩施碎米荠（*Cardamine enshiensis* T. Y. Xiang & Y. Y. Wu），但未正式发表文章。丁莉等（2005）将恩施双河乡渔塘坝分布的该种植物视作堇叶碎米荠（*Cardamine violifolia* O. E. Schulz），开展研究并发表文章。此后，许多研究者均沿用这一名称开展各种相关研究。而且，恩施相关单位在将该种植物申报国家卫健委的新食品原料时，也是采用堇叶碎米荠这一名称［卫食新申字（2020）第0009号］。

白宏锋等（2008）发表碎米荠新种的文章，文中强调该物种特产于湖南壶瓶山地区，所以定名为壶瓶碎米荠（*Cardamine hupingshanensis* K. M. Liu，L. B. Chen，H. F. Bai & L. H. Liu）。王玉兵等（2010）在对鄂西南植物进行调查时，在野外发现该种植物，通过标本鉴定，确定为壶瓶碎米荠。该种植物分布于湖北五峰土家族自治县采花乡栗子坪、湖北长阳土家族自治县崩尖子、湖北恩施双河乡渔塘坝等地。

笔者此次（2020）考察，在恩施双河乡渔塘坝发现该种植物，通过现场鉴定与标本比对，再次确认该种植物为壶瓶碎米荠。所以，笔者建议，在今后涉及该植物的相关研究和资源开发利用时，采用壶瓶碎米荠更为恰当。

【物种差异比较】在植物分类上，堇叶碎米荠目前已归并至露珠碎米荠（*Cardamine circaeoides* J. D. Hooker & Thomson），即在植物分类上，堇叶碎米荠已经不是正式的物种名称，它只是露珠碎米荠的异名。

壶瓶碎米荠与露珠碎米荠（堇叶碎米荠）在形态上差异较为明显：株型上，壶瓶碎米荠比露珠碎米荠（堇叶碎米荠）更为高大健壮；花瓣上，壶瓶碎米荠的花瓣是宽卵圆形，大小为（8～10）mm×（7～9）mm，露珠碎米荠（堇叶碎米荠）的花瓣为卵圆形或椭圆形，大小为（4～8）mm×（1.5～4）mm。

【开发利用价值】该种植物营养丰富，嫩茎、叶均可食用，为一种优良的野菜资源。壶瓶碎米荠对环境硒具有很强的富集能力，是提取硒蛋白、硒代氨基酸、硒多糖等高附加值产品的优质原料，可先提取水溶性硒代氨基酸，再水解后提取其他形态植物硒。碎米荠花白色，规模化种植可作为集旅游观光、生物有机硒植物原料为一体的高聚硒植物花海。

【采样编号】SH003-43。

【含硒量】根：348.79 mg/kg；叶：280.99 mg/kg。

【聚硒指数】根：68.22；叶：54.96。

五十四、苋科 Amaranthaceae

176. 反枝苋

Amaranthus retroflexus L.

【别名】西风谷、苋菜、野苋菜等。

【形态特征】一年生草本，高20～80 cm，有时达1 m多；茎直立，粗壮，单一或分枝，淡绿色，有时具带紫色条纹，稍具钝棱，密生短柔毛。叶片菱状卵形或椭圆状卵形，顶端锐尖或尖凹，有小凸尖，基部楔形，全缘或波状缘，两面及边缘有柔毛，下面毛较密；叶柄为淡绿色，有时淡紫色，有柔毛。圆锥花序顶生及腋生，由多数穗状花序形成，顶生花穗较侧生者长；苞片及小苞片钻形，白色，背面有1龙骨状凸起，伸出顶端成白色尖芒；花被片矩圆形或矩圆状倒卵形，薄膜质，白色，有1淡绿色细中脉，顶端急尖或尖凹，具凸尖；雄蕊比花被片稍长；柱头3枚，有时2枚。胞果扁卵形，淡绿色，包裹在宿存花被片内。种子近球形，棕色或黑色，边缘钝。花期7—8月，果期8—9月。

【开发利用价值】嫩茎叶可作野菜，也可作家畜饲料；种子作青葙子入药。全草可药用，用于治疗腹泻、痢疾、痔疮肿痛出血等症。

【采样编号】SD011-61。

【含硒量】茎：0.06 mg/kg；叶：0.08 mg/kg。

【聚硒指数】茎：3.69；叶：4.81。

177. 喜旱莲子草

Alternanthera philoxeroides（Mart.）Griseb.

【别名】空心莲子草、水花生、革命草、水蕹菜、空心苋等。

【形态特征】多年生草本，茎基部匍匐，上部上升，管状，不明显4棱，具分枝，幼茎及叶腋有白色或锈色柔毛，茎老时无毛，仅在两侧纵沟内保留。叶片矩圆形、矩圆状倒卵形或倒卵状披针形，顶端急尖或圆钝，具短尖，基部渐狭，全缘，两面无毛或上面有贴生毛及缘毛，下面有颗粒状凸起；叶柄无毛或微有柔毛。花密生，成具总花梗的头状花序，单生在叶腋，球形；苞片及小苞片白色，顶端渐尖，具1条脉；苞片卵形，小苞片披针形；花被片矩圆形，白色，光亮，无毛，顶端急尖，背部侧扁；雄蕊基部连合成杯状；退化雄蕊矩圆状条形，和雄蕊约等长，顶端裂成窄条；子房倒卵形，具短柄，背面侧扁，顶端圆形。果实未见。花期5—10月。

【开发利用价值】全草可入药，有清热利水、凉血解毒之功效；可作饲料。

【采样编号】SD011-07。

【含硒量】全株：0.03 mg/kg。

【聚硒指数】全株：2.13。

178. 土牛膝

Achyranthes aspera L.

【别名】倒梗草、倒钩草、倒扣草等。

【形态特征】多年生草本，高20～120 cm；根细长，土黄色；茎四棱形，有柔毛，节部稍膨大，分枝对生。叶片纸质，宽卵状倒卵形或椭圆状矩圆形，顶端圆钝，具突尖，基部楔形或圆形，全缘或波状缘，两面密生柔毛，或近无毛；叶柄密生柔毛或近无毛。穗状花序顶生，直立，花期后反折；总花梗具棱角，粗壮，坚硬，密生白色伏贴或开展柔毛；花疏生；苞片披针形，顶端长渐尖，小苞片刺状，坚硬，光亮，常带紫色，基部两侧各有1个薄膜质翅，全缘，全部贴生在刺部，但易于分离；花被片披针形，长渐尖，花后变硬且锐尖，具1脉；退化雄蕊顶端截状或细圆齿状，有具分枝流苏状长缘毛。胞果卵形。种子卵形，不扁压，棕色。花期6—8月，果期10月。

【开发利用价值】根可药用，有清热解毒、利尿之功效，主治感冒发热、扁桃体炎、白喉、流行性腮腺炎、泌尿系结石、肾炎水肿等症。

【采样编号】SD011-08。

【含硒量】茎：0.03 mg/kg；叶：0.03 mg/kg。

【聚硒指数】茎：1.88；叶：1.94。

179. 红叶牛膝

Achyranthes bidentata Blume f. *rubra* Ho

【形态特征】多年生草本，高70 ~ 120 cm；根圆柱形，根淡红色至红色；茎有棱角或四方形，绿色或带紫色，有白色贴生或开展柔毛，或近无毛，分枝对生。叶片椭圆形或椭圆披针形，少数倒披针形，叶片下面紫红色至深紫红色，顶端尾尖，基部楔形或宽楔形，两面有贴生或开展柔毛；叶柄有柔毛。穗状花序顶生及腋生，花序带紫红色，花期后反折；总花梗有白色柔毛；花多数，密生；苞片宽卵形，顶端长渐尖；小苞片刺状，顶端弯曲，基部两侧各有1卵形膜质小裂片；花被片披针形，光亮，顶端急尖，有1条中脉；退化雄蕊顶端平圆，稍有缺刻状细锯齿。胞果矩圆形，黄褐色，光滑。种子矩圆形，黄褐色。花期7—9月，果期9—10月。

【开发利用价值】根可入药。生用，能活血通经，治产后腹痛、月经不调、闭经、鼻衄、虚火牙痛、脚气水肿；熟用，能补肝肾、强腰膝，治腰膝酸痛、肝肾亏虚、跌打瘀痛。兽医用来治牛软脚症、跌伤断骨等。

【采样编号】SH001-13。

【含硒量】茎：0.02 mg/kg；叶：0.04 mg/kg。

【聚硒指数】茎：0.92；叶：1.5。

五十五、石竹科 Caryophyllaceae

180. 箐姑草

Stellaria vestita Kurz.

【别名】石生繁缕、疏花繁缕、接筋草。

【形态特征】多年生草本，高30～60（～90）cm，全株被星状毛。茎疏丛生，铺散或俯仰，下部分枝，上部密被星状毛。叶片卵形或椭圆形，顶端急尖，稀渐尖，基部圆形，稀急狭成短柄状，全缘，两面均被星状毛，下面中脉明显。聚伞花序疏散，具长花序梗，密被星状毛；苞片草质，卵状披针形，边缘膜质；花梗细，长短不等，密被星状毛；萼片5枚，披针形，顶端急尖，边缘膜质，外面被星状柔毛，显灰绿色，具3条脉；花瓣5枚，2深裂近基部，短于萼片或近等长；裂片线形；雄蕊10枚，与花瓣短或近等长；花柱3枚，稀为4枚。蒴果卵萼形，6齿裂；种子多数，肾形，细扁，脊具疣状凸起。花期4—6月，果期6—8月。

【开发利用价值】全草可药用，有舒筋活血之功效。

【采样编号】SH004-06。

【含硒量】全株：56.09 mg/kg。

【聚硒指数】全株：10.97。

181. 狗筋蔓

Silene baccifera（L.）Roth

【别名】筋骨草、抽筋草、白牛膝。

【形态特征】多年生草本，全株被逆向短绵毛。根簇生，长纺锤形，白色，断面黄色，稍肉质；根茎粗壮，多头。茎铺散，俯仰，多分枝。叶片卵形、卵状披针形或长椭圆形，基部渐狭成柄状，顶端急尖，边缘具短缘毛，两面沿脉被毛。圆锥花序疏松；花梗细，具1对叶状苞片；花萼宽钟形，草质，后期膨大呈半圆球形，沿纵脉多少被短毛，萼齿卵状三角形，与萼筒近等长，边缘膜质，果期反折；雌雄蕊柄无毛；花瓣白色，轮廓倒披针形，爪狭长，瓣片叉状浅2裂；副花冠片不明显微呈乳头状；雄蕊不外露，花丝无毛；花柱细长，不外露。蒴果圆球形，呈浆果状，成熟时薄壳质，黑色，具光泽，不规则开裂；种子圆肾形，肥厚，黑色，平滑，有光泽。花期6—8月，果期7—9（—10）月。

【开发利用价值】根或全草可入药，用于治疗骨折、跌打损伤和风湿关节痛等。

【采样编号】SH007-105。

【含硒量】全株：0.06 mg/kg。

五十六、商陆科 Phytolaccaceae

182. 商陆

Phytolacca acinosa Roxb.

【别名】章柳、山萝卜、见肿消、倒水莲、金七娘、猪母耳等。

【形态特征】多年生草本，高0.5～1.5 m，全株无毛。根肥大，肉质，倒圆锥形，外皮淡黄色或灰褐色，内面黄白色。茎直立，圆柱形，有纵沟，肉质，绿色或红紫色，多分枝。叶片薄纸质，椭圆形、长椭圆形或披针状椭圆形，顶端急尖或渐尖，基部楔形，渐狭，两面散生细小白色斑点，背面中脉凸起；叶柄粗壮，上面有槽，下面半圆形，基部稍扁宽。总状花序顶生或与叶对生，圆柱状，直立，通常比叶短，密生多花；花梗基部的苞片线形，上部2枚小苞片线状披针形，均膜质；花梗细，基部变粗；花两性；花被片5枚，白色、黄绿色，椭圆形、卵形或长圆形，顶端圆钝，大小相等，花后常反折；雄蕊8～10枚，与花被片近等长，花丝白色，钻形，基部呈片状，宿存，花药椭圆形，粉红色；花柱短，直立，顶端下弯，柱头不明显。果序直立；浆果扁球形，熟时黑色；种子肾形，黑色，具3棱。花期5—8月，果期6—10月。

【开发利用价值】根可入药，以白色肥大者为佳，红根有剧毒，仅供外用。通二便，逐水、散结，治水肿、胀满、脚气、喉痹。也可作兽药及农药。果实含鞣质，可提制栲胶。嫩茎叶可供蔬食。

【采样编号】HT008-10。

【含硒量】根：0.37 mg/kg；茎：0.20 mg/kg；叶：0.23 mg/kg。

五十七、藜科 Chenopodiaceae

183. 藜

Chenopodium album L.

【形态特征】一年生草本，高30～150 cm。茎直立，粗壮，具条棱及绿色或紫红色色条，多分枝；枝条斜升或开展。叶片菱状卵形至宽披针形，先端急尖或微钝，基部楔形至宽楔形，上面通常无粉，有时嫩叶的上面有紫红色粉，下面多少有粉，边缘具不整齐锯齿；叶柄与叶片近等长，或为叶片长度的1/2。花两性，花簇于枝上部排列成或大或小的穗状圆锥状或圆锥状花序；花被裂片5枚，宽卵形至椭圆形，背面具纵隆脊，有粉，先端或微凹；雄蕊5枚，花药伸出花被，柱头2枚。果皮与种子贴生。种子横生，双凸镜状，边缘钝，黑色，有光泽，表面具浅沟纹；胚环形。花果期5—10月。

【开发利用价值】幼苗可作蔬菜用，茎叶可饲家畜。

全草可入药，能止泻痢、止痒，可治痢疾腹泻；配合野菊花煎汤外洗，治皮肤湿毒及周身发痒。有些地区果实（称灰藋子）代“地肤子”药用。

【采样编号】SH004-34。

【含硒量】叶：145.84 mg/kg。

【聚硒指数】叶：28.52。

184. 土荆芥

Dysphania ambrosioides（L.）Mosyakin & Clemants

【别名】杀虫芥、臭草、鹅脚草等。

【形态特征】一年生或多年生草本，高50～80 cm，有强烈香味。茎直立，多分枝，有色条及钝条棱；枝通常细瘦，有短柔毛并兼有具节的长柔毛，有时近于无毛。叶片矩圆状披针形至披针形，先端急尖或渐尖，边缘具稀疏不整齐的大锯齿，基部渐狭具短柄，上面平滑无毛，下面有散生油点并沿叶脉稍有毛，上部叶逐渐狭小而近全缘。花两性及雌性，通常3～5个团集，生于上部叶腋；花被裂片5枚，较少为3枚，绿色，果时通常闭合；雄蕊5枚，花柱不明显，柱头通常3枚，较少为4枚，丝形，伸出花被外。胞果扁球形，完全包于花被内。种子横生或斜生，黑色或暗红色，平滑，有光泽，边缘钝。花期和果期的时间都很长。

【开发利用价值】全草可入药，治蛔虫病、钩虫病、蛲虫病，外用治皮肤湿疹，并能杀蛆虫。果实含挥发油（土荆芥油），油中驱蛔素是驱虫有效成分。

【采样编号】SD011-36。

【含硒量】全株：0.10 mg/kg。

【聚硒指数】全株：6.25。

五十八、锦葵科 Malvaceae

185. 紫花重瓣木槿

Hibiscus syriacus var. *violaceus* L. F. Gagnep.

【形态特征】落叶灌木，高3 ~ 4 m，小枝密被黄色星状茸毛。叶菱形至三角状卵形，具深浅不同的3裂或不裂，先端钝，基部楔形，边缘具不整齐齿缺，下面沿叶脉微被毛或近无毛；叶柄上面被星状柔毛；托叶线形，疏被柔毛。花青紫色，重瓣，生于枝端叶腋间，花梗被星状短茸毛；小苞片6 ~ 8枚，密被星状疏茸毛；花萼钟形，密被星状短茸毛，裂片5枚，三角形；花钟形，淡紫色，花瓣倒卵形，外面疏被纤毛和星状长柔毛；雄蕊花柱枝无毛。蒴果卵圆形密被黄色星状茸毛；种子肾形，背部被黄白色长柔毛。花期7—10月。

【开发利用价值】主供园林观赏用，或作绿篱材料；茎皮富含纤维，可作造纸原料；入药可治疗皮肤癣疮。

【采样编号】SH007-122。

186. 地桃花

Urena lobata L.

【别名】毛桐子、牛毛七、红孩儿、半边月、粘油子等。

【形态特征】直立亚灌木状草本，高达1 m，小枝被星状茸毛。茎下部的叶近圆形，先端浅3裂，基部圆形或近心形，边缘具锯齿；中部的叶卵形；上部的叶长圆形至披针形；叶上面被柔毛，下面被灰白色星状茸毛；叶柄被灰白色星状毛；托叶线形，早落。花腋生，单生或稍丛生，淡红色；花梗被绵毛；小苞片5枚，基部1/3合生；花萼杯状，裂片5枚，较小苞片略短，两者均被星状柔毛；花瓣5枚，倒卵形，外面被星状柔毛；雄蕊柱无毛；花柱10枚，微被长硬毛。果扁球形，分果爿被星状短柔毛和锚状刺。花期7—10月。

【开发利用价值】茎皮富含坚韧的纤维，供纺织和搓绳索，常用作麻类的代用品；根可药用，煎水点酒服可治疗白痢。

【采样编号】SD011-60。

【含硒量】茎：0.12 mg/kg；叶：0.22 mg/kg。

【聚硒指数】茎：7.31；叶：13.94。

五十九、鼠李科 Rhamnaceae

187. 帚枝鼠李

Rhamnus virgata Roxb.

【别名】小叶冻绿。

【形态特征】灌木或乔木，高达6 m；小枝对生或近对生，帚状，红褐色或紫红色，平滑有光泽，无毛；幼枝被微柔毛，枝端和分叉处具针刺。叶纸质或薄纸质，对生或近对生，或在短枝上簇生，倒卵状披针形、倒卵状椭圆形或椭圆形，顶端渐尖或短渐尖，稀锐尖，基部楔形，边缘具钝细锯齿，上面或沿脉被疏短柔毛，或近无毛，下面沿脉被疏短毛或仅脉腋有疏毛，或近无毛，侧脉每边通常4～5条，具明显的网脉，干后常带红色；叶柄上面有小沟，被短微毛；托叶披针形，常宿存。花单性，雌雄异株，4基数，有花瓣；花梗有疏微毛或无毛；雌花数个簇生于短枝端，具退化雄蕊，花柱2半裂。核果近球形，黑色，基部有宿存的萼筒，具2个分核；种子红褐色，背面有长为种子2/3～3/4基部较宽的纵沟。花期4—5月，果期6—10月。

【采样编号】SH007-84。

188. 薄叶鼠李

Rhamnus leptophylla C. K. Schneid.

【别名】细叶鼠李、蜡子树、白赤木、白色木、郊李子。

【形态特征】灌木或稀小乔木，高达5 m；小枝对生或近对生，褐色或黄褐色，稀紫红色，平滑无毛，有光泽，芽小，鳞片数个，无毛。叶纸质，对生或近对生，或在短枝上簇生，倒卵形至倒卵状椭圆形，稀椭圆形或矩圆形，顶端短突尖或锐尖，稀近圆形，基部楔形，边缘具圆齿或钝锯齿，上面深绿色，无毛或沿中脉被疏毛，下面浅绿色，仅脉腋有簇毛，侧脉每边3～5条，具不明显的网脉，上面下陷，下面凸起；叶柄上面有小沟，无毛或被疏短毛；托叶线形，早落。花单性，雌雄异株，4基数，有花瓣，花梗无毛；雄花10～20朵簇生于短枝端；雌花数朵至10朵个簇生于短枝端或长枝下部叶腋，退化雄蕊极小，花柱2半裂。核果球形，基部有宿存的萼筒，有2～3个分核，成熟时黑色；种子宽倒卵圆形，背面具长为种子2/3～3/4的纵沟。花期3—5月，果期5—10月。

【开发利用价值】可药用，有清热、解毒、活血之功效。在广西，根、果及叶用来利水行气、消积通便、清热止咳。

【采样编号】SH006-23。

189. 多脉鼠李

Rhamnus sargentiana C. K. Schneid. in Sarg.

【形态特征】落叶乔木或灌木，高可超过10 m，幼枝紫色，初时被微柔毛，后脱落，老枝紫褐色；芽卵形，鳞片少数，边缘具缘毛。叶纸质，椭圆形或矩圆状椭圆形，顶端渐尖至长渐尖，稀短尖至圆形，基部楔形或近圆形，边缘具密圆齿状齿或钝锯齿，两面或沿脉被短柔毛，后多少脱落，或下面仅沿脉被疏柔毛，侧脉每边10～17条，上面下陷，下面凸起；叶柄被微柔毛，后脱落；托叶线形，早落。花通常2～6朵簇生于叶腋，杂性，雌雄异株，无毛，4基数，稀有时5基数；无花瓣；萼片三角形，内面具不明显的中肋和小喙；雄蕊短于萼片；两性花的子房球形，4室或3室，每室有1枚胚珠，花柱4或3半裂；雄花具退化的雌蕊，子房不发育；花盘稍厚，盘状；花梗被微柔毛。核果倒卵状球形，红色，成熟后变黑色，具4个或3个分核；种子4颗或3颗，腹面具棱，背面有与种子等长的纵沟。花期5—6月，果期6—8月。

【开发利用价值】为园林绿化的优良观赏灌木树种，亦是制作盆景的佳木，也是我国重要的造林树种。苗木定植宜选择山地阴坡、半阴坡、半阳坡立地造林，按一般灌木树种的造林技术造林，造林密度3 000～4 800株/hm^2。果实含黄色染料；种子含油脂和蛋白质，榨油可制润滑油和油墨。

【采样编号】SH006-57。

【含硒量】茎：0.16 mg/kg；叶：0.08 mg/kg。

190. 毛果枳椇

Hovenia trichocarpa（Nakai & Y. Kimura）Y. L. Chou & P. K. Chou

【别名】黄毛枳椇、毛枳椇、枳椇等。

【形态特征】高大落叶乔木，高达18 m；小枝褐色或黑紫色，无毛，有明显的皮孔。叶纸质，矩圆状卵形、宽椭圆状卵形或矩圆形，稀近圆形，顶端渐尖或长渐尖，基部截形、近圆形或心形，边缘具圆齿状锯齿或钝锯齿，稀近全缘，两面无毛，或仅下面沿脉被疏柔毛。二歧式聚伞花序，顶生或兼腋生，被锈色或黄褐色密短茸毛；花黄绿色；花萼被锈色密短柔毛，萼片具明显的网脉；花瓣卵圆状匙形，花盘被锈色密长柔毛；花柱自基部3深裂，下部被疏长柔毛。浆果状核果球形或倒卵状球形，被锈色或棕色密茸毛和长柔毛；果序轴膨大，被锈色或棕色茸毛；种子黑色，黑紫色或棕色，近圆形，腹面中部有棱，背面有时具乳头状凸起。花期5—6月，果期8—10月。

【开发利用价值】种子可补充营养、醒酒安神、祛风湿。

【采样编号】SD012-107。

【含硒量】茎：0.08 mg/kg；叶：0.12 mg/kg。

【聚硒指数】茎：4.69；叶：7.44。

六十、葡萄科 Vitaceae

191. 毛葡萄

Vitis heyneana Roem. & Schult.

【别名】五角叶葡萄、野葡萄等。

【形态特征】木质藤本。小枝圆柱形，有纵棱纹，被灰色或褐色蛛丝状茸毛。卷须二叉分枝，密被茸毛，每隔2节间断与叶对生。叶卵圆形、长卵椭圆形或卵状五角形，顶端急尖或渐尖，基部心形或微心形，边缘每侧有9～19个尖锐锯齿，上面绿色，初时疏被蛛丝状茸毛，以后脱落无毛，下面密被灰色或褐色茸毛，稀脱落变稀疏，上面脉上无毛或有时疏被短柔毛，下面脉上密被茸毛，有时短柔毛或稀茸毛状柔毛；叶柄密被蛛丝状茸毛；托叶膜质，褐色，卵披针形，无毛。花杂性异株；圆锥花序疏散，与叶对生，分枝发达；花序梗被灰色或褐色蛛丝状茸毛；花蕾倒卵圆形，顶端圆形；萼碟形，边缘近全缘；花瓣5枚，呈帽状黏合脱落；雄蕊5枚，花丝丝状，花药黄色，椭圆形或阔椭圆形，在雌花内雄蕊显著短，败育；花盘发达，5裂；雌蕊1枚，子房卵圆形，花柱短，柱头微扩大。果实圆球形，成熟时紫黑色；种子倒卵形，顶端圆形，基部有短喙。花期4—6月，果期6—10月。

【开发利用价值】果实营养丰富，可用于酿造品质上佳的葡萄酒。

【采样编号】SD012-73。

被子植物　葡萄科

192. 葡萄

Vitis vinifera L.

【形态特征】木质藤本。小枝圆柱形，有纵棱纹，无毛或被稀疏柔毛。卷须二叉分枝，每隔2节间断与叶对生。叶卵圆形，显著3～5浅裂或中裂，中裂片顶端急尖，裂片常靠合，基部常缢缩，裂缺狭窄，间或宽阔，基部深心形，基缺凹成圆形，两侧常靠合，边缘有22～27个锯齿，齿深而粗大，不整齐，齿端急尖，上面绿色，下面浅绿色，无毛或被疏柔毛；基生脉5出，中脉有侧脉4～5对，网脉不明显凸出；叶柄几无毛；托叶早落。圆锥花序密集或疏散，多花，与叶对生，基部分枝发达，花序梗几无毛或疏生蛛丝状茸毛；花梗无毛；花蕾倒卵圆形，顶端近圆形；萼浅碟形，边缘呈波状，外面无毛；花瓣5枚，呈帽状黏合脱落；雄蕊5枚，花丝丝状，花药黄色，卵圆形，在雌花内显著短而败育或完全退化；花盘发达，5浅裂；雌蕊1枚，在雄花中完全退化，子房卵圆形，花柱短，柱头扩大。果实球形或椭圆形；种子倒卵椭圆形，顶短近圆形，基部有短喙，种脐在种子背面中部呈椭圆形，种脊微凸出，腹面中棱脊凸起，两侧洼穴宽沟状，向上达种子1/4处。花期4—5月，果期8—9月。

【开发利用价值】世界各地均可栽培，为著名水果，可生食、制葡萄干、酿酒，酿酒后的酒脚可提酒食酸；根和藤可药用，能止呕、安胎。

【采样编号】SH007-123。

193. 毛脉葡萄

Vitis pilosonerva F. P. Metcalf

【形态特征】木质藤本。小枝圆柱形，有显著纵棱纹，无毛。卷须二叉分枝，每隔2节间断与叶对生。叶阔卵圆形，不明显3浅裂，顶端急尖或短尾尖，基部心形，基缺顶端凹成锐角，每侧边缘有28～36个粗锯齿，齿尖锐，上面绿色，无毛，下面淡绿色，有白霜；基生脉5出，中脉有侧脉5～8对，脉上密被短柔毛，网脉凸出；叶柄被疏柔毛；托叶早落。花杂性异株；圆锥花序疏散，与叶对生，分枝发达，花序梗与花梗几乎无毛；花蕾倒卵圆形，顶端圆形；萼碟形，近全缘，无毛；花瓣5枚，呈帽状黏合脱落；雄蕊5枚，花丝丝状，长约1 mm，花药黄色，阔椭圆形；花盘发达，5裂；子房在雌花中退化。花期6月。

【开发利用价值】有较高的观赏价值。

【采样编号】HT009-44。

【含硒量】叶：0.01 mg/kg。

【聚硒指数】叶：0.36。

194. 毛三裂蛇葡萄

Ampelopsis delavayana var. *setulosa*（Diels & Gilg）C. L. Li

【别名】三裂叶蛇葡萄、赤木通等。

【形态特征】木质藤本，小枝圆柱形，有纵棱纹，密被锈色短柔毛。卷须2～3叉分枝，相隔2节间断与叶对生。叶为3小叶，中央小叶披针形或椭圆披针形，顶端渐尖，基部近圆形，侧生小叶卵椭圆形或卵披针形，近截形，边缘有粗锯齿，齿端通常尖细，上面绿色，下面浅绿色，侧脉5～7对；叶柄中央小叶有柄或无柄，侧生小叶无柄，密被锈色短柔毛。多歧聚伞花序与叶对生，花序梗被短柔毛；花梗伏生短柔毛；花蕾卵形，顶端圆形；萼碟形，边缘呈波状浅裂；花瓣5枚，卵椭圆形，雄蕊5枚，花药卵圆形，长宽近相等，花盘明显，5浅裂；子房下部与花盘合生，花柱明显。果实近球形，有种子2～3颗；种子倒卵圆形，顶端近圆形，基部有短喙，种脐在种子背面中部向上渐狭呈卵椭圆形，顶端种脊凸出，腹部中棱脊凸出，两侧洼穴呈沟状楔形，上部宽，斜向上展达种子中部以上。花期6—7月，果期9—11月。

【开发利用价值】根皮有消肿止痛、舒筋活血、止血之功效，用于治疗外伤出血、骨折、跌打损伤、风湿关节痛。

【采样编号】SD010-22。

【含硒量】全株：1.35 mg/kg。

【聚硒指数】全株：20.45。

195. 俞藤

Yua thomsonii（M. A. Lawson）C. L. Li

【别名】粉叶爬山虎、粉叶地锦等。

【形态特征】木质藤本。小枝圆柱形，褐色，嫩枝略有棱纹，无毛；卷须二叉分枝，相隔2节间断与叶对生。叶为掌状5小叶，草质，小叶披针形或卵披针形，顶端渐尖或尾状渐尖，基部楔形，边缘上半部每侧有4～7个细锐锯齿，上面绿色，无毛，下面淡绿色，常被白色粉霜，无毛或脉上被稀疏短柔毛，网脉不明显凸出，侧脉4～6对；小叶柄有时侧生小叶近无柄，无毛；叶柄无毛。花序为复二歧聚伞花序，与叶对生，无毛；萼碟形，边缘全缘，无毛；花瓣5枚，稀4枚，无毛，花蕾时黏合，以后展开脱落，雄蕊5枚，稀4枚，花药长椭圆形；雌蕊花柱细，柱头不明显扩大。果实近球形紫黑色，味淡甜。种子梨形，顶端微凹，背面种脐达种子中部，腹面两侧洼穴从基部达种子2/3处，周围无明显横肋纹，胚乳横切面呈“M”形。花期5—6月，果期7—9月。

【开发利用价值】根可入药，治疗关节炎等症。嫩叶、嫩枝及秋叶带紫色，光亮，攀绿，覆盖率高，是优良的立体绿化材料，也可点缀假山和叠石。

【采样编号】SD010-58。

【含硒量】茎：0.24 mg/kg；叶：0.06 mg/kg。

【聚硒指数】茎：3.64；叶：0.86。

196. 毛乌蔹莓

Cayratia japonica var. *mollis*（Wall. ex M. A. Lawson）Momiy.

【形态特征】草质藤本。小枝圆柱形，有纵棱纹，无毛或微被疏柔毛。卷须二或三叉分枝，相隔2节间断与叶对生。叶为鸟足状5小叶，中央小叶长椭圆形或椭圆披针形，叶下面满被或仅脉上密被疏柔毛，顶端急尖或渐尖，基部楔形，侧生小叶椭圆形或长椭圆形，顶端急尖或圆形，基部楔形或近圆形，边缘每侧有6～15个锯齿，上面绿色，无毛，下面浅绿色，无毛或微被毛；侧脉5～9对，网脉不明显；侧生小叶无柄或有短柄，无毛或微被毛；托叶早落。花序腋生，复二歧聚伞花序；花序梗无毛或微被毛；花梗几无毛；花蕾卵圆形，顶端圆形；萼碟形，边缘全缘或波状浅裂，外面被乳突状毛或几无毛；花瓣4枚，三角状卵圆形，外面被乳突状毛；雄蕊4枚，花药卵圆形，长宽近相等；花盘发达，4浅裂；子房下部与花盘合生，花柱短，柱头微扩大。果实近球形，有种子2～4颗；种子三角状倒卵形，顶端微凹，基部有短喙，种脐在种子背面近中部呈带状椭圆形，上部种脊凸出，表面有凸出肋纹，腹部中棱脊凸出，两侧洼穴呈半月形，从近基部向上达种子近顶端。花期5—7月，果期7月至翌年1月。

【开发利用价值】全草可入药，有清热解毒、活血散瘀、消肿利尿之功效。

【采样编号】SH003-73。

【含硒量】全株：0.32 mg/kg。

197. 尖叶乌蔹莓

Cayratia japonica var. *pseudotrifolia*（W. T. Wang）C. L. Li

【别名】母猪藤、乌蔹草。

【形态特征】草质藤本。小枝圆柱形，有纵棱纹，无毛或微被疏柔毛。卷须二或三叉分枝，相隔2节间断与叶对生。叶多为3枚小叶，中央小叶长椭圆形或椭圆披针形，顶端急尖或渐尖，基部楔形，侧生小叶椭圆形或长椭圆形，顶端急尖或圆形，基部楔形或近圆形，边缘每侧有6～15个锯齿，上面绿色，下面浅绿色，无毛或微被毛；侧脉5～9对，网脉不明显；托叶早落。花序腋生，复二歧聚伞花序；花序梗无毛或微被毛；花梗几无毛；花蕾卵圆形，顶端圆形；萼碟形，边缘全缘或波状浅裂，外面被乳突状毛或几无毛；花瓣4枚，三角状卵圆形，外面被乳突状毛；雄蕊4枚，花药卵圆形，长宽近相等；花盘发达，4浅裂；子房下部与花盘合生，花柱短，柱头微扩大。果实近球形，有种子2～4颗；种子三角状倒卵形，顶端微凹，基部有短喙，种脐在种子背面近中部呈带状椭圆形，上部种脊凸出，表面有凸出肋纹，腹部中棱脊凸出，两侧洼穴呈半月形，从近基部向上达种子近顶端。花期5—8月，果期9—10月。

【开发利用价值】全草或根可入药，能消肿散结。

【采样编号】SD012-63。

【含硒量】茎：0.01 mg/kg；叶：0.01 mg/kg。

【聚硒指数】茎：0.50；叶：0.50。

六十一、卫矛科 Celastraceae

198. 苦皮藤

Celastrus angulatus Maxim.

【别名】棱枝南蛇藤。

【形态特征】藤状灌木；小枝常具4～6纵棱，皮孔密生，圆形到椭圆形，白色，腋芽卵圆状。叶大，近革质，长方阔椭圆形、阔卵形、圆形，先端圆阔，中央具尖头，侧脉5～7对，在叶面明显凸起，两面光滑或稀于叶背的主侧脉上具短柔毛；托叶丝状，早落。聚伞圆锥花序顶生，下部分枝长于上部分枝，略呈塔锥形，花序轴及小花轴光滑或被锈色短毛；小花梗较短，关节在顶部；花萼镊合状排列，三角形至卵形，近全缘；花瓣长方形，边缘不整齐；花盘肉质，浅盘状或盘状，5浅裂；雄蕊着生花盘之下，在雌花中退化雄蕊；雌蕊子房球状，柱头反曲，在雄花中退化雌蕊。蒴果近球状；种子椭圆状。花期5月。

【开发利用价值】树皮纤维可作造纸及人造棉原料；果皮及种子含油脂可供工业用；根皮及茎皮可作杀虫剂和灭菌剂。

【采样编号】SH007-85。

【含硒量】叶：0.03 mg/kg。

199. 中华卫矛

Euonymus nitidus Benth.

【别名】矩叶卫矛等。

【形态特征】常绿灌木或小乔木，高1～5 m。叶革质，质地坚实，常略有光泽，倒卵形、长方椭圆形或长方阔披针形，先端有渐尖头；叶柄较粗壮，偶有更长者。聚伞花序1～3次分枝，3～15朵花，花序梗及分枝均较细长；花白色或黄绿色，4基数；花瓣基部窄缩成短爪；花盘较小，4浅裂；雄蕊无花丝。蒴果三角卵圆状，4裂较浅成圆阔4棱；种子阔椭圆状，棕红色，假种皮橙黄色，全包种子，上部两侧开裂。花期3—5月，果期6—10月。

【开发利用价值】全株可入药，具有祛风除湿、强壮筋骨之功效，用于治疗风湿腰腿痛、肾虚腰痛、跌打损伤、高血压病。

【采样编号】HT009-74。

【含硒量】茎：0.01 mg/kg。

【聚硒指数】茎：0.16。

六十二、清风藤科 Sabiaceae

200. 四川清风藤

Sabia schumanniana Diels

【形态特征】落叶攀援木质藤本，长2～3 m；当年生枝黄绿色，有纵条纹，二年生枝褐色，无毛。芽鳞卵形，无毛，边有缘毛。叶纸质，长圆状卵形，先端急尖或渐尖，基部圆或阔楔形，两面均无毛，叶面深绿色，叶背淡绿色；侧脉每边3～5条，向上弯拱在近叶缘处分叉网结，网脉稀疏，在叶面不明显。聚伞花序有花1～3朵；花淡绿色，萼片5枚，三角状卵形；花瓣5片，长圆形或阔倒卵形，有7～9条脉纹；雄蕊5枚，花丝扁平，花药卵形，内向开裂；花盘肿胀，圆柱状，边缘波状；子房无毛。分果爿倒卵形或近圆形，无毛，核的中肋呈狭翅状，中肋两边各有2行蜂窝状凹穴，两侧面有块状凹穴，腹部平。花期3—4月，果期6—8月。

【开发利用价值】茎皮可提取单宁，茎可药用，治腰痛。

【采样编号】SH007-104。

201. 尖叶清风藤

Sabia swinhonei Hemsl.

【形态特征】常绿攀援木质藤本。小枝纤细，被长而垂直的柔毛。叶纸质，椭圆形、卵状椭圆形、卵形或宽卵形，先端渐尖或尾状尖，基部楔形或圆，叶面除嫩时中脉被毛外余无毛，叶背被短柔毛或仅在脉上有柔毛；侧脉每边4～6条，网脉稀疏。被柔毛。聚伞花序有花2～7朵，被疏长柔毛；萼片5枚，卵形，外面有不明显的红色腺点，有缘毛；花瓣5枚，浅绿色，卵状披针形或披针形；雄蕊5枚，花丝稍扁，花药内向开裂；花盘浅杯状；子房无毛。分果爿深蓝色，近圆形或倒卵形，基部偏斜；核的中肋不明显，两侧面有不规则的条块状凹穴，腹部凸出。花期3—4月，果期7—9月。生于海拔400～2 300 m的山谷林间。

【采样编号】SH004-56。

【含硒量】茎叶：13.16 mg/kg。

【聚硒指数】茎叶：2.57。

六十三、冬青科 Aquifoliaceae

202. 枸骨

Ilex cornuta Lindl. & Paxton

【别名】枸骨冬青、鸟不宿、老虎刺等。

【形态特征】常绿灌木或小乔木，高（0.6～）1～3 m；幼枝具纵脊及沟，沟内被微柔毛或变无毛，二年枝褐色，三年生枝灰白色，具纵裂缝及隆起的叶痕，无皮孔。叶片厚革质，二型，四角状长圆形或卵形，先端具3枚尖硬刺齿，中央刺齿常反曲，基部圆形或近截形，两侧各具1～2枚刺齿，有时全缘，叶面深绿色，具光泽，背淡绿色，无光泽，两面无毛，主脉在上面凹下，背面隆起，侧脉5或6对，于叶缘附近网结，在叶面不明显，在背面凸起，网状脉两面不明显；叶柄上面具狭沟，被微柔毛；托叶胼胝质，宽三角形。花序簇生于二年生枝的叶腋内，被柔毛，具缘毛；苞片卵形，先端钝或具短尖头，被短柔毛和缘毛；花淡黄色，4基数。雄花：花梗无毛，基部具1～2枚阔三角形的小苞片；花冠辐状，花瓣长圆状卵形，反折，基部合生；雄蕊与花瓣近等长或稍长，花药长圆状卵形；退化子房近球形，不明显的4裂。雌花：花梗无毛，基部具2枚小的阔三角形苞片；花萼与花瓣像雄花；退化雄蕊长为花瓣的4/5，略长于子房，败育花药卵状箭头形；子房长圆状卵球形，4浅裂。果球形，成熟时鲜红色，明显4裂。花期4—5月，果期10—12月。

【开发利用价值】树形美丽，果实秋冬红色，可供庭园观赏。其根、枝叶和果可入药，根有滋补强壮、活络、清风热、祛风湿之功效；枝叶用于治疗肺痨咳嗽、劳伤失血、腰膝痿弱、风湿痹痛；果实用于治疗阴虚身热、淋浊、筋骨疼痛等症。种子含油，可作肥皂原料，树皮可作染料和提制栲胶，木材软韧，可作牛鼻栓。

【采样编号】SH007-106。

六十四、凤仙花科 Balsaminaceae

203. 凤仙花

Impatiens balsamina L.

【别名】凤仙透骨草、急性子、指甲花。

【形态特征】一年生草本，高60 ~ 100 cm。茎粗壮，肉质，直立，不分枝或有分枝，无毛或幼时被疏柔毛，基部具多数纤维状根，下部节常膨大。叶互生，最下部叶有时对生；叶片披针形、狭椭圆形或倒披针形，先端尖或渐尖，基部楔形，边缘有锐锯齿，向基部常有数对无柄的黑色腺体，两面无毛或被疏柔毛，侧脉4 ~ 7对；叶柄上面有浅沟，两侧具数对具柄的腺体。花单生或2 ~ 3朵簇生于叶腋，无总花梗，白色、粉红色或紫色，单瓣或重瓣；花梗密被柔毛；苞片线形，位于花梗的基部；侧生萼片2枚，卵形或卵状披针形，唇瓣深舟状，被柔毛，基部急尖成内弯的距；旗瓣圆形，兜状，先端微凹，背面中肋具狭龙骨状凸起，顶端具小尖，翼瓣具短柄，2裂，下部裂片小，倒卵状长圆形，上部裂片近圆形，先端2浅裂，外缘近基部具小耳；雄蕊5枚，花丝线形，花药卵球形，顶端钝；子房纺锤形，密被柔毛。蒴果宽纺锤形，两端尖，密被柔毛。种子多数，圆球形，直径1.5 ~ 3 mm，黑褐色。花期7—10月。

【开发利用价值】民间常用其花及叶染指甲。茎及种子可入药。茎称“凤仙透骨草”，有祛风湿、活血、止痛之功效，用于治风湿性关节痛、屈伸不利；种子称“急性子”，有软坚、消积之功效，用于治噎膈、骨鲠咽喉、腹部肿块、闭经。

【采样编号】SH007-116。

【含硒量】根茎：0.55 mg/kg；叶：0.16 mg/kg。

204. 长翼凤仙花

Impatiens longialata E. Pritz. ex Diels

【形态特征】一年生草本，高30～70 cm，全株无毛。茎直立，有分枝，叶互生，具短柄，叶片薄膜质，椭圆形或卵状长圆形，顶端钝或稍尖，基部圆形或心形，边缘具粗大圆齿，具腺状小尖头，齿间无刚毛，上面绿色，下面灰绿色，侧脉6～7对。总花梗生于上部叶腋，长于叶柄或等于上部叶之半，具2～3朵花，稀4朵花；苞片卵形，渐尖，宿存。花较大，淡黄色，侧生萼片2枚，透明，宽卵形，或近心形；旗瓣宽近肾形，背面稍增厚。具狭龙骨状凸起，顶端具极短弯曲的柄；翼瓣具长柄，2裂，基部裂片圆形，顶端钝或凹；唇瓣檐部漏斗形，内面具紫色斑点，口部平，先端具小尖，基部渐狭成内弯的细距。花丝线形，花药卵状三角形，急尖，子房纺锤状，喙尖。蒴果线形，顶端喙尖。种子少数，长圆形，平滑，褐色。花期7—8月，果期9—10月。

【开发利用价值】凤仙花因其花色、品种极为丰富，是美化花坛、花境的常用材料，可丛植、群植和盆栽，也可作切花水养。

该种有机硒含量高，可用于提取植物硒。由于长翼凤仙花栽种极易成活，民间栽培普遍，可打造聚硒植物花草观光园。

【采样编号】SH003-32。

六十五、槭树科 Aceraceae

205. 青榨槭

Acer davidii Franch.

【别名】大卫槭、青虾蟆、青蛙腿。

【形态特征】落叶乔木，高10～15 m，稀达20 m。树皮黑褐色或灰褐色，常纵裂成蛇皮状。小枝细瘦，圆柱形，无毛；当年生的嫩枝紫绿色或绿褐色，具很稀疏的皮孔，多年生的老枝黄褐色或灰褐色。冬芽腋生，长卵圆形，绿褐色；鳞片的外侧无毛。叶纸质，外貌长圆卵形或近于长圆形，先端锐尖或渐尖，常有尖尾，基部近于心脏形或圆形，边缘具不整齐的钝圆齿；上面深绿色，无毛；下面淡绿色，嫩时沿叶脉被紫褐色的短柔毛，渐老成无毛状；主脉在上面显著，在下面凸起，侧脉11～12对，呈羽状，在上面微现，在下面显著；叶柄细瘦，嫩时被红褐色短柔毛，渐老则脱落。花黄绿色，杂性，雄花与两性花同株，成下垂的总状花序，顶生于着叶的嫩枝，开花与嫩叶的生长大约同时；萼片5枚，椭圆形，先端微钝；花瓣5枚，倒卵形，先端圆形，与萼片等长；雄蕊8枚，无毛，在雄花中略长于花瓣，在两性花中不发育，花药黄色，球形，花盘无毛，现裂纹，位于雄蕊内侧，子房被红褐色的短柔毛，在雄花中不发育。花柱无毛，细瘦，柱头反卷。翅果嫩时淡绿色，成熟后黄褐色。花期4月，果期9月。常生于海拔500～1 500 m的疏林中。

【开发利用价值】本种生长迅速，树冠整齐，可用作绿化和造林树种。树皮纤维较长，又含丹宁，可作工业原料。

【采样编号】SH003-66。

六十六、漆树科 Anacardiaceae

206. 漆

Toxicodendron vernicifluum（Stokes）F. A. Barkley

【别名】漆树、楂苜、山漆等。

【形态特征】落叶乔木，高达20 m。树皮灰白色，粗糙，呈不规则纵裂，小枝粗壮，被棕黄色柔毛，后变无毛，具圆形或心形的大叶痕和凸起的皮孔；顶芽大而显著，被棕黄色茸毛。奇数羽状复叶互生，常螺旋状排列，有小叶4～6对，叶轴圆柱形，被微柔毛；小叶膜质至薄纸质，卵形或卵状椭圆形或长圆形。圆锥花序，与叶近等长，被灰黄色微柔毛；花黄绿色，雄花花梗纤细，雌花花梗短粗；花萼无毛，裂片卵形，先端钝；花瓣长圆形，具细密的褐色羽状脉纹，先端钝，开花时外卷；花丝线形，与花药等长或近等长，在雌花中较短，花药长圆形，花盘5浅裂，无毛；子房球形，花柱3枚。果序多少下垂，核果肾形或椭圆形，不偏斜，略压扁，先端锐尖，基部截形，外果皮黄色，无毛，具光泽，成熟后不裂，中果皮蜡质，具树脂道条纹，果核棕色，与果同形，坚硬；花期5—6月，果期7—10月。

【开发利用价值】树干韧皮部割取生漆，用于给建筑物、家具、广播器材等涂漆。种子油可制油墨、肥皂。果皮可取蜡，作蜡烛、蜡纸。叶可提制栲胶。叶、根可作土农药。木材供建筑用。干漆在中药上有通经、驱虫、镇咳的功效。

【采样编号】SH003-31。

207. 盐肤木

Rhus chinensis Mill.

【别名】五倍子、山梧桐、乌烟桃等。

【形态特征】落叶小乔木或灌木，高2～10 m；小枝棕褐色，被锈色柔毛，具圆形小皮孔。奇数羽状复叶有小叶（2～）3～6对，小叶自下而上逐渐增大，叶轴和叶柄密被锈色柔毛；小叶多形，卵形或椭圆状卵形或长圆形，顶生小叶基部楔形，边缘具粗锯齿或圆齿，叶面暗绿色，叶背粉绿色，被白粉。圆锥花序宽大，多分枝；苞片披针形，被微柔毛，小苞片极小，花白色；雄花：花萼外面被微柔毛，裂片长卵形，边缘具细睫毛；花瓣倒卵状长圆形，开花时外卷；子房不育；雌花：花萼裂片较短，外面被微柔毛，边缘具细睫毛；花瓣椭圆状卵形，边缘具细睫毛，里面下部被柔毛；雄蕊极短；花盘无毛；子房卵形，密被白色微柔毛，花柱3枚，柱头头状。核果球形，被具节的柔毛和腺毛，成熟时红色。花期8—9月，果期10月。

【开发利用价值】为五倍子蚜虫寄主植物，在幼枝和叶上形成虫瘿，即五倍子。可供鞣革、医药、塑料和墨水等工业上用。幼枝和叶可作土农药。果泡水可代醋用，生食酸咸止渴。种子可榨油。根、叶、花及果均可药用。

【采样编号】SH003-39。

【含硒量】茎：20.52 mg/kg；叶：38.21 mg/kg。

【聚硒指数】茎：28.34；叶：52.77。

六十七、马桑科 Coriariaceae

208. 马桑

Coriaria nepalensis Wall.

【别名】紫桑、黑龙须、闹鱼儿、马桑柴、千年红等。

【形态特征】灌木，高1.5～2.5 m，分枝水平开展，小枝四棱形或成四狭翅，幼枝疏被微柔毛，后变无毛；芽鳞膜质，卵形或卵状三角形，紫红色，无毛。叶对生，纸质至薄革质，椭圆形或阔椭圆形；叶短柄，疏被毛，紫色，基部具垫状凸起物。总状花序生于二年生的枝条上，雄花序先叶开放；苞片和小苞片卵圆形，膜质，半透明，内凹，上部边缘具流苏状细齿；花瓣极小，卵形，里面龙骨状；雄蕊10枚，花丝线形，花药长圆形，具细小疣状体；雌花序与叶同出；苞片稍大，带紫色；花瓣肉质，龙骨状；雄蕊较短，心皮5枚，耳形，侧向压扁，花柱具小疣体，柱头上部外弯，紫红色。果球形，果期花瓣肉质增大包于果外，成熟时由红色变紫黑色；种子卵状长圆形。

【开发利用价值】果可提酒精。种子榨油可制油漆和油墨。茎叶可提制栲胶。全株含马桑碱，有毒，可作土农药。

【采样编号】SH004-20。

【含硒量】叶：13.62 mg/kg。

【聚硒指数】叶：2.66。

六十八、五加科 Araliaceae

209. 细柱五加

Eleutherococcus nodiflorus（Dunn）S. Y. Hu

【别名】短毛五加、五叶木等。

【形态特征】灌木，高2～3 m；枝灰棕色，软弱而下垂，蔓生状，无毛，节上通常疏生反曲扁刺。叶有小叶5枚，稀3～4枚，在长枝上互生，在短枝上簇生；叶柄无毛，常有细刺；小叶片膜质至纸质，倒卵形至倒披针形，先端尖至短渐尖，基部楔形，小叶片上面无毛，下面有短柔毛，沿脉更密，边缘有细钝齿，侧脉4～5对，两面均明显，下面脉腋间有淡棕色簇毛，网脉不明显；几无小叶柄。伞形花序单个稀2个腋生，或顶生在短枝上，有花多数；总花梗结实后延长，无毛；花梗细长，无毛；花黄绿色；萼边缘近全缘或有5个小齿；花瓣5枚，长圆状卵形，先端尖；雄蕊5枚；子房2室；花柱2枚，细长，离生或基部合生。果实扁球形，黑色。花期4—8月，果期6—10月。

【开发利用价值】根皮可药用，中药称“五加皮”，作祛风化湿药，又作强壮药，能强筋骨。“五加皮酒”即系五加根皮泡酒制成。根皮中的主要成分是4-甲氧基水杨醛。

【采样编号】SH007-70。

【含硒量】茎：0.62 mg/kg；叶：0.56 mg/kg。

210. 白簕

Eleutherococcus trifoliatus（L.）S. Y. Hu

【别名】三叶五加、三加皮、禾掌簕、刚毛白簕等。

【形态特征】灌木，高1~7 m；枝软弱铺散，常依持他物上升，老枝灰白色，新枝黄棕色，疏生下向刺；刺基部扁平，先端钩曲。叶有小叶3枚，稀4~5枚；叶柄长2~6 cm，有刺或无刺，无毛；小叶片纸质，稀膜质，椭圆状卵形至椭圆状长圆形，稀倒卵形，先端尖至渐尖，基部楔形，两侧小叶片基部歪斜，两面无毛，或上面脉上疏生刚毛，边缘有细锯齿或钝齿，侧脉5~6对，明显或不甚明显，网脉不明显。伞形花序3~10个、稀多至20个组成顶生复伞形花序或圆锥花序，有花多数，稀少数；总花梗无毛；花梗细长，无毛；花黄绿色；萼无毛，边缘有5个三角形小齿；花瓣5枚，三角状卵形，开花时反曲；雄蕊5枚；子房2室；花柱2枚，基部或中部以下合生。果实扁球形，黑色。花期8—11月，果期9—12月。

【开发利用价值】民间常用草药，根有祛风除湿、舒筋活血、消肿解毒之功效，治感冒、咳嗽、风湿、坐骨神经痛等症。

【采样编号】SD011-75。

【含硒量】全株：0.02 mg/kg。

【聚硒指数】全株：1.13。

211. 通脱木

Tetrapanax papyrifer（Hook.）K. Koch

【别名】木通树、通草、天麻子等。

【形态特征】常绿灌木或小乔木，高1～3.5 m；树皮深棕色，略有皱裂；新枝淡棕色或淡黄棕色，有明显的叶痕和大形皮孔，幼时密生黄色星状厚茸毛，后毛渐脱落。叶大，集生茎顶；叶片纸质或薄革质，掌状5～11裂，裂片通常为叶片全长的1/3或1/2，稀至2/3，倒卵状长圆形或卵状长圆形，通常再分裂为2～3小裂片，先端渐尖，上面深绿色，无毛，下面密生白色厚茸毛；托叶和叶柄基部合生，锥形，密生淡棕色或白色厚茸毛。圆锥花序，分枝多；苞片披针形，密生白色或淡棕色星状茸毛；伞形花序，有花多数；小苞片线形；花淡黄白色；萼边缘全缘或近全缘，密生白色星状茸毛；花瓣4枚，稀5枚，三角状卵形，外面密生星状厚茸毛；雄蕊和花瓣同数；子房2室；花柱2枚，离生，先端反曲。果实球形，紫黑色。花期10—12月，果期翌年1—2月。

【开发利用价值】茎髓大，质地轻软，颜色洁白，称为“通草”，切成的薄片称为“通草纸”，可作精制纸花和小工艺品原料。中药用“通草”作利尿剂，并有清凉散热之功效。

【采样编号】HT009-90。

【含硒量】根茎：0.02 mg/kg；叶：0.01 mg/kg。

【聚硒指数】根茎：0.84；叶：0.40。

212. 常春藤

Hedera nepalensis var. *sinensis*（Tobler）Rehder

【别名】爬崖藤、狗姆蛇、三角藤、中华常春藤等。

【形态特征】常绿攀援灌木；茎长3～20 m，灰棕色或黑棕色，有气生根；一年生枝疏生锈色鳞片，鳞片通常有10～20条辐射肋。叶片革质，在不育枝上通常为三角状卵形或三角状长圆形，稀三角形或箭形，花枝上的叶片通常为椭圆状卵形至椭圆状披针形，略歪斜而带菱形，稀卵形或披针形，上面深绿色，有光泽，下面淡绿色或淡黄绿色，无毛或疏生鳞片，侧脉和网脉两面均明显；叶柄细长，有鳞片，无托叶。伞形花序单个顶生，或2～7个总状排列或伞房状排列成圆锥花序，有花5～40朵；总花梗通常有鳞片；苞片小，三角形；花淡黄白色或淡绿白色，芳香；萼密生棕色鳞片，边缘近全缘；花瓣5枚，三角状卵形，外面有鳞片；雄蕊5枚，花药紫色；子房5室；花盘隆起，黄色；花柱全部合生成柱状。果实球形，红色或黄色。花期9—11月，果期翌年3—5月。

【开发利用价值】全株可药用，有舒筋散风之功效，茎叶捣碎治衄血，也可治痈疽或其他初起肿毒。枝叶供观赏用。茎叶含鞣酸，可提制栲胶。

【采样编号】SD012-103。

【含硒量】茎：0.56 mg/kg；叶：0.02 mg/kg。

【聚硒指数】茎：34.81；叶：1.31。

213. 尼泊尔常春藤

Hedera nepalensis K. Koch

【别名】多枝常春藤、爬墙虎、三角藤等。

【形态特征】常绿攀援灌木，茎长3～20 m，灰棕色或黑棕色，有气生根；一年生枝疏生锈色鳞片，鳞片通常有10～20条辐射肋。叶片革质，不育枝上叶片狭长，每边有2～5个羽状裂片，通常为三角状卵形或三角状长圆形，稀三角形或箭形，花枝上的叶片通常为椭圆状卵形至椭圆状披针形，略歪斜而带菱形，稀卵形或披针形，上面深绿色，有光泽，下面淡绿色或淡黄绿色，无毛或疏生鳞片，侧脉和网脉两面均明显；叶柄细长，有鳞片，无托叶。伞形花序单个顶生，或2～7个总状排列或伞房状排列成圆锥花序，有花5～40朵；总花梗通常有鳞片；苞片小，三角形；花淡黄白色或淡绿白色，芳香；萼密生棕色鳞片，边缘近全缘；花瓣5枚，三角状卵形，外面有鳞片；雄蕊5枚，花药紫色；子房5室；花盘隆起，黄色；花柱全部合生成柱状。果实球形，红色或黄色。花期9—11月，果期翌年3—5月。

【开发利用价值】全株可药用，有舒筋散风之功效，茎叶捣碎治衄血，也可治痈疽或其他初起肿毒。枝叶供观赏用。茎叶含鞣酸，可提制栲胶。

【采样编号】SD012-54。

【含硒量】全株：0.01 mg/kg。

【聚硒指数】全株：0.31。

214. 刺楸

Kalopanax septemlobus（Thunb.）Koidz.

【别名】辣枫树、刺桐、鸟不宿等。

【形态特征】落叶乔木。高约10 m，最高可达30 m，树皮暗灰棕色；小枝淡黄棕色或灰棕色，散生粗刺；刺基部宽阔扁平。叶片纸质，在长枝上互生，在短枝上簇生，圆形或近圆形，掌状5～7浅裂，裂片阔三角状卵形至长圆状卵形，长不及全叶片的1/2，茁壮枝上的叶片分裂较深，裂片长超过全叶片的1/2，先端渐尖，基部心形，上面深绿色，无毛或几无毛，下面淡绿色，幼时疏生短柔毛，边缘有细锯齿，放射状主脉5～7条，两面均明显；叶柄细长，无毛。圆锥花序大；伞形花序有花多数；总花梗细长，无毛；花梗细长，无关节，无毛或稍有短柔毛；花白色或淡绿黄色；萼无毛，边缘有5个小齿；花瓣5枚，三角状卵形；雄蕊5枚；子房2室，花盘隆起；花柱合生成柱状，柱头离生。果实球形，蓝黑色。花期7—10月，果期9—12月。

【开发利用价值】木材纹理美观，有光泽，易施工，供建筑、家具、车辆、乐器、雕刻、箱箧等用。根皮为民间草药，有清热祛痰、收敛镇痛之功效。嫩叶可食。树皮及叶含鞣酸，可提制栲胶。种子可榨油，供工业用。

【采样编号】SD012-106。

【含硒量】叶：0.04 mg/kg。

【聚硒指数】叶：2.44。

215. 楤木

Aralia elata（Miq.）Seem.

【别名】刺老鸦、刺龙牙、湖北楤木等。

【形态特征】灌木或小乔木，高1.5～6 m，树皮灰色；小枝灰棕色，疏生多数细刺；嫩枝上常有细长直刺。叶为二回或三回羽状复叶；叶柄无毛；托叶和叶柄基部合生，先端离生部分线形，边缘有纤毛；叶轴和羽片轴基部通常有短刺；羽片有小叶7～11枚，基部有小叶1对；小叶片薄纸质或膜质，阔卵形、卵形至椭圆状卵形，先端渐尖，基部圆形至心形，稀阔楔形，上面绿色，下面灰绿色，无毛或两面脉上有短柔毛和细刺毛，边缘疏生锯齿，有时为粗大齿牙或细锯齿，稀为波状，侧脉6～8对，两面明显，网脉不明显。圆锥花序伞房状；主轴短，分枝在主轴顶端指状排列，密生灰色短柔毛；伞形花序有花多数或少数；总花梗、花梗均密生短柔毛；苞片和小苞片披针形，膜质，边缘有纤毛；花黄白色；萼无毛，边缘有5个卵状三角形小齿；花瓣5枚，卵状三角形，开花时反曲；子房5室；花柱5枚，离生或基部合生。果实球形，黑色，有5棱。花期6—8月，果期9—10月。

【采样编号】SH001-25。

【含硒量】叶：0.01 mg/kg。

【聚硒指数】叶：0.42。

216. 白背叶楤木

Aralia chinensis var. *nuda* Nakai

【别名】刺包头、大叶槐木。

【形态特征】灌木或乔木，高2～5 m，稀达8 m；树皮灰色，疏生粗壮直刺；小枝通常淡灰棕色，有黄棕色茸毛，疏生细刺。叶为二回或三回羽状复叶；叶柄粗壮；托叶与叶柄基部合生，纸质，耳郭形，叶轴无刺或有细刺；羽片有小叶5～11枚，稀13枚，基部有小叶1对；小叶片纸质至薄革质，卵形、阔卵形或长卵形，先端渐尖或短渐尖，基部圆形，上面粗糙，疏生糙毛，下面有淡黄色或灰色短柔毛，脉上更密，边缘有锯齿，稀为细锯齿或不整齐粗重锯齿，侧脉7～10对，两面均明显，网脉在上面不甚明显，下面明显。圆锥花序大；伞形花序有花多数；总花梗密生短柔毛；苞片锥形，膜质，外面有毛；花梗密生短柔毛，稀为疏毛；花白色，芳香；萼无毛，边缘有5个三角形小齿；花瓣5枚，卵状三角形；雄蕊5枚；子房5室；花柱5枚，离生或基部合生。果实球形，黑色，有5棱；宿存花柱离生或合生至中部。花期7—9月，果期9—12月。

【开发利用价值】为土家药：白刺老苞。皮用于治风湿痹痛、关节痛、跌打损伤、骨折、肺痨咳嗽痰中带血、胃气痛；顶芽用于治眩晕及心悸失眠。

【采样编号】SH003-20。

【含硒量】茎：7.79 mg/kg；叶：24.57 mg/kg。

【聚硒指数】茎：10.76；叶：33.94。

217. 头序楤木

Aralia dasyphylla Miq.

【别名】毛叶楤木、牛尾木、雷公种等。

【形态特征】灌木或小乔木，高2～10 m；小枝有刺；刺短而直，基部粗壮；新枝密生淡黄棕色茸毛。叶为二回羽状复叶；托叶和叶柄基部合生，先端离生部分三角形，有刺尖；叶轴和羽片轴密生黄棕色茸毛，有刺或无刺；羽片有小叶7～9枚；小叶片薄革质，卵形至长圆状卵形，先端渐尖，基部圆形至心形，侧生小叶片基部歪斜，上面粗糙，下面密生棕色茸毛，边缘有细锯齿，齿有小尖头，侧脉7～9对，上面不及下面明显，网脉明显。圆锥花序大；一级分枝密生黄棕色茸毛；三级分枝有数个宿存苞片；苞片长圆形，先端钝圆，密生短柔毛；小苞片长圆形；花无梗，聚生为头状花序；总花梗密生黄棕色茸毛；萼无毛，边缘有5个三角形小齿；花瓣5枚，长圆状卵形，开花时反曲；雄蕊5枚；子房5室；花柱5枚，离生。果实球形，紫黑色，有5棱。花期8—10月，果期10—12月。

【开发利用价值】根可入药，能润肺止咳，治咳嗽。味淡，性平，归肺经。

【采样编号】SH003-22。

【含硒量】茎：3.66 mg/kg；叶：8.28 mg/kg。

【聚硒指数】茎：5.06；叶：11.44。

218. 食用土当归

Aralia cordata Thunb.

【别名】食用楤木、土当归。

【形态特征】多年生草本，地下有长圆柱状根茎；地上茎高0.5～3 m，粗壮，基部直径可达2 cm。叶为二回或三回羽状复叶；叶柄无毛或疏生短柔毛；托叶和叶柄基部合生，先端离生部分锥形，边缘有纤毛；羽片有小叶3～5枚；小叶片膜质或薄纸质，长卵形至长圆状卵形，先端突尖，基部圆形至心形，侧生小叶片基部歪斜，上面无毛，下面脉上疏生短柔毛，边缘有粗锯齿，基部有放射状脉3条，中脉有侧脉6～8对，上面不甚明显，下面隆起而明显，网脉在上面不明显，下面明显。圆锥花序大，顶生或腋生，稀疏；分枝少，着生数个总状排列的伞形花序；总花梗有短柔毛；苞片线形；花梗通常丝状，有短柔毛；花白色；萼无毛，边缘有5个三角形尖齿；花瓣5枚，卵状三角形，开花时反曲；雄蕊5枚；子房5室；花柱5枚，离生。果实球形，紫黑色，有5棱；宿存花柱离生或仅基部合生。花期7—8月，果期9—10月。

【开发利用价值】嫩叶有香气，可食用；根可药用，作祛风活血药。该种可用于提取植物有机硒，可作高聚硒中药材栽培。

【采样编号】SH003-30。

【含硒量】茎：45.92 mg/kg；叶：77.01 mg/kg。

【聚硒指数】茎：63.43；叶：106.36。

六十九、伞形科 Umbelliferae

219. 鸭儿芹

Cryptotaenia japonica Hassk.

【别名】鸭脚板、鸭脚芹。

【形态特征】多年生草本，高20～100 cm。主根短，侧根多数，细长。茎直立，光滑，有分枝。表面有时略带淡紫色。基生叶或上部叶有柄，叶鞘边缘膜质；叶片轮廓三角形至广卵形，通常为3枚小叶；中间小叶片呈菱状倒卵形或心形，顶端短尖，基部楔形；两侧小叶片斜倒卵形至长卵形，近无柄，所有的小叶片边缘有不规则的尖锐重锯齿，表面绿色，背面淡绿色。复伞形花序呈圆锥状，花序梗不等长，总苞片1枚，呈线形或钻形；伞辐2～3条，不等长；小总苞片1～3枚。小伞形花序有花2～4朵；花柄极不等长；花瓣白色，倒卵形，顶端有内折的小舌片；花丝短于花瓣，花药卵圆形。分生果线状长圆形，每棱槽内有油管1～3条，合生面油管4条。花期4—5月，果期6—10月。

【开发利用价值】全草可入药，治虚弱、尿闭及肿毒等，民间有用全草捣烂外敷治蛇咬伤。种子含油约22%，可用于制肥皂和油漆。

【采样编号】SH003-62。

【含硒量】根茎：4.55 mg/kg；叶：13.91 mg/kg。

【聚硒指数】根茎：6.28；叶：19.21。

220. 异叶茴芹

Pimpinella diversifolia DC.

【别名】苦爹菜、鹅脚板、八月白。

【形态特征】多年生草本，高0.3～2 m。通常为须根，稀为圆锥状根。茎直立，有条纹，被柔毛，中上部分枝。叶异形，基生叶有长柄；叶片三出分裂，裂片卵圆形，两侧的裂片基部偏斜，顶端裂片基部心形或楔形，稀不分裂或羽状分裂，纸质；茎中、下部叶片三出分裂或羽状分裂；茎上部叶较小，有短柄或无柄，具叶鞘，叶片羽状分裂或3裂，裂片披针形，全部裂片边缘有锯齿。通常无总苞片，稀1～5，披针形；伞辐6～15（～30）条；小总苞片1～8枚，短于花柄；小伞形花序有花6～20朵，花柄不等长；无萼齿；花瓣倒卵形，白色，基部楔形，顶端凹陷，小舌片内折，背面有毛；花柱基圆锥形，花柱长为花柱基的2～3倍，幼果期直立，以后向两侧弯曲。幼果卵形，有毛，成熟的果实卵球形，基部心形，近于无毛，果棱线形；每棱槽内油管2～3条，合生面油管4～6条；胚乳腹面平直。花果期5—10月。

【开发利用价值】全草可入药，有活血散瘀、消肿止痛、祛风解毒之功效；果可提取芳香油，作香精原料。

【采样编号】SD012-114。

【含硒量】全株：0.08 mg/kg。

【聚硒指数】全株：4.81。

221. 水芹

Oenanthe javanica（Blume）DC.

【别名】野芹菜、水芹菜。

【形态特征】多年生草本，高15～80 cm，茎直立或基部匍匐。基生叶有柄，基部有叶鞘；叶片轮廓三角形，一至二回羽状分裂，末回裂片卵形至菱状披针形，边缘有牙齿或圆齿状锯齿；茎上部叶无柄，裂片和基生叶的裂片相似，较小。复伞形花序顶生；无总苞；伞辐6～16条，不等长，直立和展开；小总苞片2～8枚，线形；小伞形花序有花20余朵；萼齿线状披针形，长与花柱几相等；花瓣白色，倒卵形，有一长而内折的小舌片；花柱基圆锥形，花柱直立或两侧分开。果实近于四角状椭圆形或筒状长圆形，侧棱较背棱和中棱隆起，木栓质，分生果横剖面近于五边状的半圆形；每棱槽内油管1条，合生面油管2条。花期6—7月，果期8—9月。

【开发利用价值】茎叶可作蔬菜食用；全草民间也作药用，有降低血压的功效。

【采样编号】HT009-86。

【含硒量】根茎：0.15 mg/kg；叶：0.04 mg/kg；花：0.04 mg/kg。

【聚硒指数】根茎：5.88；叶：1.72；花：1.72。

222. 紫花前胡

Angelica decursiva（Miq.）Franch. & Sav.

【别名】土当归、野当归、独活等。

【形态特征】多年生草本。根圆锥状，有少数分枝，外表棕黄色至棕褐色，有强烈气味。茎高1～2 m，直立，单一，中空，光滑，常为紫色，无毛，有纵沟纹。根生叶和茎生叶有长柄，基部膨大成圆形的紫色叶鞘，抱茎，外面无毛；叶片三角形至卵圆形，坚纸质，一回三全裂或一至二回羽状分裂；第一回裂片的小叶柄翅状延长，侧方裂片和顶端裂片的基部连合，沿叶轴呈翅状延长，翅边缘有锯齿；末回裂片卵形或长圆状披针形，顶端锐尖，边缘有白色软骨质锯齿，齿端有尖头，表面深绿色，背面绿白色，主脉常带紫色，表面脉上有短糙毛，背面无毛；茎上部叶简化成囊状膨大的紫色叶鞘。复伞形花序顶生和侧生，花序梗有柔毛；伞辐10～22条；总苞片1～3，卵圆形，阔鞘状，宿存，反折，紫色；小总苞片3～8枚，线形至披针形，绿色或紫色，无毛；伞辐及花柄有毛；花深紫色，萼齿明显，线状锥形或三角状锥形，花瓣倒卵形或椭圆状披针形，顶端通常不内折成凹头状，花药暗紫色。果实长圆形至卵状圆形，无毛，背棱线形隆起，尖锐，侧棱有较厚的狭翅，与果体近等宽，棱槽内有油管1～3条，合生面油管4～6条，胚乳腹面稍凹入。花期8—9月，果期9—11月。

【开发利用价值】根称前胡，可入药，有解热、镇咳、祛痰之功效，用于治感冒、发热、头痛、气管炎、咳嗽、胸闷等症。果实可提取芳香油，具辛辣香气。幼苗可作春季野菜。

【采样编号】SH005-31。

223. 重齿当归

Angelica biserrata（Shan & C. Q. Yuan）C. Q. Yuan & Shan

【别名】香独活、山大活、川独活、恩施独活等。

【形态特征】多年生高大草本。根类圆柱形，棕褐色，有特殊香气。茎高1～2 m，中空，常带紫色，光滑或稍有浅纵沟纹，上部有短糙毛。叶二回三出式羽状全裂，宽卵形；茎生叶基部膨大成长管状、半抱茎的厚膜质叶鞘，开展，背面无毛或稍被短柔毛，末回裂片膜质，卵圆形至长椭圆形，顶端渐尖，基部楔形，边缘有不整齐的尖锯齿，或重锯齿，齿端有内曲的短尖头。序托叶简化成囊状膨大的叶鞘，无毛，偶被疏短毛。复伞形花序顶生和侧生，花序梗密被短糙毛；总苞片1枚，长钻形，有缘毛，早落；伞辐10～25条，密被短糙毛；伞形花序有花17～28（～36）朵；小总苞片5～10枚，阔披针形，比花柄短，顶端有长尖，背面及边缘被短毛。花白色，无萼齿，花瓣倒卵形，顶端内凹，花柱基扁圆盘状。果实椭圆形，侧翅与果体等宽或略狭，背棱线形，隆起，棱槽间有油管（1～）2～3条，合生面有油管2～4（～6）条。花期8—9月，果期9—10月。

【开发利用价值】根为常用中药“独活”的主要成分，主治风寒湿痹、腰膝酸痛、头痛、齿痛、痈疡、漫肿等症。

【采样编号】HT009-60。

【含硒量】叶花果：0.04 mg/kg。

【聚硒指数】叶花果：1.60。

224. 大齿山芹

Ostericum grosseserratum（Maxim.）Kitag.

【别名】大齿当归、朝鲜独活、大齿独活等。

【形态特征】多年生草本，高达1 m。根细长，圆锥状或纺锤形，单一或稍有分枝。茎直立，圆管状，有浅纵沟纹，上部开展，叉状分枝。除花序下稍有短糙毛外，其余部分均无毛。叶有柄，基部有狭长而膨大的鞘，边缘白色，透明；叶片轮廓为广三角形，薄膜质，二至三回三出式分裂，第一回和第二回裂片有短柄；末回裂片无柄或下延成短柄，阔卵形至菱状卵形，基部楔形，顶端尖锐，中部以下常2深裂，边缘有粗大缺刻状锯齿；最上部叶简化为带小叶的线状披针形叶鞘。复伞形花序伞辐6～14条，不等长，花序梗上部、伞辐及花柄的纵沟上有短糙毛；总苞片4～6枚，线状披针形，较伞辐短2～4倍；小总苞片5～10枚，钻形；花白色；萼齿三角状卵形，锐尖，宿存；花瓣倒卵形，顶端内折；花柱基圆垫状，花柱短，叉开。分生果广椭圆形，基部凹入，背棱凸出，棱槽内有油管1条，合生面油管2～4条。花期7—9月，果期8—10月。

【开发利用价值】根可药用，有些地区用其代“独活”或“当归”使用。春季采摘幼苗作野菜供食用。果实、根、茎、叶均含芳香油，有浓郁香气，可研究使用于调和香精。干茎叶含油量为0.3%～0.5%，油的折射率（20℃）为1.490 6。

【采样编号】SH006-08。

【含硒量】根茎：2.62 mg/kg；叶：2.98 mg/kg。

被子植物 伞形科

225. 大叶当归

Angelica megaphylla Diels

【形态特征】多年生草本。根倒圆锥形，有数分枝，表面棕褐色。茎高（30～）70～100 cm，中空，带紫色，有细沟纹，上部分枝，无毛或疏生短刚毛。基生叶及茎生叶三角状卵形，二回三出羽状分裂，有羽片1～3对；叶片下表面灰绿色，末回裂片长圆形至长椭圆形，膜质，网状脉明显，常有不规则的2裂至2深裂，两面沿叶脉均有稀疏的短刚毛。复伞形花序；花序梗及伞辐上密生褐色短刚毛；伞辐20～40条；小伞形花序有花16～32朵；花柄光滑或有疏毛；无萼齿，花瓣长圆状卵形，白色，具1脉。果实卵圆形至近圆形，顶端和基部均内凹，背棱和中棱线形，稍隆起，侧棱翅状，厚膜质，宽于果体，棱槽内有油管1条，合生面油管2条。花期7—9月，果期9—10月。

【开发利用价值】民间用根作“当归”入药。

该种硒代氨基酸、无机硒和其他形态硒含量高，可提取植物硒。当归的补血作用较强，被称为补血第一药，适用于多种血虚症状，如面色苍白无华、唇甲淡白、心悸、四肢麻木、头晕眼花、手脚冰冷等，可作为高聚硒中药材开发。

【采样编号】SH003-37。

【含硒量】叶：366.11 mg/kg。

【聚硒指数】叶：505.67。

226. 窃衣

Torilis scabra（Thunb.）DC.

【别名】华南鹤虱、破子草、水防风等。

【形态特征】一年生或多年生草本，高10 ~ 70 cm。全株有贴生短硬毛。茎单生，有分枝，有细直纹和刺毛。叶卵形，一至二回羽状分裂，小叶片披针状卵形，羽状深裂，末回裂片披针形至长圆形，边缘有条裂状粗齿至缺刻或分裂。复伞形花序顶生和腋生；总苞片通常无，很少1，钻形或线形；伞辐2 ~ 4条，粗壮，有纵棱及向上紧贴的硬毛；小总苞片5 ~ 8枚，钻形或线形；小伞形花序有花4 ~ 12朵；萼齿细小，三角状披针形，花瓣白色，倒圆卵形，先端内折；花柱基圆锥状，花柱向外反曲。果实长圆形，有内弯或呈钩状的皮刺，粗糙，每棱槽下方有油管1条。花果期4—10月。

【开发利用价值】果实或全草可入药，夏末秋初采收，晒干或鲜用。味苦、辛，性平；有小毒；归脾、大肠经。有活血消肿、杀虫止泻（慢性腹泻）、收湿止痒之功效，主治虫积腹痛、泻痢、疮疡溃烂、阴痒带下、阴道滴虫、风湿疹。

【采样编号】SH004-60。

【含硒量】全株：8.17 mg/kg。

【聚硒指数】全株：1.60。

227. 红马蹄草

Hydrocotyle nepalensis Hook.

【别名】金钱薄荷、大样驳骨草、铜钱草等。

【形态特征】多年生草本，高5～45 cm。茎匍匐，有斜上分枝，节上生根。叶片膜，质至硬膜质，圆形或肾形，边缘通常5～7浅裂，裂片有钝锯齿，基部心形，掌状脉7～9条，疏生短硬毛；叶柄上部密被柔毛，下部无毛或有毛；托叶膜质，顶端钝圆或有浅裂。伞形花序数个簇生于茎端叶腋，花序梗短于叶柄，有柔毛；小伞形花序有花20～60朵，常密集成球形的头状花序；花柄极短，花柄基部有膜质、卵形或倒卵形的小总苞片；无萼齿；花瓣卵形，白色或乳白色，有时有紫红色斑点；花柱幼时内卷，花后向外反曲，基部隆起。果基部心形，两侧扁压，光滑或有紫色斑点，成熟后常呈黄褐色或紫黑色，中棱和背棱显著。花果期5—11月。

【开发利用价值】全草可入药，治跌打损伤、感冒、咳嗽痰血。

【采样编号】SH007-01。

【含硒量】茎：0.72 mg/kg；叶：0.66 mg/kg。

228. 变豆菜

Sanicula chinensis Bunge

【别名】鸭脚板、蓝布正。

【形态特征】多年生草本，高达1 m。根茎粗而短，斜生或近直立，有许多细长的支根。茎粗壮或细弱，直立，无毛，有纵沟纹，下部不分枝，上部重覆叉式分枝。基生叶少数，近圆形、圆肾形至圆心形，通常3裂，少至5裂，中间裂片倒卵形，两侧裂片通常各有1深裂，裂口深达基部1/3～3/4，内裂片的形状、大小同中间裂片，外裂片披针形，所有裂片表面绿色，背面淡绿色，边缘有大小不等的重锯齿；茎生叶逐渐变小，有柄或近无柄，通常3裂。花序二至三回叉式分枝，侧枝向两边开展而伸长，总苞片叶状，通常3深裂；伞形花序2～3出；小总苞片8～10枚，卵状披针形或线形，顶端尖；小伞形花序有花6～10朵，雄花3～7朵，稍短于两性花；花瓣白色或绿白色、倒卵形至长倒卵形，顶端内折；两性花3～4朵，无柄。果实圆卵形，横剖面近圆形，胚乳的腹面略凹陷。油管5条，中型，合生面油管通常2条，大而显著。花果期4—10月。

【开发利用价值】味辛、微甘，性凉。主治解毒、止血、咽痛、咳嗽、月经过多、尿血、外伤出血、疮痈肿毒。

【采样编号】SH003-57。

【含硒量】茎叶：1.52 mg/kg。

【聚硒指数】茎叶：2.10。

229. 野胡萝卜

Daucus carota L.

【别名】鹤虱草、山萝卜等。

【形态特征】二年生草本，高15～120 cm。茎单生，全体有白色粗硬毛。基生叶薄膜质，长圆形，二至三回羽状全裂，末回裂片线形或披针形，顶端尖锐，有小尖头，光滑或有糙硬毛；茎生叶近无柄，有叶鞘，末回裂片小或细长。复伞形花序，花序梗有糙硬毛；总苞有多数苞片，呈叶状，羽状分裂，少有不裂的，裂片线形；伞辐多数，结果时外缘的伞辐向内弯曲；小总苞片5～7枚，线形，不分裂或2～3裂，边缘膜质，具纤毛；花通常白色，有时带淡红色；花柄不等长。果实圆卵形，棱上有白色刺毛。花期5—7月。

【开发利用价值】果实可入药，有驱虫作用，又可提取芳香油。

【采样编号】SD011-29。

七十、山茱萸科 Cornaceae

230. 尖叶四照花

Cornus elliptica（Pojark.）Q. Y. Xiang & Boufford

【形态特征】常绿乔木或灌木，高4～12 m；树皮灰色或灰褐色，平滑；幼枝灰绿色，被白贴生短柔毛，老枝灰褐色，近于无毛。冬芽小，圆锥形，密被白色细毛。叶对生，革质，长圆椭圆形，稀卵状椭圆形或披针形，先端渐尖形，具尖尾，基部楔形或宽楔形，稀钝圆形，上面深绿色，嫩时被白色细伏毛，老后无毛，下面灰绿色，密被白色贴生短柔毛，中脉在上面明显，下面微凸起，侧脉通常3～4对，弓形内弯，有时脉腋有簇生白色细毛；叶柄细圆柱形，嫩时被细毛，渐老则近于无毛。头状花序球形，由55～80（～95）朵花聚集而成；总苞片4枚，长卵形至倒卵形，先端渐尖或微突尖形，基部狭窄，初为淡黄色，后变为白色，两面微被白色贴生短柔毛；总花梗纤细，密被白色细伏毛；花萼管状，上部4裂，裂片钝圆或钝尖形，有时截形，外侧有白色细伏毛，内侧上半部密被白色短柔毛；花瓣4枚，卵圆形，先端渐尖，基部狭窄，下面有白色贴生短柔毛；雄蕊4枚，较花瓣短，花药椭圆形；花盘环状，略有4浅裂；花柱密被白色丝状毛。果序球形，成熟时红色，被白色细伏毛；总果梗纤细，紫绿色，微被毛。花期6—7月；果期10—11月。

【开发利用价值】果实成熟时味甜，可食。

【采样编号】SH002-03。

【含硒量】未检出。

231. 灯台树

Cornus controversa Hemsl.

【别名】六角树、瑞木。

【形态特征】落叶乔木，高6 ~ 15 m，稀达20 m；树皮光滑，暗灰色或带黄灰色；枝开展，圆柱形，无毛或疏生短柔毛，当年生枝紫红绿色，二年生枝淡绿色，有半月形的叶痕和圆形皮孔。叶互生，纸质，阔卵形、阔椭圆状卵形或披针状椭圆形，先端突尖，基部圆形或急尖，全缘，上面黄绿色，无毛，下面灰绿色，密被淡白色平贴短柔毛；叶柄紫红绿色，无毛，上面有浅沟，下面圆形。伞房状聚伞花序，顶生，稀生浅褐色平贴短柔毛；总花梗淡黄绿色；花小，白色，花萼裂片4枚，三角形，长于花盘，外侧被短柔毛；花瓣4，长圆披针形，外侧疏生平贴短柔毛；雄蕊4枚，着生于花盘外侧，与花瓣互生，花丝线形，白色，无毛，花药椭圆形，淡黄色，2室，“丁”字形着生；花柱圆柱形，无毛，柱头小，头状，淡黄绿色；子房下位，花托椭圆形，淡绿色，密被灰白色贴生短柔毛。核果球形，成熟时紫红色至蓝黑色；核骨质，球形，略有8条肋纹，顶端有一个方形孔穴。花期5—6月；果期7—8月。

【开发利用价值】果实可榨油，为木本油料植物；树冠形状美观，夏季花序明显，可以作为行道树种。

【采样编号】SH007-61。

【含硒量】茎：0.05 mg/kg；叶：0.02 mg/kg。

232. 川鄂山茱萸

Cornus chinensis Wanger.

【别名】樱桃、野樱桃、野生樱桃。

【形态特征】落叶乔木，高4～8 m；树皮黑褐色；枝对生，幼时紫红色，密被贴生灰色短柔毛，老时褐色，无毛。叶对生，纸质，卵状披针形至长圆椭圆形，先端渐尖，基部楔形或近于圆形，全缘，上面绿色，近于无毛，下面淡绿色，微被灰白色贴生短柔毛，脉腋有明显的灰色丛毛；叶柄细圆柱形，上面有浅沟，下面圆形，嫩时微被贴生短柔毛，老后近于无毛。伞形花序侧生，有总苞片4枚，纸质至革质，阔卵形或椭圆形，两侧均有贴生短柔毛，开花后脱落；总花梗紫褐色，微被贴生短柔毛；花两性，先于叶开放，有香味；花萼裂片4枚，三角状披针形；花瓣4，披针形，黄色；雄蕊4枚，与花瓣互生，花丝短，紫色，无毛，花药近于球形，2室；花盘垫状，明显；子房下位，花托钟形，被灰色短柔毛，花柱圆柱形，无毛，柱头截形。核果长椭圆形，紫褐色至黑色；核骨质，长椭圆形。花期4月，果期9月。

【开发利用价值】果肉酸涩，具有滋补、健胃、利尿、补肝肾，益气血等功效。可加工成饮料、果酱、蜜饯及罐头等多种食品，亦可应用于园林绿化。

【采样编号】HT009-72。

【含硒量】茎：0.04 mg/kg。

【聚硒指数】茎：1.52。

233. 红椋子

Cornus hemsleyi C. K. Schneider & Wangerin

【形态特征】灌木或小乔木，高2～3.5（～5）m；树皮红褐色或黑灰色；幼枝红色，略有四棱，被贴生短柔毛；老枝紫红色至褐色，无毛，有圆形黄褐色皮孔。叶对生，纸质，卵状椭圆形，先端渐尖或短渐尖，基部圆形，稀宽楔形，有时两侧不对称，边缘微波状，上面深绿色，有贴生短柔毛，下面灰绿色，微粗糙，密被白色贴生短柔毛及乳头状凸起，沿叶脉有灰白色及浅褐色短柔毛；叶柄细长，淡红色，幼时被灰色及浅褐色贴生短柔毛。伞房状聚伞花序顶生，微扁平，被浅褐色短柔毛；总花梗被淡红褐色贴生短柔毛；花小，白色；花萼裂片4枚，卵状至长圆状舌形；雄蕊4枚，与花瓣互生，伸出花外，花丝线形，白色，无毛，花药2室，卵状长圆形，浅蓝色至灰白色，丁字形着生；花柱圆柱形，稀被贴生短柔毛，柱头盘状扁头形，略有4浅裂，子房下位，花托倒卵形，密被灰色及浅褐色贴生短柔毛；花梗细圆柱形，有浅褐色短柔毛。核果近于球形，黑色，疏被贴生短柔毛。花期6月；果期9月。

【开发利用价值】种子榨油可供工业用。该种可用于提取植物硒，树皮可入药，因此可作为高聚硒药用植物资源开发。

【采样编号】SD010-16。

【含硒量】茎：5.83 mg/kg；叶：6.42 mg/kg。

【聚硒指数】茎：88.39；叶：97.32。

234. 青荚叶

Helwingia japonica（Thunb.）F. Dietr.

【别名】大叶通草、叶上珠。

【形态特征】落叶灌木，高1～2 m；幼枝绿色，无毛，叶痕显著。叶纸质，卵形、卵圆形，稀椭圆形，先端渐尖，极稀尾状渐尖，基部阔楔形或近于圆形，边缘具刺状细锯齿；叶上面亮绿色，下面淡绿色；中脉及侧脉在上面微凹陷，下面微凸出；托叶线状分裂。花淡绿色，3～5朵，花萼小，花瓣镊合状排列；雄花4～12朵，呈伞形或密伞花序，常着生于叶上面中脉的1/3～1/2处，稀着生于幼枝上部；雄蕊3～5枚，生于花盘内侧；雌花1～3朵，着生于叶上面中脉的1/3～1/2处；子房卵圆形或球形，柱头3～5裂。浆果幼时绿色，成熟后黑色，分核3～5个。花期4—5月；果期8—9月。

【开发利用价值】全株可药用，有清热、解毒、活血、消肿之功效；我国民间或用作阴症药。

【采样编号】SH004-54。

七十一、菊科 Compositae

235. 千里光

Senecio scandens Buch.-Ham. ex D. Don

【别名】九里明、九里光、蔓黄菀等。

【形态特征】多年生攀援草本，根状茎木质，粗，径达1.5 cm。茎伸长，弯曲，长2～5 m，多分枝，被柔毛或无毛，老时变木质，皮淡色。叶具柄，叶片卵状披针形至长三角形，通常具浅或深齿，稀全缘，有时具细裂或羽状浅裂，两面被短柔毛至无毛；羽状脉，侧脉7～9对，弧状，叶脉明显；叶柄具柔毛或近无毛，无耳或基部有小耳。头状花序有舌状花，多数，在茎枝端排列成顶生复聚伞圆锥花序；分枝和花序梗被密至疏短柔毛；花序梗具苞片，小苞片通常1～10枚，线状钻形。舌状花8～10朵；舌片黄色，长圆形，钝，具3个细齿，具4条脉；管状花多数；花冠黄色，檐部漏斗状；裂片卵状长圆形，尖，上端有乳头状毛。花药基部有钝耳；耳长约为花药颈部1/7；花药颈部伸长，向基部略膨大；花柱顶端截形，有乳头状毛。瘦果圆柱形，被柔毛；冠毛白色。

【开发利用价值】性寒，味苦，具有清热解毒、明目、止痒等功效。多用于治疗风热感冒、目赤肿痛、泄泻痢疾、皮肤湿疹疮疖。千里光属植物多含肝毒吡咯双烷生物碱，急、慢性中毒可引起肝脏肝窦阻塞综合征、肝巨红细胞症等。

【采样编号】SH003-49。

【含硒量】茎：12.12 mg/kg；叶：31.97 mg/kg。

【聚硒指数】茎：16.74；叶：44.15。

236. 缺裂千里光

Senecio scandens var. *incisus* Franch.

【形态特征】多年生攀援草本，根状茎木质，粗，径达1.5 cm。茎伸长，弯曲，长2～5 m，多分枝，被柔毛或无毛，老时变木质，皮淡色。叶具柄，叶片卵状披针形至长三角形，顶端渐尖，基部宽楔形，截形，戟形或稀心形，通常具浅或深齿，稀全缘，叶片羽状浅裂，具大顶生裂片，至基部常有1～6枚小侧裂片，两面被短柔毛至无毛；羽状脉，侧脉7～9对，弧状，叶脉明显；叶柄长具柔毛或近无毛，无耳或基部有小耳；上部叶变小，披针形或线状披针形，长渐尖。头状花序有舌状花，多数，在茎枝端排列成顶生复聚伞圆锥花序；分枝和花序梗被密至疏短柔毛；花序梗具苞片，小苞片通常1～10枚，线状钻形。总苞圆柱状钟形，具外层苞片；苞片约8枚，线状钻形。总苞片12～13枚，线状披针形，渐尖，上端和上部边缘有缘毛状短柔毛，草质，边缘宽干膜质，背面有短柔毛或无毛，具3条脉。舌状花8～10朵；舌片黄色，长圆形，钝，具3个细齿，具4条脉；管状花多数；花冠黄色，檐部漏斗状；裂片卵状长圆形，尖，上端有乳头状毛。花药基部有钝耳；耳长约为花药颈部1/7；附片卵状披针形；花药颈部伸长，向基部略膨大；花柱顶端截形，有乳头状毛。花期8月至翌年2月。瘦果圆柱形，被柔毛；冠毛白色。

【采样编号】SH007-55。

【含硒量】全株：0.16 mg/kg。

237. 林荫千里光

Senecio nemorensis L.

【别名】黄菀。

【形态特征】多年生草本，根状茎短粗，具多数被茸毛的纤维状根。茎单生或有时数个，直立，高达1 m，花序下不分枝，被疏柔毛或近无毛。基生叶和下部茎叶在花期凋落；中部茎叶多数，近无柄，披针形或长圆状披针形，顶端渐尖或长渐尖，基部楔状渐狭或多少半抱茎，边缘具密锯齿，稀粗齿，纸质，两面被疏短柔毛或近无毛，羽状脉，侧脉7～9对，上部叶渐小，线状披针形至线形，无柄。头状花序具舌状花，多数，在茎端或枝端或上部叶腋排成复伞房花序；花序梗细，具3～4枚小苞片；小苞片线形，被疏柔毛。总苞近圆柱形，具外层苞片；苞片4～5枚，线形，短于总苞。总苞片12～18枚，长圆形，顶端三角状渐尖，被褐色短柔毛，草质，边缘宽干膜质，外面被短柔毛。舌状花8～10朵；舌片黄色，线状长圆形，顶端具3个细齿，具4条脉；管状花15～16朵，花冠黄色，檐部漏斗状，裂片卵状三角形，尖，上端具乳头状毛。花药基部具耳；颈部略粗短，基部稍膨大；花柱截形，被乳头状毛。瘦果圆柱形，无毛；冠毛白色。花期6—12月。

【采样编号】SH001-18。

【含硒量】根：0.15 mg/kg；茎：0.05 mg/kg；叶：0.10 mg/kg。

【聚硒指数】根：6.29；茎：2.21；叶：3.96。

被子植物 菊科

238. 狭苞橐吾

Ligularia intermedia Nakai

【形态特征】多年生草本。根肉质，多数。茎直立，高达100 cm，上部被白色蛛丝状柔毛，下部光滑。丛生叶与茎下部叶具柄，光滑，基部具狭鞘，叶片肾形或心形，先端钝或有尖头，边缘具整齐的有小尖头的三角状齿或小齿，基部弯缺宽，长为叶片的1/3，两面光滑，叶脉掌状；茎中上部叶与下部叶同形，较小，具短柄或无柄，鞘略膨大；茎最上部叶卵状披针形，苞叶状。总状花序苞片线形或线状披针形；花序梗近光滑；头状花序多数，辐射状；小苞片线形；总苞钟形，总苞片6～8枚，长圆形，先端三角状，急尖，背部光滑，边缘膜质。舌状花4～6朵，黄色，舌片长圆形，先端钝；管状花7～12朵，伸出总苞，基部稍粗，冠毛紫褐色，有时白色，比花冠管部短。瘦果圆柱形。花果期7—10月。

【开发利用价值】可作为耐阴观花宿根植物。根及根状茎（山紫菀）可入药，味苦，性温，能润肺化痰、止咳、平喘，用于射干麻黄汤中。

【采样编号】SH003-68。

【含硒量】根：16.52 mg/kg；茎：8.99 mg/kg；叶：38.39 mg/kg。

【聚硒指数】根：22.82；茎：12.42；叶：53.02。

239. 鹿蹄橐吾

Ligularia hodgsonii Hook. f.

【别名】滇紫菀、一块瓦、牛尾参等。

【形态特征】多年生草本。根肉质，多数。茎直立，高达100 cm，上部及花序被白色蛛丝状柔毛和黄褐色有节短柔毛，下部光滑，具棱。丛生叶及茎下部叶具柄，柄细瘦，基部具窄鞘，叶片肾形或心状肾形，先端圆形，边缘具三角状齿或圆齿，齿端具软骨质小尖头，齿间具睫毛，基部弯缺宽或近似平截，叶质厚，两面光滑，叶脉掌状，网脉明显；茎中上部叶少，具短柄或近无柄，鞘膨大，宽约1 cm，叶片肾形，较下部者小。头状花序辐射状，排列成伞房状或复伞房状花序；苞片舟形；小苞片线状钻形，极短；总苞宽钟形，长大于宽，基部近平截或圆形，总苞片8～9枚，2层，排列紧密，背部隆起，两侧有脊，长圆形，先端宽三角形，紫红色，被褐色睫毛，背部光滑或有白色蛛丝状柔毛。舌状花黄色，舌片长圆形，先端钝，有小齿；管状花多数，伸出总苞之外，冠毛红褐色。瘦果圆柱形，光滑，具肋。花果期7—10月。

【开发利用价值】在云南作为紫菀入药。根及根状茎，可活血行瘀、润肺降气、止咳，用于治疗劳伤咳嗽、吐血、跌打损伤；叶用于治疗跌打损伤。

【采样编号】HT009-93。

【含硒量】根茎：0.02 mg/kg；叶：0.01 mg/kg; 花：0.01 mg/kg。

【聚硒指数】根茎：0.92；叶：0.52；花：0.52。

被子植物 菊科

240. 野茼蒿

Crassocephalum crepidioides（Benth.）S. Moore

【别名】冬风菜、假茼蒿、草命菜等。

【形态特征】直立草本，高20～120 cm，茎有纵条棱，无毛叶膜质，椭圆形或长圆状椭圆形，顶端渐尖，基部楔形，边缘有不规则锯齿或重锯齿，或有时基部羽状裂，两面无或近无毛。头状花序数个在茎端排成伞房状，总苞钟状，基部截形，有数枚不等长的线形小苞片；总苞片1层，线状披针形，等长，具狭膜质边缘，顶端有簇状毛，小花全部管状，两性，花冠红褐色或橙红色，檐部5齿裂，花柱基部呈小球状，分枝，顶端尖，被乳头状毛。瘦果狭圆柱形，赤红色，有肋，被毛；冠毛极多数，白色，绢毛状，易脱落。花期7—12月。

【开发利用价值】全草可入药，有健脾、消肿之功效，治消化不良、脾虚浮肿等症。嫩叶是一种味美的野菜。

【采样编号】SH001-05。

【含硒量】根：0.09 mg/kg；茎：0.73 mg/kg；叶：0.03 mg/kg。

【聚硒指数】根：3.67；茎：30.25；叶：1.21。

241. 华蟹甲

Sinacalia tangutica（Maxim.）B. Nord.

【别名】羽裂蟹甲草、猪肚子、水萝卜等。

【形态特征】根状茎块状，具多数纤维状根。茎粗壮，中空，高50～100 cm，基部径5～6 mm，不分枝，幼时被疏蛛丝状毛，或基部无毛，上部被褐色腺状短柔毛。叶具柄，下部茎叶花期常脱落，中部叶片厚纸质，卵形或卵状心形，顶端具小尖，羽状深裂，每边各有侧裂片3～4枚，侧裂片近对生，狭至宽长圆形，上面深绿色，被疏贴生短硬毛，下面浅绿色，至少沿脉被短柔毛及疏蛛丝状毛；叶柄较粗壮，基部扩大且半抱茎，被疏短柔毛或近无毛；上部茎叶渐小，具短柄。头状花序小，多数常排成多分枝宽塔状复圆锥状，花序轴及花序梗被黄褐色腺状短柔毛；花序梗细，具2～3枚线形渐尖的小苞片。总苞圆柱状，总苞片5枚，线状长圆形，顶端钝，被微毛，边缘狭干膜质。舌状花2～3朵，黄色，舌片长圆状披针形，顶端具2个小齿，具4条脉；管状花4朵，稀7枚，花冠黄色，檐部漏斗状，裂片长圆状卵形，顶端渐尖。花药长圆形，基部具短尾，附片长圆状渐尖；花柱分枝弯曲，顶端钝，被乳头状微毛。瘦果圆柱形，无毛，具肋；冠毛糙毛状，白色。花期7—9月。

【采样编号】SH002-19。

【含硒量】根：0.45 mg/kg；茎：0.05 mg/kg；叶：0.07 mg/kg。

【聚硒指数】根：8.62；茎：1.00；叶：1.39。

242. 蜂斗菜

Petasites japonicus（Sieb. & Zucc.）Maxim.

【别名】蜂斗叶、蛇头草、八角亭等。

【形态特征】多年生草本，根状茎平卧，有地下匍枝，具膜质，卵形的鳞片，颈部有多数纤维状根，雌雄异株。雄株花茎在花后高10～30 cm，不分枝，被密或疏褐色短柔。基生叶具长柄，叶片圆形或肾状圆形，不分裂，边缘有细齿，基部深心形，上面绿色幼时被卷柔毛，下面被蛛丝状毛，后脱毛，纸质。苞叶长圆形或卵状长圆形，钝而具平行脉，薄质，紧贴花葶。头状花序多数（25～30个），在上端密集成密伞房状，有同形小花；总苞筒状，基部有披针形苞片；总苞片2层近等长，狭长圆形，顶端圆钝，无毛；全部小花管状，两性，不结实；花冠白色，花药基部钝，有宽长圆形的附片；花柱棒状增粗近上端具小环，顶端锥状2浅裂。雌性花葶高15～20 cm，有密苞片，在花后常伸长，高近70 cm；密伞房状花序，花后排成总状，稀下部有分枝；头状花序具异形小花；雌花多数，花冠丝状，顶端斜截形；花柱明显伸出花冠，顶端头状，2浅裂，被乳头状毛。瘦果圆柱形，无毛；冠毛白色，细糙毛状。花期4—5月，果期6月。

【开发利用价值】根状茎可药用，能解毒祛瘀，外敷治跌打损伤、骨折及蛇伤。在日本作为蔬菜广泛栽培，叶柄和嫩花芽可食用，味美可口。

【采样编号】SH002-24。

【含硒量】根：0.15 mg/kg；茎：0.09 mg/kg；叶：0.04 mg/kg。

【聚硒指数】根：2.89；茎：1.71；叶：0.69。

243. 白苞蒿

Artemisia lactiflora Wall. ex DC.

【别名】秦州蓭闾子、鸭脚艾、四季菜、白花蒿等。

【形态特征】多年生草本。主根明显，侧根细而长；根状茎短。茎通常单生，直立，高50～150（～200）cm，绿褐色或深褐色，纵棱稍明显；上半部具开展、纤细、着生头状花序的分枝；茎、枝初时微有稀疏、白色的蛛丝状柔毛，后脱落无毛。叶薄纸质或纸质，上面初时有稀疏、不明显的腺毛状的短柔毛，背面初时微有稀疏短柔毛，后脱落无毛；基生叶与茎下部叶宽卵形或长卵形，二回或一至二回羽状全裂，具长叶柄，花期叶多凋谢；中部叶卵圆形或长卵形，二回或一至二回羽状全裂，稀少深裂，每侧有裂片3～4（～5）枚；上部叶与苞片叶略小，羽状深裂或全裂，边缘有小裂齿或锯齿。头状花序长圆形，无梗，基部无小苞叶，在分枝的小枝上数个或10余个排成密穗状花序，在分枝上排成复穗状花序，而在茎上端组成开展或略开展的圆锥花序，稀为狭窄的圆锥花序；雌花3～6朵，花冠狭管状，檐部具2裂齿，花柱细长，先端二叉，叉端钝尖；两性花4～10朵，花冠管状，花药椭圆形，先端附属物尖，长三角形，基部圆钝，花柱近与花冠等长，先端二叉，叉端截形。瘦果倒卵形或倒卵状长圆形。花果期8—11月。

【开发利用价值】含挥发油，成分有黄酮苷、酚类、香豆素等物质。全草可入药，广东、广西民间作“刘寄奴”（奇蒿）的代用品，有清热、解毒、止咳、消炎、活血、散瘀、通经等功效，用于治肝、肾疾病，近年来也用于治血丝虫病。

【采样编号】SH001-09。

【含硒量】根：0.32 mg/kg；茎：0.52 mg/kg；叶：0.15 mg/kg。

【聚硒指数】根：13.33；茎：21.83；叶：6.12。

244. 阴地蒿

Artemisia sylvatica Maxim.

【别名】林下艾、火绒蒿、白蒿等。

【形态特征】多年生草本，植株有香气。主根稍明显，侧根细，垂直或斜向下；根状茎稍粗短，斜向上。茎少数或单生，直立，高80～130 cm，有纵纹；中部以上分枝，枝细长，开展；茎、枝初时微被短柔毛，后脱落。叶薄纸质或纸质，上面绿色，初时叶面微有短柔毛并疏生少量白色腺点，后脱落无毛，无腺点，唯叶脉上留有少量稀疏短腺毛状柔毛，背面被灰白色蛛丝状薄茸毛或近无毛；茎下部叶具长柄，叶片卵形或宽卵形，二回羽状深裂，花期叶凋谢；中部叶具柄，叶片卵形或长卵形，一至二回羽状深裂，每侧有裂片2～3枚，裂片椭圆形或长卵形；上部叶小，有短柄，羽状深裂或近全裂，每侧有裂片1～2枚，裂片披针形或椭圆状披针形。头状花序多数，近球形或宽卵形，具短梗及细小、线形的小苞叶，在分枝的小枝上排成穗状花序式的总状花序，而在分枝上排成复总状花序，在茎上常再组成疏松、开展、具多级分枝的圆锥花序；雌花4～7朵，花冠狭管状或狭圆锥状，花柱伸出花冠外，先端二叉，叉端尖；两性花8～14朵，花冠管状，外面有腺点，花药线形，先端附属物尖，长三角形，基部圆钝，先端二叉，叉端截形。瘦果小，狭卵形或狭倒卵形。花果期9—10月。

【开发利用价值】本种作为营造防护林与混交林的树种，可起到固氮、改良土壤的作用。枝条可供编织用；叶及嫩枝可作绿肥饲料。又为蜜源植物。

该种可用于提取植物硒。由于阴地蒿易生长，产量高，可作富硒饲草开发。

【采样编号】SH003-28。

【含硒量】根茎：0.80 mg/kg；叶：331.18 mg/kg。

【聚硒指数】根茎：1.10；叶：457.43。

245. 牛尾蒿

Artemisia dubia Wall. ex Bess.

【别名】荻蒿、紫杆蒿、指叶蒿等。

【形态特征】半灌木状草本。主根木质，稍粗长，垂直，侧根多；根状茎粗短，有营养枝。茎多数或少数，丛生，直立或斜向上，高80～120 cm，基部木质，纵棱明显，紫褐色或绿褐色；茎、枝幼时被短柔毛，后渐稀疏或无毛。叶厚纸质或纸质，叶面微有短柔毛，背面毛密，宿存；基生叶与茎下部叶大，卵形或长圆形，羽状5深裂，有时裂片上还有1～2枚小裂片，无柄，花期叶凋谢；中部叶卵形，羽状5深裂，裂片椭圆状披针形、长圆状披针形或披针形；上部叶与苞片叶指状3深裂或不分裂，裂片或不分裂的苞片叶椭圆状披针形或披针形。头状花序多数，宽卵球形或球形，有短梗或近无梗，基部有小苞叶，在分枝的小枝上排成穗状花序或穗状花序状的总状花序，而在分枝上排成复总状花序，在茎上组成开展、具多级分枝大型的圆锥花序；雌花6～8朵，花冠狭小，略呈圆锥形，檐部具2裂齿，花柱伸出花冠外甚长，先端二叉，叉端尖；两性花2～10朵，不孕育，花冠管状，花药线形，花柱短，先端稍膨大，2裂，不叉开。瘦果小，长圆形或倒卵形。花果期8—10月。

【开发利用价值】可入药，有清热、解毒、消炎、杀虫之功效。

【采样编号】HT008-43。

【含硒量】根茎：0.04 mg/kg；叶：0.06 mg/kg。

246. 青蒿

Artemisia caruifolia Buch.-Ham. ex Roxb.

【别名】草蒿、茵陈蒿、香蒿等。

【形态特征】一年生草本；植株有香气。主根单一，垂直，侧根少。茎单生，高30～150 cm，上部多分枝，幼时绿色，有纵纹，下部稍木质化，纤细，无毛。叶两面青绿色或淡绿色，无毛，基生叶与茎下部叶三回栉齿状羽状分裂，有长叶柄，花期叶凋谢，中部叶长圆形、长圆状卵形或椭圆形，二回栉齿状羽状分裂，第一回全裂，每侧有裂片4～6枚，裂片长圆形，基部楔形，每裂片具多枚长三角形的栉齿或为细小、略呈线状披针形的小裂片，先端锐尖，两侧常有1～3枚小裂齿或无裂齿，中轴与裂片羽轴常有小锯齿，上部叶与苞片叶一至二回栉齿状羽状分裂，无柄。头状花序半球形或近半球形，具短梗，下垂，基部有线形的小苞叶，在分枝上排成穗状花序式的总状花序，并在茎上组成中等开展的圆锥花序，总苞片3～4层，外层总苞片狭小，长卵形或卵状披针形，背面绿色，无毛，有细小白点，边缘宽膜质，中层总苞片稍大，宽卵形或长卵形，边宽膜质，内层总苞片半膜质或膜质，顶端圆，花序托球形，花淡黄色，雌花10～20朵，花冠狭管状，檐部具2裂齿，花柱伸出花冠管外，先端二叉，叉端尖，两性花30～40朵，孕育或中间若干朵不孕育，花冠管状，花药线形，上端附属物尖，长三角形，基部圆钝，花柱与花冠等长或略长于花冠，顶端二叉，叉端截形，有睫毛。瘦果长圆形至椭圆形。花果期6—9月。

【开发利用价值】有清热、凉血、退蒸、解暑、祛风、止痒之功效，作阴虚潮热的退热剂，也可止盗汗、防中暑等，但本种不含“青蒿素”，无抗疟作用。

【采样编号】HT008-01。

【含硒量】根：12.04 mg/kg。

247. 野菊

Chrysanthemum indicum L.

【别名】疟疾草、路边黄、山菊花、菊花脑等。

【形态特征】多年生草本，高0.25～1 m，有地下长或短匍匐茎。茎直立或铺散，分枝或仅在茎顶有伞房状花序分枝。茎枝被稀疏的毛，上部及花序枝上的毛稍多或较多。基生叶和下部叶花期脱落。中部茎叶卵形、长卵形或椭圆状卵形，羽状半裂、浅裂或分裂不明显而边缘有浅锯齿。基部截形或稍心形或宽楔形，柄基无耳或有分裂的叶耳。两面同色或几同色，淡绿色，或干后两面呈橄榄色，有稀疏的短柔毛，或下面的毛稍多。头状花序多数在茎枝顶端排成疏松的伞房圆锥花序或少数在茎顶排成伞房花序。总苞片约5层，外层卵形或卵状三角形，中层卵形，内层长椭圆形。全部苞片边缘白色或褐色宽膜质，顶端钝或圆。舌状花黄色，顶端全缘或2～3齿。花期6～11月。

【开发利用价值】野菊的叶、花及全草均可入药。味苦、辛，凉，有清热解毒、疏风散热、散瘀、明目、降血压之功效。可防治流行性脑脊髓膜炎，预防流行性感冒、普通感冒，对治疗高血压、肝炎、痢疾等都有明显效果。野菊花的浸液对杀灭孑孓及蝇蛆也非常有效。

【采样编号】HT008-39。

【含硒量】全株：0.24 mg/kg。

248. 一年蓬

Erigeron annuus（L.）Pers.

【别名】千层塔、治疟草、野蒿等。

【形态特征】一年生或二年生草本，茎粗壮，高30 ~ 100 cm，基部径6 mm，直立，上部有分枝，绿色，下部被开展的长硬毛，上部被较密的上弯的短硬毛。基部叶花期枯萎，长圆形或宽卵形，顶端尖或钝，基部狭成具翅的长柄，边缘具粗齿，下部叶与基部叶同形，但叶柄较短，中部和上部叶较小，长圆状披针形或披针形，顶端尖，具短柄或无柄，最上部叶线形，全部叶边缘被短硬毛，两面被疏短硬毛，或有时近无毛。头状花序数个或多数，排列成疏圆锥花序，总苞半球形，总苞片3层，草质，披针形，近等长或外层稍短，淡绿色或多少褐色；外围的雌花舌状，2层，上部被疏微毛，舌片平展，白色，或有时淡天蓝色，线形，顶端具2个小齿，花柱分枝线形；中央的两性花管状，黄色，檐部近倒锥形，裂片无毛；瘦果披针形，扁压，被疏贴柔毛；冠毛异形，雌花的冠毛极短，膜片状连成小冠，两性花的冠毛2层，外层鳞片状。花期6—9月。

【开发利用价值】全草可入药，有治疟的功效。

【采样编号】SH001-15。

【含硒量】根：0.24 mg/kg；茎：0.04 mg/kg；叶：0.09 mg/kg。

【聚硒指数】根：9.88；茎：1.67；叶：3.75。

249. 微糙三脉紫菀

Aster ageratoides var. *scaberulus*（Miq.）Y. Ling

【别名】鸡儿肠、野粉团儿、山白菊等。

【形态特征】多年生草本，根状茎粗壮。茎直立，高40～100 cm，细或粗壮，有棱及沟，被柔毛或粗毛，上部有时曲折，有上升或开展的分枝。叶通常卵圆形或卵圆披针形，有6～9对浅锯齿，下部渐狭或急狭成具狭翅或无翅的短柄，质较厚，上面密被微糙毛，下面密被短柔毛，有显明的腺点，且沿脉常有长柔毛，或下面后脱毛。头状花序排列成伞房或圆锥伞房状。总苞倒锥状或半球状；总苞片3层，覆瓦状排列，线状长圆形，下部近革质或干膜质，上部绿色，有短缘毛。舌状花10余朵，舌片线状长圆形，白色或带红色，管状花黄色。冠毛浅红褐色或污白色。瘦果倒卵状长圆形，灰褐色，有边肋，一面常有肋，被短粗毛。花果期7—12月。

【采样编号】SH003-04。

【含硒量】全株：7.00 mg/kg。

【聚硒指数】全株：9.66。

250. 狭叶三脉紫菀

Aster ageratoides var. *gerlachii*（Hance）C. C. Chang ex Y. Ling

【别名】山白菊、野白菊、山马兰等。

【形态特征】多年生草本，根状茎粗壮。茎直立，高40～100 cm，细或粗壮，有棱及沟，被微糙毛，上部有时曲折，有上升或开展的分枝。叶线状披针形，有浅锯齿，两端渐尖，薄纸质，上面被疏粗毛，下面近无毛。头状花序排列成伞房或圆锥伞房状。总苞倒锥状或半球状；总苞片3层，覆瓦状排列，线状长圆形，下部近革质或干膜质，上部绿色，有短缘毛。舌状花10余朵，舌片线状长圆形，白色，管状花黄色。冠毛浅红褐色或污白色。瘦果倒卵状长圆形，灰褐色，有边肋，一面常有肋，被短粗毛。花果期7—12月。

【开发利用价值】带根全草（红管药）：味苦、辛，凉。可清热解毒、利尿止血，用于治咽喉肿痛、咳嗽痰喘、乳蛾、痄腮、乳痈、小便淋痛、外伤出血等。

【采样编号】HT009-65。

【含硒量】全株：0.01 mg/kg。

【聚硒指数】全株：0.20。

251. 三脉紫菀

Aster trinervius subsp. *ageratoides*（Turczaninow）Grierson

【别名】野白菊花、三脉叶马兰等。

【形态特征】多年生草本，根状茎粗壮。茎直立，高40～100 cm，细或粗壮，有棱及沟，被柔毛或粗毛，上部有时曲折，有上升或开展的分枝。下部叶在花期枯落，叶片宽卵圆形，急狭成长柄；中部叶椭圆形或长圆状披针形，中部以上急狭成楔形具宽翅的柄，顶端渐尖，边缘有3～7对浅或深锯齿；上部叶渐小，有浅齿或全缘，全部叶纸质，上面被短糙毛，下面浅色被短柔毛常有腺点，或两面被短茸毛而下面沿脉有粗毛，有离基（有时长达7 cm）三出脉，侧脉3～4对，网脉常显明。头状花序排列成伞房或圆锥伞房状。总苞倒锥状或半球状；总苞片3层，覆瓦状排列，线状长圆形，下部近革质或干膜质，上部绿色或紫褐色，有短缘毛。舌状花10余朵，舌片线状长圆形，紫色，浅红色或白色，管状花黄色。冠毛浅红褐色或污白色。瘦果倒卵状长圆形，灰褐色，有边肋，一面常有肋，被短粗毛。花果期7—12月。

【采样编号】SH001-22。

【含硒量】根：0.08 mg/kg；茎：0.01 mg/kg；叶：0.01 mg/kg.

【聚硒指数】根：3.46；茎：0.29；叶：0.54。

252. 一枝黄花

Solidago decurrens Lour.

【别名】满山黄、千根癀、一枝香、黄花草等。

【形态特征】多年生草本，高（9）35～100 cm。茎直立，通常细弱，单生或少数簇生，不分枝或中部以上有分枝。中部茎叶椭圆形，长椭圆形、卵形或宽披针形，下部楔形渐窄，有具翅的柄，仅中部以上边缘有细齿或全缘；向上叶渐小；下部叶与中部茎叶同形，有翅柄。全部叶质地较厚，叶两面、沿脉及叶缘有短柔毛或下面无毛。头状花序较小，多数在茎上部排列成紧密或疏松的总状花序或伞房圆锥花序，少有排列成复头状花序的。总苞片4～6层，披针形或披狭针形，顶端急尖或渐尖。舌状花，舌片椭圆形。瘦果无毛，极少有在顶端被稀疏柔毛的。花果期4—11月。

【开发利用价值】全草可入药，味辛、苦，微温。有疏风解毒、退热行血、消肿止痛之功效，主治毒蛇咬伤等。全草含皂苷，家畜误食会中毒引起麻痹及运动障碍。

【采样编号】SH005-37。

【含硒量】全株：0.08 mg/kg。

【聚硒指数】全株：5.00。

253. 裂叶马兰

Aster incisus Fisch.

【别名】鸡儿肠、马兰头、田边菊、鱼鳅串等。

【形态特征】多年生草本，有根状茎。茎直立，高60～120 cm，有沟棱，无毛或疏生向上的白色短毛，上部分枝。叶纸质，下部叶在花期枯萎；中部叶长椭圆状披针形或披针形，顶端渐尖，基部渐狭，无柄，边缘疏生缺刻状锯齿或间有羽状披针形尖裂片，上面无毛，边缘粗糙或有向上弯的短刚毛，下面近光滑，脉在下面凸起；上部分枝上的叶小，条状披针形，全缘。头状花序单生枝端且排成伞房状；总苞半球形，总苞片3层，覆瓦状排列，有微毛，外层较短，长椭圆状披针形，急尖，顶端钝尖，边缘膜质。舌状花淡蓝紫色；管状花黄色。瘦果倒卵形，淡绿褐色，扁而有浅色边肋或偶有3肋而果呈三棱形，被白色短毛。冠毛淡红色。花果期7—9月。

【开发利用价值】全草可药用，有清热解毒、消食积、利小便、散瘀止血之功效，在福建广东通称田边菊、路边菊，湖北、四川、贵州、广西通称鱼鳅串、泥鳅串、泥鳅菜，云南称蓑衣莲。幼叶通常作蔬菜食用，俗称“马兰头”。

【采样编号】SH005-41。

【含硒量】全株：0.07 mg/kg。

【聚硒指数】全株：4.13。

254. 香丝草

Erigeron bonariensis L.

【别名】蓑衣草、野地黄菊、野塘蒿等。

【形态特征】一年生或二年生草本，根纺锤状，常斜升，具纤维状根。茎直立或斜升，高20～50 cm，稀更高，中部以上常分枝，常有斜上不育的侧枝，密被贴短毛，杂有开展的疏长毛。叶密集，基部叶花期常枯萎，下部叶倒披针形或长圆状披针形，顶端尖或稍钝，基部渐狭成长柄，通常具粗齿或羽状浅裂，中部和上部叶具短柄或无柄，狭披针形或线形，中部叶具齿，上部叶全缘，两面均密被贴糙毛。头状花序多数，在茎端排列成总状或总状圆锥花序；总苞椭圆状卵形，总苞片2～3层，线形，顶端尖，背面密被灰白色短糙毛，外层稍短或短于内层之半。花托稍平，有明显的蜂窝孔；雌花多层，白色，花冠细管状，无舌片或顶端仅有3～4个细齿；两性花淡黄色，花冠管状，管部上部被疏微毛，上端具5齿裂。瘦果线状披针形，扁压，被疏短毛；冠毛1层，淡红褐色。花期5—10月。

【开发利用价值】全草可入药，治感冒、疟疾、急性关节炎及外伤出血等症。

【采样编号】SH003-83。

【含硒量】根：0.67 mg/kg；茎：0.25 mg/kg；叶：0.30 mg/kg。

【聚硒指数】根：0.48；茎：0.18；叶：0.22。

255. 小蓬草

Erigeron canadensis L.

【别名】加拿大蓬、飞蓬、小飞蓬、小白酒草、蒿子草。

【形态特征】一年生草本，根纺锤状，具纤维状根。茎直立，高50～100 cm或更高，圆柱状，多少具棱，有条纹，被疏长硬毛，上部多分枝。叶密集，基部叶花期常枯萎，下部叶倒披针形，顶端尖或渐尖，基部渐狭成柄，边缘具疏锯齿或全缘，中部和上部叶较小，线状披针形或线形，近无柄或无柄，全缘或少有具1～2个齿，两面或仅上面被疏短毛边缘常被上弯的硬缘毛。头状花序多数，排列成顶生多分枝的大圆锥花序；瘦果线状披针形，稍扁压，被贴微毛。花期5—9月。

【开发利用价值】嫩茎、叶可作猪饲料。全草可入药，有消炎止血、祛风湿之功效，治血尿、水肿、肝炎、胆囊炎、小儿头疮等症。

【采样编号】SH007-73。

【含硒量】全株：未检出。

256. 苏门白酒草

Erigeron sumatrensis Retz.

【别名】苏门白酒菊、小山艾、火草苗等。

【形态特征】一年生或二年生草本，根纺锤状，直或弯，具纤维状根。茎粗壮，直立，高80～150 cm，基部径4～6 mm，具条棱，绿色或下部红紫色，中部或中部以上有长分枝，被较密灰白色上弯糙短毛，杂有开展的疏柔毛。叶密集，基部叶花期凋落，下部叶倒披针形或披针形，顶端尖或渐尖，基部渐狭成柄，边缘上部每边常有4～8个粗齿，基部全缘，中部和上部叶渐小，狭披针形或近线形，具齿或全缘，两面特别下面被密糙短毛。头状花序多数，在茎枝端排列成大而长的圆锥花序；总苞卵状短圆柱状，总苞片3层，灰绿色，线状披针形或线形，顶端渐尖，背面被糙短毛，外层稍短或短于内层之半，边缘干膜质；花托稍平，具明显小窝孔；雌花多层，管部细长，舌片淡黄色或淡紫色，极短细，丝状，顶端具2细裂；两性花6～11朵，花冠淡黄色，檐部狭漏斗形，上端具5齿裂，管部上部被疏微毛；瘦果线状披针形，扁压，被贴微毛；冠毛1层，初时白色，后变黄褐色。花期5—10月。

【开发利用价值】全草可入药，有温肺止咳、祛风通络、温经止血之功效。

【采样编号】HT008-35。

【含硒量】根：0.24 mg/kg；茎：0.10 mg/kg；叶：0.11 mg/kg；花：0.05 mg/kg。

257. 蓟

Cirsium japonicum Fisch. ex DC.

【别名】地萝卜、大蓟、大蓟草、蓟蓟芽等。

【形态特征】多年生草本，块根纺锤状或萝卜状。茎直立，分枝或不分枝，全部茎枝有条棱，被稠密或稀疏的多细胞长节毛，接头状花序下部灰白色，被稠密茸毛及多细胞节毛。基生叶较大，全形卵形、长倒卵形、椭圆形或长椭圆形，羽状深裂或几全裂，基部渐狭成短或长翼柄。自基部向上的叶渐小，与基生叶同形并等样分裂，但无柄，基部扩大半抱茎。全部茎叶两面同色，绿色，两面沿脉有稀疏的多细胞长或短节毛或几无毛。头状花序直立，少数生茎端而花序极短，不呈明显的花序式排列。总苞钟状。总苞片约6层，覆瓦状排列；内层披针形或线状披针形，顶端渐尖呈软针刺状。全部苞片外面有微糙毛并沿中肋有黏腺。瘦果压扁，偏斜楔状倒披针状，顶端斜截形。小花红色或紫色，不等5浅裂。冠毛浅褐色，多层，基部连合成环，整体脱落。花果期4—11月。

【开发利用价值】全草可入药，治热性出血；叶治瘀血，外用治恶疮。全草含生物碱、挥发油；鲜叶含大蓟苷。其根入药有凉血止血、祛瘀消肿之功效。

【采样编号】SH003-56。

【含硒量】茎：2.12 mg/kg；叶：4.15 mg/kg。

【聚硒指数】茎：2.93；叶：5.74。

258. 刺儿菜

Cirsium arvense var. *integrifolium* C. Wimm. & Grab.

【别名】大刺儿菜、野红花、小蓟、刺刺菜等。

【形态特征】多年生草本。茎直立，上部有分枝，花序分枝无毛或有薄茸毛。基生叶和中部茎叶椭圆形、长椭圆形或椭圆状倒披针形，顶端钝或圆形，基部楔形，通常无叶柄，上部茎叶渐小，椭圆形或披针形或线状披针形，或全部茎叶不分裂，叶缘有细密的针刺，针刺紧贴叶缘。全部茎叶两面同色，绿色或下面色淡，两面无毛，极少两面异色，上面绿色，无毛，下面被稀疏或稠密的茸毛而呈现灰色，亦极少两面同色，灰绿色，两面被薄茸毛。头状花序单生茎端，或植株含少数或多数头状花序在茎枝顶端排成伞房花序。总苞卵形、长卵形或卵圆形。总苞片约6层，覆瓦状排列，向内层渐长；内层及最内层长椭圆形至线形；中外层苞片顶端有短针刺，内层及最内层渐尖，膜质，短针刺。小花紫红色或白色。瘦果淡黄色，椭圆形或偏斜椭圆形，压扁，顶端斜截形。冠毛污白色，多层，整体脱落；冠毛刚毛长羽毛状，顶端渐细。花果期5—9月。

【开发利用价值】可凉血止血、祛瘀消肿，用于治衄血、吐血、尿血、便血、崩漏下血、外伤出血、痈肿疮毒。利用期为5—7月，早期供放牧，或带根采回，去掉泥土，切碎生饲喂猪或作青贮料；开花前后植株割取晒干后，可供冬春制粉饲喂猪。另外，本种为秋季蜜源植物；带花全草或根茎均为药材；刺儿菜的嫩苗又是野菜，炒食、做汤均可。

【采样编号】SD011-48。

【含硒量】全株：0.12 mg/kg。

【聚硒指数】全株：7.25。

259. 牛蒡

Arctium lappa L.

【别名】恶实、大力子等。

【形态特征】二年生草本，具粗大的肉质直根，长达15 cm，径可达2 cm，有分枝支根。茎直立，高达2 m，粗壮，基部直径达2 cm，通常带紫红或淡紫红色，有多数高起的条棱，分枝斜生，多数，全部茎枝被稀疏的乳突状短毛及长蛛丝毛并混杂以棕黄色的小腺点。基生叶宽卵形，边缘稀疏的浅波状凹齿或齿尖，基部心形，两面异色，上面绿色，有稀疏的短糙毛及黄色小腺点，下面灰白色或淡绿色，被薄茸毛或茸毛稀疏，有黄色小腺点，叶柄灰白色，被稠密的蛛丝状茸毛及黄色小腺点，但中下部常脱毛。茎生叶与基生叶同形或近同形，具等样的及等量的毛被，接花序下部的叶小，基部平截或浅心形。头状花序多数或少数在茎枝顶端排成疏松的伞房花序或圆锥状伞房花序，花序梗粗壮。总苞卵形或卵球形。总苞片多层，多数，外层三角状或披针状钻形，中内层披针状或线状钻形；全部苞近等长，顶端有软骨质钩刺。小花紫红色，外面无腺点。瘦果倒长卵形或偏斜倒长卵形，两侧压扁，浅褐色，有多数细脉纹，有深褐色的色斑或无色斑。冠毛多层，浅褐色；冠毛刚毛糙毛状，不等长，基部不连合成环，分散脱落。花果期6—9月。

【开发利用价值】果实入药，味辛、苦，性寒，有疏散风热、宣肺透疹、散结解毒之功效；根入药，有清热解毒、疏风利咽之功效。

【采样编号】SH007-114。

【含硒量】茎：0.14 mg/kg；叶：0.28 mg/kg。

260. 林泽兰

Eupatorium lindleyanum DC.

【别名】尖佩兰。

【形态特征】多年生草本，高30 ~ 150 cm。根茎短，有多数细根。茎直立，下部及中部红色或淡紫红色，基部径达2 cm，常自基部分枝或不分枝而上部仅有伞房状花序分枝；全部茎枝被稠密的白色长或短柔毛。下部茎叶花期脱落；中部茎叶长椭圆状披针形或线状披针形，不分裂或三全裂，质厚，基部楔形，顶端急尖，三出基脉，两面粗糙，被白色长或短粗毛及黄色腺点，上面及沿脉的毛密；自中部向上与向下的叶渐小，与中部茎叶同形同质；全部茎叶基出三脉，边缘有深或浅犬齿，无柄或几乎无柄。头状花序多数在茎顶或枝端排成紧密的伞房花序，或排成大型的复伞房花序；花序枝及花梗紫红色或绿色，被白色密集的短柔毛。总苞钟状，含5朵小花；总苞片覆瓦状排列，约3层；外层苞片短，披针形或宽披针形，中层及内层苞片渐长，长椭圆形或长椭圆状披针形；全部苞片绿色或紫红色，顶端急尖。花白色、粉红色或淡紫红色，外面散生黄色腺点。瘦果黑褐色，椭圆状，5棱，散生黄色腺点；冠毛白色，与花冠等长或稍长。花果期5—12月。

【开发利用价值】枝叶可入药，有发表祛湿、和中化湿之功效。

【采样编号】SH002-14。

【含硒量】茎：0.17 mg/kg；叶：未检出。

【聚硒指数】茎：3.25。

261. 珠光香青

Anaphalis margaritacea（L.）Benth. & Hook. f.

【别名】山荻。

【形态特征】根状茎横走或斜升，木质，有具褐色鳞片的短匍枝。茎直立或斜升，单生或少数丛生，高30～60cm，稀达100 cm，常粗壮，不分枝，稀在断茎或健株上有分枝，被灰白色绵毛，下部木质。下部叶在花期常枯萎，顶端钝；中部叶开展，线形或线状披针形，稀更宽，基部稍狭或急狭，多少抱茎，不下延，边缘平，顶端渐尖，有小尖头，上部叶渐小，有长尖头，全部叶稍革质，上面被蛛丝状毛，下面被灰白色至红褐色厚绵毛，有单脉或3～5出脉。头状花序多数，在茎和枝端排列成复伞房状，稀较少而排列成伞房状。总苞宽钟状或半球状；总苞片5～7层，多少开展，基部多少褐色，上部白色，外层长达总苞全长的1/3，卵圆形，被绵毛，内层卵圆至长椭圆形，顶端圆形或稍尖，最内层线状倒披针形，有长达全长3/4的爪部。花托蜂窝状。雌株头状花序外围有多层雌花，中央有3～20朵雄花；雄株头状花全部有雄花或外围有极少数雌花。冠毛较花冠稍长，在雌花细丝状；在雄花上部较粗厚，有细锯齿。瘦果长椭圆形，有小腺点。花果期8—11月。

【采样编号】SH005-040。

【含硒量】根：0.12 mg/kg；叶：0.02 mg/kg。

【聚硒指数】根：7.25；叶：1.19。

262. 拟鼠麴草

Pseudognaphalium affine（D. Don）Anderb.

【别名】鼠曲草、日华本草、鼠麹草、清明菜等。

【形态特征】一年生草本。茎直立或基部发出的枝下部斜升，高10～40 cm或更高，基部径约3 mm，上部不分枝，有沟纹，被白色厚绵毛。叶无柄，匙状倒披针形或倒卵状匙形，基部渐狭，稍下延，顶端圆，具刺尖头，两面被白色绵毛，上面常较薄，叶脉1条，在下面不明显。头状花序较多或较少数，近无柄，在枝顶密集成伞房花序，花黄色至淡黄色；总苞钟形；总苞片2～3层，金黄色或柠檬黄色，膜质，有光泽，外层倒卵形或匙状倒卵形，背面基部被绵毛，顶端圆，基部渐狭，内层长匙形，背面通常无毛，顶端钝；花托中央稍凹入，无毛。雌花多数，花冠细管状，花冠顶端扩大，3齿裂，裂片无毛。两性花较少，管状，向上渐扩大，檐部5浅裂，裂片三角状渐尖，无毛。瘦果倒卵形或倒卵状圆柱形，有乳头状凸起。冠毛粗糙，污白色，易脱落，基部连合成2束。花期1—4月，8—11月。

【开发利用价值】茎叶可入药，为治镇咳，祛痰，治气喘、支气管炎以及非传染性溃疡、创伤之寻常用药，内服还有降血压之功效。

【采样编号】SH005-50。

263. 湖北旋覆花

Inula hupehensis（Y. Ling）Y. Ling

【形态特征】多年生草本。根状茎横走；茎基部有不定根。茎从膝曲的基部直立或斜升，高30～50 cm，基部径达5 mm，被柔毛，下部常脱毛，上部有较密的长柔毛，有细沟，上部有少数开展的伞房状分枝。叶长圆状披针形至披针形；下部叶较小，在花期枯萎，中部以上叶无柄，基部稍狭并扩大成圆耳形，抱茎，边缘有小尖头状疏锯齿，顶端渐尖，下面有黄色腺点，脉上有短柔毛，上面无毛；中脉和7～8对侧脉在下面稍高起，网脉明显。头状花序单生于枝端。总苞半球形；总苞片近等长，外层叶质或上部叶质，线状披针形，有腺点，被柔毛；内层线状披针形，无毛，边缘宽膜质，有缘毛。舌状花较总苞长3倍，舌片黄色，线形，顶端有3齿；管状花花冠有披针形裂片，裂片有腺点；冠毛白色，约与花冠管部同长，有5个或稍多的微糙毛。瘦果近圆柱形，顶端截形，有10条深陷的纵沟，无毛。花期6—8月，果期8—9月。

【采样编号】SH005-43。

【含硒量】全株：0.03 mg/kg。

【聚硒指数】全株：2.06。

264. 天名精

Carpesium abrotanoides L.

【别名】鹤虱、天蔓青、地菘等。

【形态特征】多年生粗壮草本。茎高60～100 cm，圆柱状，下部木质，近于无毛，上部密被短柔毛，有明显的纵条纹，多分枝。基叶于开花前凋萎，茎下部叶广椭圆形或长椭圆形，先端钝或锐尖，基部楔形，三面深绿色，被短柔毛，老时脱落，几无毛，叶面粗糙，下面淡绿色，密被短柔毛，有细小腺点，边缘具不规整的钝齿；叶柄密被短柔毛。头状花序多数，生茎端及沿茎、枝生于叶腋，近无梗，穗状花序式排列，着生于茎端及枝端者具椭圆形或披针形的苞叶2～4枚，腋生头状花序无苞叶或有时具1～2枚甚小的苞叶。总苞钟球形，基部宽，上端稍收缩，成熟时开展成扁球形；苞片3层，外层较短，卵圆形，先端钝或短渐尖，内层长圆形，先端圆钝或具不明显的啮蚀状小齿。雌花狭筒状，两性花筒状，向上渐宽，冠檐5齿裂。瘦果。

【开发利用价值】本种果实即我国北方药店出售的“南鹤虱”，为中药杀虫方中的重要药物，主治蛔虫病、蛲虫病、绦虫病、虫积腹痛。全草也可药用，有清热解毒、祛痰止血之功效，主治咽喉肿痛、扁桃体炎、支气管炎；外用治创伤出血、蛇虫咬伤。果实含挥发0.25%～0.65%。

【采样编号】SH007-74。

【含硒量】根茎：1.41 mg/kg；叶：3.71 mg/kg。

265. 鬼针草

Bidens pilosa L.

【别名】金盏银盘、豆渣菜、白花鬼针草、蟹钳草等。

【形态特征】一年生草本，茎直立，高30～100 cm，钝四棱形，无毛或上部被极稀疏的柔毛，基部直径可达6 mm。茎下部叶较小，3裂或不分裂，通常在开花前枯萎，中部叶具无翅的柄，三出，小叶3枚，很少为具5（～7）枚小叶的羽状复叶，两侧小叶椭圆形或卵状椭圆形，先端锐尖，基部近圆形或阔楔形，顶生小叶较大，长椭圆形或卵状长圆形，先端渐尖，基部渐狭或近圆形，无毛或被极稀疏的短柔毛，上部叶小，3裂或不分裂，条状披针形。总苞基部被短柔毛，苞片7～8枚，条状匙形，上部稍宽，草质，边缘疏被短柔毛或几无毛，外层托片披针形，干膜质，背面褐色，具黄色边缘，内层较狭，条状披针形。无舌状花，盘花筒状，冠檐5齿裂。瘦果黑色，条形，略扁，具棱，上部具稀疏瘤状凸起及刚毛，顶端芒刺3～4枚，具倒刺毛。

【开发利用价值】为我国民间常用草药，有清热解毒、散瘀活血等功效，主治上呼吸道感染、咽喉肿痛、急性阑尾炎、急性黄疸型肝炎、胃肠炎、风湿关节疼痛、疟疾，外用治疮疖、毒蛇咬伤、跌打肿痛。

【采样编号】SD011-32。

【含硒量】全株：0.11 mg/kg。

【聚硒指数】全株：6.69。

266. 大狼杷草

Bidens frondosa L.

【别名】接力草、外国脱力草。

【形态特征】一年生草本。茎直立，分枝，高20～120 cm，被疏毛或无毛，常带紫色。叶对生，具柄，为一回羽状复叶，小叶3～5枚，披针形，长3～10 cm，宽1～3 cm，先端渐尖，边缘有粗锯齿，通常背面被稀疏短柔毛，至少顶生者具明显的柄。头状花序单生茎端和枝端，连同总苞苞片直径12～25 mm，高约12 mm。总苞钟状或半球形，外层苞片5～10枚，通常8枚，披针形或匙状倒披针形，叶状，边缘有缘毛，内层苞片长圆形，长5～9 mm，膜质，具淡黄色边缘，无舌状花或舌状花不发育，极不明显，筒状花两性，花冠长约3 mm，冠檐5裂；瘦果扁平，狭楔形，长5～10 mm，近无毛或是糙伏毛，顶端芒刺2枚，长约2.5 mm，有倒刺毛。原产于北美。现上海近郊有野生，由国外传入。生于田野湿润处。

【开发利用价值】全草可入药，有强壮、清热解毒之功效，主治体虚乏力、盗汗、咯血、痢疾、疳积、丹毒。

【采样编号】SD011-23。

【含硒量】全株：0.06 mg/kg。

【聚硒指数】全株：4.00。

267. 粗毛牛膝菊

Galinsoga quadriradiata Ruiz & Pavon

【别名】睫毛牛膝菊。

【形态特征】一年生草本。茎多分枝，具浓密刺芒和细毛，单叶，对生，具叶柄，卵形至卵状披针形，叶缘细锯齿状。头状花多数，顶生，具花梗，呈伞形状排列，总苞近球形，绿色，舌状花5朵，白色，筒状花黄色，多数，具冠毛，果实为瘦果，黑色。

【采样编号】SH004-23。

【含硒量】根：54.74 mg/kg；茎叶：151.82 mg/kg。

【聚硒指数】根：10.71；茎叶：29.69。

268. 苍耳

Xanthium Strumarium L.

【别名】卷耳、苍耳子、野茄子、菜耳等。

【形态特征】一年生草本，高20～90 cm。根纺锤状，分枝或不分枝。茎直立不枝或少有分枝，下部圆柱形，上部有纵沟，被灰白色糙伏毛。叶三角状卵形或心形，近全缘，或有3～5不明显浅裂，顶端尖或钝，基部稍心形或截形，边缘有不规则的粗锯齿。雄性的头状花序球形，有或无花序梗，总苞片长圆状披针形，被短柔毛，花托柱状，托片倒披针形，顶端尖，有微毛，有多数的雄花，花冠钟形，管部上端有5宽裂片；花药长圆状线形；雌性的头状花序椭圆形，外层总苞片小，披针形，被短柔毛，内层总苞片结合成囊状，宽卵形或椭圆形，绿色，淡黄绿色或有时带红褐色，在瘦果成熟时变坚硬，外面有疏生的具钩状的刺，刺极细而直，基部微增粗或几不增粗，基部被柔毛，常有腺点，或全部无毛；喙坚硬，锥形，上端略呈镰刀状，常不等长，少有结合而成1个喙。瘦果2枚，倒卵形。花期7—8月，果期9—10月。

【开发利用价值】种子可榨油，与桐油性质相似，可掺和桐油制油漆，也可作油墨、肥皂、油毡的原料，又可制硬化油及润滑油；果实可药用。

【采样编号】SD011-26。

【含硒量】全株：0.25 mg/kg。

【聚硒指数】全株：15.31。

269. 菊芋

Helianthus tuberosus L.

【别名】鬼子姜、五星草、洋姜等。

【形态特征】多年生草本，高1～3 m，有块状的地下茎及纤维状根。茎直立，有分枝，被白色短糙毛或刚毛。叶通常对生，有叶柄，但上部叶互生；下部叶卵圆形或卵状椭圆形，有长柄，基部宽楔形或圆形，有时微心形，顶端渐细尖，边缘有粗锯齿，上部叶长椭圆形至阔披针形，基部渐狭，下延成短翅状，顶端渐尖，短尾状。头状花序较大，少数或多数，单生于枝端，有1～2枚线状披针形的苞叶，直立，总苞片多层，披针形，顶端长渐尖，背面被短伏毛，边缘被开展的缘毛；托片长圆形，背面有肋、上端不等3浅裂。舌状花通常12～20朵，舌片黄色，开展，长椭圆形；管状花花冠黄色。瘦果小，楔形，上端有2～4个有毛的锥状扁芒。花期8—9月。

【开发利用价值】可供食用。块茎含有丰富的淀粉，是优良的多汁饲料。新鲜的茎、叶作青贮饲料，营养价值较向日葵高。块茎也是一种味美的蔬菜并可加工制成酱菜，还可制菊糖及酒精；菊糖在医药上是治疗糖尿病的良药，也是一种有价值的工业原料。

【采样编号】SH005-46

【含硒量】根：0.05 mg/kg；茎：0.03 mg/kg；叶：0.03 mg/kg。

【聚硒指数】根：2.88；茎：1.69；叶：2.00。

270. 豨莶
Siegesbeckia orientalis L.

【别名】粘糊菜、虾柑草。

【形态特征】一年生草本。茎直立，高30～100 cm，分枝斜生，上部的分枝常呈复二歧状；全部分枝被灰白色短柔毛。基部叶花期枯萎；中部叶三角状卵圆形或卵状披针形，基部阔楔形，下延成具翼的柄，顶端渐尖，边缘有规则的浅裂或粗齿，纸质，上面绿色，下面淡绿，具腺点，两面被毛，三出基脉，侧脉及网脉明显；上部叶渐小，卵状长圆形，边缘浅波状或全缘，近无柄。头状花序多数聚生于枝端，排列成具叶的圆锥花序；花梗长密生短柔毛；总苞阔钟状；总苞片2层，叶质，背面被紫褐色头状具柄的腺毛；外层苞片5～6枚，线状匙形或匙形，开展；内层苞片卵状长圆形或卵圆形。外层托片长圆形，内弯，内层托片倒卵状长圆形。花黄色；两性管状花上部钟状，上端有4～5枚卵圆形裂片。瘦果倒卵圆形，有4棱，顶端有灰褐色环状凸起。花期4—9月，果期6—11月。

【开发利用价值】全草可药用，有解毒、镇痛作用，治全身酸痛、四肢麻痹，并有降血压作用。

【采样编号】SH003-74。

【含硒量】全株：0.32 mg/kg。

【聚硒指数】全株：0.45。

271. 台湾翅果菊

Lactuca formosana Maxim.

【别名】台湾山苦荬、细喙翅果菊。

【形态特征】一年生草本，高约60 cm。茎单生，直立，上部伞房花序状分枝，全部茎枝无毛。基部叶及下部茎叶长椭圆形或倒披针形，顶端急尖，基部楔形渐狭成翼柄或无柄但基部耳状扩大，半抱茎；中部及中下部茎叶倒披针形，无柄，基部耳状扩大半抱茎，顶端长或短渐尖；上部茎叶及接花序分枝下部的叶较小或更小，披针形或长披针形，顶端急尖或长渐尖；全部叶边缘有锯齿，但最上部及接花序分枝下部的叶边缘全缘。头状花序多数，沿茎枝顶端排成伞房状花序。总苞果期卵球形；总苞片5层，外层卵形，中层椭圆形，内层披针形，全部总苞片顶端急尖，有时染红紫色。舌状小花约21朵，黄色。瘦果椭圆形或倒卵形，棕红色或黑色，压扁，边缘有宽翅，每面有1条高起细脉纹，顶端突然收缩成细丝状喙。冠毛白色，2层，细，微锯齿状。

【采样编号】SH001-20。

【含硒量】根：0.12 mg/kg；茎：0.05 mg/kg；叶：0.02 mg/kg。

【聚硒指数】根：5.04；茎：1.88；叶：0.96。

272. 林生假福王草

Paraprenanthes diversifolia (Vaniot) N. Kilian

【别名】长柄假福王草。

【形态特征】一年生草本，高60 cm。茎直立，上部圆锥状花序分枝，分枝细，全部茎枝无毛。基生叶及下部茎叶未见。中部茎叶大头羽状全裂，有长叶柄，有稀疏的多细胞节毛，顶裂片大，三角状戟形或宽三角形，顶端短渐尖，边缘有不等大的锯齿，齿顶及齿缘有小尖头，基部浅戟形，极少平截，侧裂片1对，椭圆形，顶端急尖，边缘有锯齿，齿顶及齿缘有小尖头，羽轴无翼；或中部茎叶有时不裂，三角状戟形，顶端短渐尖，基部戟形，边缘有不等大锯齿，齿顶及齿缘有小尖头；上部茎叶三角状披针形，顶端渐尖，边缘有少数锯齿及稀疏小尖头，基部宽楔形，有翼；最上部茎叶及接圆锥花序下部的叶长椭圆形，顶端渐尖，基部楔形收窄，无柄；全部茎叶两面被稀疏的多细胞节毛，下面沿脉的毛稍稠密。头状花序多数，沿茎枝排列成圆锥花序。总苞圆柱状；总苞片4层，外层及最外层小，卵形或披针形，顶端钝或急尖，内层及最内层长，披针形或长椭圆形，顶端钝，全部苞片染淡红色，外面无毛。舌状小花白色，4朵。冠毛淡黄白色，微糙毛状。瘦果未成熟。花期8月。

【采样编号】SH005-21。

【含硒量】根茎：0.09 mg/kg；叶：0.08 mg/kg。

【聚硒指数】根茎：5.44；叶：5.06。

273. 蒲公英

Taraxacum mongolicum Hand.-Mazz.

【别名】黄花地丁、婆婆丁、灯笼草等。

【形态特征】多年生草本。根圆柱状，黑褐色，粗壮。叶倒卵状披针形、倒披针形或长圆状披针形，先端钝或急尖，边缘有时具波状齿或羽状深裂，有时倒向羽状深裂或大头羽状深裂，顶端裂片较大，三角形或三角状戟形，全缘或具齿，每侧裂片3～5片，裂片三角形或三角状披针形，通常具齿，平展或倒向，裂片间常夹生小齿，基部渐狭成叶柄，叶柄及主脉常带红紫色，疏被蛛丝状白色柔毛或几无毛。花葶一至数个，与叶等长或稍长，上部紫红色，密被蛛丝状白色长柔毛；总苞钟状，淡绿色；总苞片2～3层，外层总苞片卵状披针形或披针形，边缘宽膜质，基部淡绿色，上部紫红色，先端增厚或具小到中等的角状凸起；内层总苞片线状披针形，先端紫红色，具小角状凸起；舌状花黄色，边缘花舌片背面具紫红色条纹，花药和柱头暗绿色。瘦果倒卵状披针形，暗褐色，上部具小刺，下部具成行排列的小瘤，顶端逐渐收缩为圆锥至圆柱形喙基，纤细；冠毛白色。花期4—9月，果期5—10月。

【开发利用价值】全草可药用，有清热解毒、消肿散结之功效。

【采样编号】SH007-41。

【含硒量】根：0.27 mg/kg；叶：0.30 mg/kg。

274. 异叶黄鹌菜

Youngia heterophylla（Hemsl.）Babc. & Stebbins

【别名】黄狗头。

【形态特征】一年生或二年生草本，高30～100 cm。根垂直直伸，有多数须根。茎直立，单生或簇生，上部伞房花序状分枝，全部茎枝有稀疏的多细胞节毛。基生叶或椭圆形，顶端圆或钝，边缘有凹尖齿，或全形椭圆形或倒披针状长椭圆形，大头羽状深裂或几全裂；中下部茎叶多数，与基生叶同形并等样分裂或戟形，不裂；上部茎叶通常大头羽状三全裂或戟形，不裂；最上部茎叶披针形或狭披针形，不分裂；花序梗下部及花序分枝枝叉上的叶小，线钻形；全部叶或仅基生叶下面紫红色，上面绿色。头状花序多数在茎枝顶端排成伞房花序，含11～25朵舌状小花。总苞圆柱状；总苞片4层，卵形。舌状小花黄色，花冠管外面有稀疏的短柔毛。瘦果黑褐紫色，纺锤形，向顶端渐窄，顶端无喙，有14～15条粗细不等纵肋，肋上有小刺毛。花果期4—10月。

【开发利用价值】全草可入药，2—4月采集，除去杂质，晒干。味甘、微苦，性凉。有清热解毒、利尿消肿、止痛之功效。用于治疗咽痛、牙痛、小便不利、淋浊、肝硬化腹水等。

【采样编号】SH003-07。

【含硒量】全株：7.32 mg/kg。

【聚硒指数】全株：10.12。

275. 黑花紫菊

Notoseris melanantha（Franch.）Ze H. Wang

【别名】多裂紫菊、川滇盘果菊、细梗紫菊等。

【形态特征】多年生草本，高0.5 ~ 2 m。茎直立，单生，基部直径1 cm，上部圆锥花序状分枝，全部茎枝无毛。中下部茎叶羽状深裂或几全裂，全形卵形，顶裂片椭圆形或不规则菱形，顶端钝或圆形或急尖，边缘有浅圆齿或不等大的三角形锯齿，齿顶及齿缘有小尖头，有时在顶裂片基部具一对大锯齿或一对浅裂或半裂状的椭圆形的裂片，侧裂片2 ~ 3对，椭圆形、不规则菱或倒卵形，上方侧裂片较大，下方的较小，边缘有不等大小的小锯齿或大锯齿或羽状浅裂或深裂，二回裂片椭圆形或三角形，顶端钝或圆形，有小尖头；上部茎与中下部茎叶同形并等样分裂，但渐小；花序分枝上的叶线形，基部渐狭，无柄，顶端渐尖，边缘有小尖头状细锯齿；全部叶两面粗糙，有短糙毛。头状花序多数在茎枝顶端排成圆锥状花序。总苞圆柱状；总苞片3层，中外层小，顶端急尖或渐尖，内层长椭圆形，顶端圆形；全部苞片无毛，紫红色。舌状小花5朵，红色或粉红色。瘦果棕红色，压扁，倒披针形，顶端截形，无喙，每面有7条高起的纵肋。冠毛白色，2层，细锯齿状。花果期8—12月。

【采样编号】SH006-45。

【含硒量】根茎：0.21 mg/kg；叶：0.42 mg/kg。

276. 翅果菊

Lactuca indica L.

【别名】野莴苣、山马草、苦莴苣、多裂翅果菊等。

【形态特征】为菊科翅果菊属多年生草本植物。根粗厚，分枝呈萝卜状。茎单生，直立，粗壮，高0.6～2 m，上部圆锥状花序分枝，全部茎枝无毛。中下部茎叶全形倒披针形、椭圆形或长椭圆形，规则或不规则二回羽状深裂，无柄，基部宽大，全部茎叶或中下部茎叶极少一回羽状深裂，全形披针形、倒披针形或长椭圆形，侧裂片1～6对，镰刀形、长椭圆形或披针形，顶裂片线形、披针形、线状长椭圆形或宽线形；向上的茎叶渐小，与中下部茎叶同形并等样分裂或不裂而为线形。头状花序多数，在茎枝顶端排成圆锥花序。总苞果期卵球形；总苞片4～5层，外层卵形、宽卵形或卵状椭圆形，中内层长披针形，全部总苞片顶端急尖或钝，边缘或上部边缘染红紫色。舌状小花21朵，黄色。瘦果椭圆形，压扁，棕黑色，边缘有宽翅，每面有1条高起的细脉纹，顶端急尖成粗喙。冠毛2层，白色，长8层。花果期7—10月。

【开发利用价值】根或全草可入药；嫩茎叶可作蔬菜，也可作为家畜禽和鱼的优良饲料及饵料。

【采样编号】SD011-46。

【含硒量】茎：0.06 mg/kg。

【聚硒指数】茎：3.56。

277. 苣荬菜

Sonchus wightianus DC.

【别名】野苦菜、苣菜、南苦苣菜等。

【形态特征】多年生草本。茎直立，高30～150 cm，有细条纹，上部或顶部有伞房状花序分枝，花序分枝与花序梗被稠密的头状具柄的腺毛。基生叶多数，与中下部茎叶全形倒披针形或长椭圆形，羽状或倒向羽状深裂、半裂或浅裂，侧裂片2～5对，偏斜半椭圆形、椭圆形、卵形、偏斜卵形、偏斜三角形、半圆形或耳状，顶裂片稍大，长卵形、椭圆形或长卵状椭圆形；上部茎叶及接花序分枝下部的叶披针形或线钻形，小或极小；全部叶基部渐窄成长或短翼柄，但中部以上茎叶无柄，基部圆耳状扩大半抱茎，顶端急尖、短渐尖或钝，两面光滑无毛。头状花序在茎枝顶端排成伞房状花序。总苞钟状，基部有稀疏或稍稠密的长或短茸毛。总苞片3层，外层披针形，中内层披针形；全部总苞片顶端长渐尖，外面沿中脉有1行头状具柄的腺毛。舌状小花多数，黄色。瘦果稍压扁，长椭圆形，每面有5条细肋，肋间有横皱纹。冠毛白色，柔软，彼此纠缠，基部连合成环。花果期1—9月。

【开发利用价值】全草可入药，有清热解毒、利湿排脓、凉血止血之功效。

【采样编号】SD012-116。

【含硒量】全株：0.05 mg/kg。

【聚硒指数】全株：3.31。

278. 毛连菜
Picris hieracioides L.

【别名】枪刀菜等。

【形态特征】二年生草本，高16～120 cm。根垂直直伸，粗壮。茎直立，上部伞房状或伞房圆状分枝，有纵沟纹，被稠密或稀疏的亮色分叉的钩状硬毛。基生叶花期枯萎脱落；下部茎叶长椭圆形或宽披针形，先端渐尖或急尖或钝，边缘全缘或有尖锯齿或大而钝的锯齿，基部渐狭成长或短翼柄；中部和上部茎叶披针形或线形，较下部茎叶小，无柄，基部半抱茎；最上部茎小，全缘；全部茎叶两面特别是沿脉被亮色的钩状分叉的硬毛。头状花序较多数，在茎枝顶端排成伞房花序或伞房圆锥花序，花序梗细长。总苞圆柱状钟形；总苞片3层，外层线形，短，顶端急尖，内层长，线状披针形，边缘白色膜质，先端渐尖；全部总苞片外面被硬毛和短柔毛。舌状小花黄色，冠筒被白色短柔毛。瘦果纺锤形，棕褐色，有纵肋，肋上有横皱纹。冠毛白色，外层极短，糙毛状，内层长，羽毛状。花果期6—9月。

【开发利用价值】全草可入药。中药味苦、辛，性凉，有泻火解毒、祛瘀止痛、利小便之功效。蒙药味苦，性凉、糙，有清热、解毒、消肿、杀“黏”、止痛之功效。

【采样编号】SH007-43。

【含硒量】全株：0.35 mg/kg。

七十二、桔梗科 Campanulaceae

279. 无柄沙参

Adenophora stricta subsp. *sessilifolia* D. Y. Hong

【形态特征】茎高40 ~ 80 cm，不分枝，茎叶被短毛。基生叶心形，大而具长柄；茎生叶无柄，或仅下部的叶有极短而带翅的柄，叶片椭圆形，狭卵形，基部楔形，少近于圆钝的，顶端急尖或短渐尖，边缘有不整齐的锯齿，两面疏生短毛或长硬毛，或近于无毛。花序常不分枝而成假总状花序，或有短分枝而成极狭的圆锥花序，极少具长分枝而为圆锥花序的。花梗常极短；花萼多被短硬毛或粒状毛，少无毛的，筒部常倒卵状，少为倒卵状圆锥形，裂片狭长，多为钻形，少为条状披针形；花冠宽钟状，蓝色或紫色，花冠外面无毛或仅顶端脉上有几根硬毛，裂片长为全长的1/3，三角状卵形；花盘短筒状，无毛；花柱常略长于花冠，少较短的。蒴果椭圆状球形，极少为椭圆状。种子棕黄色，稍扁，有1条棱。花期8—10月。

【开发利用价值】根可入药，味甘、微苦，性微寒；能养阴润燥、化痰清热，治干咳少痰。

【采样编号】SH006-28。

280. 沙参

Adenophora stricta Miq.

【别名】杏叶沙参、沙和尚、南沙参等。

【形态特征】茎高40 ~ 80 cm，不分枝，常被短硬毛或长柔毛，少无毛的。基生叶心形，大而具长柄；茎生叶无柄，或仅下部的叶有极短而带翅的柄，叶片椭圆形，狭卵形，基部楔形，少近于圆钝的，顶端急尖或短渐尖，边缘有不整齐的锯齿，两面疏生短毛或长硬毛，或近于无毛。花序常不分枝而成假总状花序，或有短分枝而成极狭的圆锥花序，极少具长分枝而为圆锥花序的。花梗常极短；花萼常被短柔毛或粒状毛，少完全无毛的，筒部常倒卵状，少为倒卵状圆锥形，裂片狭长，多为钻形，少为条状披针形；花冠宽钟状，蓝色或紫色，外面无毛或有硬毛，特别是在脉上，裂片长为全长的1/3，三角状卵形；花盘短筒状，无毛；花柱常略长于花冠，少较短的。蒴果椭圆状球形，极少为椭圆状。种子棕黄色，稍扁，有1条棱。花期8—10月。

【开发利用价值】无毒，甘而微苦，可药用，有滋补、祛寒热、清肺止咳之功效，也可治疗心脾痛、头痛、妇女白带等症。根煮去苦味后，可食用。

【采样编号】SD012-108。

【含硒量】全株：0.04 mg/kg。

【聚硒指数】全株：2.50。

281. 川党参

Codonopsis pilosula subsp. *tangshen*（Oliver）D. Y. Hong

【别名】天宁党参、巫山党参、单枝党参等。

【形态特征】植株除叶片两面密被微柔毛外，全体几近于光滑无毛。茎基微膨大，具多数瘤状茎痕，根常肥大呈纺锤状或纺锤状圆柱形，较少分枝或中部以下略有分枝，表面灰黄色，上端1 ~ 2 cm部分有稀或较密的环纹，而下部则疏生横长皮孔，肉质。茎缠绕，有多数分枝，具叶，不育或顶端着花，淡绿色，黄绿色或下部微带紫色，叶在主茎及侧枝上的互生，在小枝上的近于对生，叶片卵形、狭卵形或披针形，顶端钝或急尖，基部楔形或较圆钝，边缘浅钝锯齿，上面绿色，下面灰绿色。花单生于枝端，与叶柄互生或近于对生；花有梗；花萼几乎完全不贴生于子房上，几乎全裂，裂片矩圆状披针形；花冠上位，钟状，淡黄绿色而内有紫斑，浅裂，裂片近于正三角形；花丝基部微扩大；子房相对花冠而言为下位。蒴果下部近于球状，上部短圆锥状。种子多数，椭圆状，无翼，细小，光滑，棕黄色。花果期7—10月。

【开发利用价值】可药用，有补中益气、健脾益肺之功效，用于治疗脾肺虚弱、气短心悸、食少便溏、虚喘咳嗽、内热消渴。

【采样编号】HT009-87。

【含硒量】全株：0.01 mg/kg。

【聚硒指数】全株：0.28。

282. 蓝花参

Wahlenbergia marginata（Thunb.）A. DC.

【别名】细叶沙参、毛鸡腿、拐棒参、牛奶草等。

【形态特征】多年生草本，有白色乳汁。根细长，外面白色，细胡萝卜状，直径可达4 mm，长约10 cm。茎自基部多分枝，直立或上升，长10～40 cm，无毛或下部疏生长硬毛。叶互生，无柄或具短柄，常在茎下部密集，下部的匙形，倒披针形或椭圆形，上部的条状披针形或椭圆形，边缘波状或具疏锯齿，或全缘，无毛或疏生长硬毛。花梗极长，细而伸直；花萼无毛，筒部倒卵状圆锥形，裂片三角状钻形；花冠钟状，蓝色，分裂达2/3，裂片倒卵状长圆形。蒴果倒圆锥状或倒卵状圆锥形，有10条不甚明显的肋。种子矩圆状，光滑，黄棕色。花果期2—5月。

【开发利用价值】根可药用，治小儿疳积、痰积和高血压等症。

【采样编号】SD011-53。

七十三、葫芦科 Cucurbitaceae

283. 南瓜

Cucurbita moschata（Duch. ex Lam.）Duch. ex Poiret

【别名】北瓜、番南瓜、番瓜、倭瓜等。

【形态特征】一年生蔓生草本；茎常节部生根，伸长达2～5 m，密被白色短刚毛。叶柄粗壮，被短刚毛；叶片宽卵形或卵圆形，质稍柔软，有5角或5浅裂，稀钝，侧裂片较小，中间裂片较大，三角形，上面密被黄白色刚毛和茸毛，常有白斑，叶脉隆起，各裂片之中脉常延伸至顶端，成一小尖头，背面色较淡，毛更明显，边缘有小而密的细齿，顶端稍钝。卷须稍粗壮，与叶柄一样被短刚毛和茸毛，3～5歧。雌雄同株。雄花单生；花萼筒钟形，裂片条形，被柔毛，上部扩大成叶状；花冠黄色，钟状，5中裂，裂片边缘反卷，具皱褶，先端急尖；雄蕊3枚，花丝腺体状，花药靠合，药室折曲。雌花单生；子房1室，花柱短，柱头3枚，膨大，顶端2裂。果梗粗壮，有棱和槽，瓜蒂扩大成喇叭状；瓠果形状多样，因品种而异，外面常有数条纵沟或无。种子多数，长卵形或长圆形，灰白色，边缘薄。

【开发利用价值】果实作肴馔，亦可代粮食。全株各部又可药用。种子含南瓜籽氨基酸，有清热除湿、驱虫的功效，对血吸虫有控制和杀灭的作用；藤有清热的作用；瓜蒂有安胎的功效；根治牙痛。

【采样编号】SH007-125。

【含硒量】叶：0.19 mg/kg。

284. 黄瓜

Cucumis sativus L.

【别名】青瓜、胡瓜、旱黄瓜。

【形态特征】一年生蔓生或攀援草本；茎、枝伸长，有棱沟，被白色的糙硬毛。卷须细，不分歧，具白色柔毛。叶柄稍粗糙，有糙硬毛；叶片宽卵状心形，膜质，两面甚粗糙，被糙硬毛，3～5个角或浅裂，裂片三角形，有齿，有时边缘有缘毛，先端急尖或渐尖，基部弯缺半圆形，有时基部向后靠合。雌雄同株。雄花：常数朵在叶腋簇生；花梗纤细，被微柔毛；花萼筒狭钟状或近圆筒状，密被白色的长柔毛，花萼裂片钻形，开展，与花萼筒近等长；花冠黄白色，花冠裂片长圆状披针形，急尖；雄蕊3枚，花丝近无，药隔伸出。雌花：单生或稀簇生；花梗粗壮，被柔毛；子房纺锤形，粗糙，有小刺状凸起。果实长圆形或圆柱形，熟时黄绿色，表面粗糙，有具刺尖的瘤状凸起，极稀近于平滑。种子小，狭卵形，白色，无边缘，两端近急尖。花果期夏季。

【开发利用价值】果为我国各地夏季主要菜蔬之一。茎藤可药用，有消炎、祛痰、镇痉之功效。

【采样编号】SH007-119。

285. 绞股蓝

Gynostemma pentaphyllum（Thunb.）Makino

【形态特征】草质攀援植物；茎细弱，具分枝，具纵棱及槽，无毛或疏被短柔毛。叶膜质或纸质，鸟足状，具3～9小叶，通常5～7小叶，被短柔毛或无毛；小叶片卵状长圆形或披针形，侧生小较小，先端急尖或短渐尖，基部渐狭，边缘具波状齿或圆齿状牙齿，上面深绿色，背面淡绿色，两面均疏被短硬毛，侧脉6～8对，上面平坦，背面凸起，细脉网状；小叶柄略叉开。卷须纤细，2歧，稀单一，无毛或基部被短柔毛。花雌雄异株。雄花圆锥花序，花序轴纤细，多分枝，分枝广展，有时基部具小叶，被短柔毛；花梗丝状，基部具钻状小苞片；花萼筒极短，5裂，裂片三角形，先端急尖；花冠淡绿色或白色，5深裂，裂片卵状披针形，先端长渐尖，具1脉，边缘具缘毛状小齿；雄蕊5枚，花丝短，连合成柱，花药着生于柱之顶端。雌花圆锥花序，远较雄花之短小，花萼及花冠似雄花；子房球形，2～3室，花柱3枚，短而叉开，柱头2裂；具短小的退化雄蕊5枚。果实肉质不裂，球形，成熟后黑色，光滑无毛，内含倒垂种子2颗。种子卵状心形，灰褐色或深褐色，顶端钝，基部心形，压扁，两面具乳突状凸起。花期3—11月，果期4—12月。

【开发利用价值】本种可入药，有消炎解毒、止咳祛痰之功效。

【采样编号】SH001-17。

【含硒量】全株：0.06 mg/kg。

【聚硒指数】全株：2.63。

286. 鄂赤瓟

Thladiantha oliveri Cogn.

【别名】苦瓜蔓、野瓜、野苦瓜藤、水葡萄等。

【形态特征】攀援生或蔓生多年生草本植物，茎、枝细，几无毛，有纵向棱沟。叶柄近无毛，有时生极稀疏的短刚毛或柔毛而后脱落变无毛；叶片宽卵状心形，膜质或薄膜质，先端急尖或短渐尖，边缘有胼胝质小齿，叶面深绿色，散布着由于短刚毛断裂而成的白色疣状小凸起，触时粗糙，叶背浅绿色，无毛或有时叶脉上有稀疏短刚毛。卷须粗壮，有棱沟，无毛，中部以上2歧。雌雄异株。雄花：多数花聚生于花序总梗上端，有时稍为分枝，总梗粗壮，光滑，有棱沟。花梗纤细，无毛；花萼筒宽钟形，裂片线形，反折，顶端渐尖，1脉；花冠黄色，裂片卵状长圆形，先端渐尖，外面的上端和内面生短柔毛和暗黄色的腺点，5脉；雄蕊5枚，花丝疏生短柔毛，花药卵状长圆形；退化雌蕊球形，黄色。雌花：通常单生或双生，极稀3～4朵生于总梗上；花梗近无毛；花萼裂片线形，反折，花冠通常远较雄花大，裂片形状同雄花；退化雄蕊线形；子房卵形，平滑无毛，基部截形，花柱细，自3 mm处分3叉，柱头膨大，肾形。果梗平滑；果实卵形，基部截形，稍内凹，先端钝圆，而顶端有喙状小尖头，无毛，稍平滑，有暗绿色纵条纹。种子卵形，稍扁压，基部钝圆，先端稍狭，两面密生不等大的颗粒状凸起。花果期5—10月。

【采样编号】SH006-10。

【含硒量】茎：1.86 mg/kg；叶：2.50 mg/kg。

七十四、杜鹃花科 Ericaceae

287. 杜鹃

Rhododendron simsii Planch.

【别名】映山红、山石榴、山踯躅等。

【形态特征】落叶灌木，高2（~5）m；分枝多而纤细，密被亮棕褐色扁平糙伏毛。叶革质，常集生枝端，卵形、椭圆状卵形或倒卵形或倒卵形至倒披针形，先端短渐尖，基部楔形或宽楔形，边缘微反卷，具细齿，上面深绿色，疏被糙伏毛，下面淡白色，密被褐色糙伏毛，中脉在上面凹陷，下面凸出；叶柄密被亮棕褐色扁平糙伏毛。花芽卵球形，鳞片外面中部以上被糙伏毛，边缘具睫毛。花2~3（~6）朵簇生枝顶；花梗密被亮棕褐色糙伏毛；花萼5深裂，裂片三角状长卵形，被糙伏毛，边缘具睫毛；花冠阔漏斗形，玫瑰色、鲜红色或暗红色，裂片5枚，倒卵形，上部裂片具深红色斑点；雄蕊10枚，长约与花冠相等，花丝线状，中部以下被微柔毛；子房卵球形，10室，密被亮棕褐色糙伏毛，花柱伸出花冠外，无毛。蒴果卵球形，密被糙伏毛；花萼宿存。花期4—5月，果期6—8月。

【开发利用价值】全株可药用，有行气活血、补虚之功效，治疗内伤咳嗽、肾虚耳聋、月经不调、风湿等疾病。因花冠鲜红色，为著名的花卉植物，具有较高的观赏价值，目前在国内外各公园中均有栽培。

【采样编号】SH002-05。

【含硒量】叶：0.01 mg/kg。

【聚硒指数】叶：0.14。

288. 满山红

Rhododendron mariesii Hemsl. et Wils.

【别名】守城满山红、马礼士杜鹃、山石榴。

【形态特征】落叶灌木，高1～4 m；枝轮生，幼时被淡黄棕色柔毛，成长时无毛。叶厚纸质或近于革质，常2～3枚集生枝顶，椭圆形，卵状披针形或三角状卵形，先端锐尖，具短尖头，基部钝或近于圆形，边缘微反卷，初时具细钝齿，后不明显，上面深绿色，下面淡绿色，幼时两面均被淡黄棕色长柔毛，后无毛或近于无毛，叶脉在上面凹陷，下面凸出，细脉与中脉或侧脉间的夹角近于90°；叶柄近于无毛。花芽卵球形，鳞片阔卵形，顶端钝尖，外面沿中脊以上被淡黄棕色绢状柔毛，边缘具睫毛。花通常2朵顶生，先花后叶，出自同一顶生花芽；花梗直立，常为芽鳞所包，密被黄褐色柔毛；花萼环状，5浅裂，密被黄褐色柔毛；花冠漏斗形，淡紫红色或紫红色，裂片5，深裂，长圆形，先端钝圆，上方裂片具紫红色斑点，两面无毛；雄蕊8～10枚，不等长，比花冠短或与花冠等长，花丝扁平，无毛，花药紫红色；子房卵球形，密被淡黄棕色长柔毛，花柱比雄蕊长，无毛。蒴果椭圆状卵球形，密被亮棕褐色长柔毛。花期4—5月，果期6—11月。

【开发利用价值】本种栽培广泛，具有较高的园艺观赏价值。

【采样编号】SH003-17。

【含硒量】叶：0.10 mg/kg。

【聚硒指数】叶：0.14。

289. 耳叶杜鹃

Rhododendron auriculatum Hemsl.

【形态特征】常绿灌木或小乔木，高5～10 m；树皮灰色；幼枝密被长腺毛，老枝无毛。冬芽大，顶生，尖卵圆形，外面鳞片狭长形，先端渐尖，有较长的渐尖头，无毛。叶革质，长圆形、长圆状披针形或倒披针形，先端钝，有短尖头，基部稍不对称，圆形或心形，上面绿色，无毛，中脉凹下，下面凸起，侧脉20～22对，下面淡绿色，幼时密被柔毛，老后仅在中脉上有柔毛；叶柄稍粗壮，密被腺毛。顶生伞形花序大，疏松，有花7～15朵；总轴密被腺体；花梗密被长柄腺体；花萼小，盘状，裂片6枚，不整齐，膜质，外面具稀疏的有柄腺体；花冠漏斗形，银白色，有香味，筒状部外面有长柄腺体，裂片7枚，卵形，开展；雄蕊14～16枚，不等长，花丝纤细，无毛，花药长倒卵圆形；子房椭圆状卵球形，有肋纹，密被腺体，花柱粗壮，密被短柄腺体，柱头盘状，有8枚浅裂片。蒴果长圆柱形，微弯曲，8室，有腺体残迹。花期7—8月，果期9—10月。

【开发利用价值】本种因花朵美丽，有多种人工栽培的品种，具有较高的园艺观赏价值。

【采样编号】SH002-10。

【含硒量】叶：0.01 mg/kg。

【聚硒指数】叶：0.77。

290. 扁枝越橘

Vaccinium japonicum var. *sinicum*（Nakai）Rehder

【别名】山小璧、扇木等。

【形态特征】落叶灌木，高0.4 ~ 2 m；茎直立，多分枝，枝条扁平，绿色，无毛，有时有沟棱。叶散生枝上，幼叶有时带红色，叶片纸质，卵形，长卵形或卵状披针形，顶端锐尖、渐尖或有时长渐尖，中部以下变宽，基部宽楔形，略钝至近于平截，边缘有细锯齿，齿尖有具腺短芒，表面无毛或偶有短柔毛，背面近无毛或中脉向基部有短柔毛，中脉、侧脉纤细，在叶面不显，在背面稍凸起；叶柄很短，无毛或背部被短柔毛。花单生叶腋，下垂；花梗纤细，无毛，顶部与萼筒间无关节；小苞片2枚，着生花梗基部，披针形，无毛；萼筒部无毛，萼裂片4枚，三角形，顶端突尖，基部连合；花冠白色，有时带淡红色，未开放时筒状，4深裂至下部1/4，裂片线状披针形，花开后向外反卷，花冠管长为萼裂片的2倍；雄蕊8枚，花丝扁平，或疏或密被疏柔毛，药室背部无距，药管与药室等长。浆果绿色，成熟后转红色。花期6月，果期9—10月。

【采样编号】SH005-13。

【含硒量】茎：0.01 mg/kg；叶：0.05 mg/kg。

【聚硒指数】茎：0.88；叶：3.31。

291. 黄背越橘

Vaccinium iteophyllum Hance

【形态特征】常绿灌木或小乔木，高1～7 m。幼枝被淡褐色至锈色短柔毛或短茸毛，老枝灰褐色或深褐色，无毛。叶片革质，卵形，长卵状披针形至披针形，顶端渐尖至长渐尖，基部楔形至钝圆，边缘有疏浅锯齿，有时近全缘，表面沿中脉被微柔毛，其余部分通常无毛，稀被短柔毛，背面被短柔毛，沿中脉尤明显，侧脉纤细，在两面微凸起；叶柄短，密被淡褐色短柔毛或微柔毛。总状花序生枝条下部和顶部叶腋，序轴、花梗密被淡褐色短柔毛或短茸毛；苞片披针形，被微毛，小苞片小，线形或卵状披针形，被毛，早落；萼齿三角形；花冠白色，有时带淡红色，筒状或坛状，外面沿5条肋上有微毛或无毛，裂齿短小，三角形，直立或反折；雄蕊药室背部有细长的距，药管长约为药室的4倍，花丝密被毛；花柱不伸出。浆果球形，或疏或密被短柔毛。花期4—5月，果期6—8月。

【采样编号】SH005-14。

【含硒量】叶：0.05 mg/kg。

【聚硒指数】叶：3.06。

292. 小果珍珠花

Lyonia ovalifolia var. *elliptica*（Sieb. & Zucc.）Hand.-Mazz.

【别名】小果南烛、綟木、椭叶南烛、小果米饭花等。

【形态特征】落叶灌木或小乔木，高3～7 m。幼枝有微毛，后脱落。单叶互生；叶片纸质，卵形至卵状椭圆形，顶端渐尖或急尖，基部形，全缘，下面脉上有顶端渐尖或急尖，基部圆形、圆楔形或近心形，全缘，下面脉上有柔毛。总太花序生在老枝的叶腋，稍有微毛，下部常有数小叶；萼片三角状卵形，尖头；花冠白色，椭圆状坛形，5浅裂，外面被裂柔毛；雄蕊10枚，无芒状附属物，顶孔开裂；子房4～5室，有毛。蒴果扁球形，较小，子房和蒴果无毛。花期6月，果熟期10月。

【开发利用价值】味甘，性温，有补脾益肾、祛风解毒、强壮滋补、活血强筋之功效，用于治疗脾虚腹泻、跌打损伤、腰脚无力、全身酸麻、刀伤。

【采样编号】SH006-56。

【含硒量】茎：0.04 mg/kg；叶：0.07 mg/kg。

293. 毛果珍珠花

Lyonia ovalifolia var. *hebecarpa*（Franch. ex F. B. Forbes & Hemsl.）Chun

【别名】毛果米饭花、毛果南烛。

【形态特征】常绿或落叶灌木或小乔木，高8～16 m；枝淡灰褐色，无毛；冬芽长卵圆形，淡红色，无毛。叶革质，卵形、倒卵形或椭圆形，先端渐尖，基部钝圆或心形，表面深绿色，无毛，背面淡绿色，近于无毛，中脉在表面下陷，在背面凸起，侧脉羽状，在表面明显，脉上多少被毛；叶柄无毛。总状花序着生叶腋，近基部有2～3枚叶状苞片，小苞片早落；花序轴上微被柔毛；花梗近于无毛；花萼5深裂，裂片长椭圆形，外面近于无毛；花冠圆筒状，外面疏被柔毛，上部5浅裂，裂片向外反折，先端钝圆；雄蕊10枚，花丝线形，顶端有2枚芒状附属物，中下部疏被白色长柔毛；子房近球形，无毛，花柱柱头头状，略伸出花冠外。蒴果近球形，密被柔毛，果实较小，缝线增厚；种子短线形，无翅。花期5—6月，果期7—9月。

【开发利用价值】根、叶：甘、酸，平。根能活血；叶有健脾、止泻之功效。

【采样编号】SH005-71。

【含硒量】叶：0.02 mg/kg。

【聚硒指数】叶：1.31。

七十五、忍冬科 Caprifoliaceae

294. 金佛山荚蒾

Viburnum chinshanense Graebn.

【别名】金山荚蒾、贵州荚蒾。

【形态特征】灌木，高达5 m；幼叶下面、叶柄和花序均被由灰白色或黄白色簇状毛组成的茸毛；小枝浑圆，当年小枝被黄白色或浅褐色茸毛，二年生小枝浅褐色而无毛，散生小皮孔。叶纸质至厚纸质，披针状矩圆形或狭矩圆形，顶端稍尖或钝形，基部圆形或微心形，全缘，稀具少数不明显小齿，上面暗绿色，无毛或幼时中脉及侧脉散生短毛，老叶下面变灰褐色，侧脉7～10对，近缘处互相网结，上面凹陷，下面凸起。聚伞花序，第一级辐射枝通常5～7条，几等长，花通常生于第二级辐射枝上；萼筒矩圆状卵圆形，多少被簇状毛，萼齿宽卵形，顶钝圆，疏生簇状毛；花冠白色，辐状，外面疏被簇状毛；裂片圆卵形或近圆形；雄蕊略高出花冠，花药宽椭圆形；花柱略高出萼齿或几等长，红色。果实先红色后变黑色，长圆状卵圆形；核甚扁，有2条背沟和3条腹沟。花期4—5月（有时秋季也开花），果熟期7月。

【开发利用价值】具有繁茂而洁白的小花、鲜红夺目的果实，可作为庭园观赏树种开发。由于其生命力极强，是喀斯特石漠化地区植被恢复的优良乡土树种，还可食用和作饲料等。

【采样编号】SD012-61。

295. 宜昌荚蒾

Viburnum erosum Thunb. in Murray

【别名】野绣球、糯米条子。

【形态特征】落叶灌木，高达3 m；当年小枝连同芽、叶柄和花序均密被簇状短毛和简单长柔毛，二年生小枝带灰紫褐色，无毛。叶纸质，形状变化很大，卵状披针形、卵状矩圆形、狭卵形、椭圆形或倒卵形，顶端尖、渐尖或急渐尖，基部圆形、宽楔形或微心形，边缘有波状小尖齿，上面无毛或疏被叉状或簇状短伏毛，下面密被由簇状毛组成的茸毛，近基部两侧有少数腺体，侧脉7～10（～14）对，直达齿端；叶柄被粗短毛，基部有2枚宿存、钻形小托叶。复伞形式聚伞花序生于具1对叶的侧生短枝之顶，第一级辐射枝通常5条，花生于第二至第三级辐射枝上，常有长梗；萼筒筒状，被茸毛状簇状短毛，萼齿卵状三角形，顶钝，具缘毛；花冠白色，辐状，无毛或近无毛，裂片圆卵形；雄蕊略短于至长于花冠，花药黄白色，近圆形；花柱高出萼齿。果实红色，宽卵圆形；核扁，具3条浅腹沟和2条浅背沟。花期4—5月，果熟期8—10月。

【开发利用价值】种子含油约40%，可制肥皂和润滑油；茎皮纤维可制绳索及造纸；枝条可供编织用。

【采样编号】SH005-67。

296. 茶荚蒾

Viburnum setigerum Hance

【别名】鸡公柴、垂果荚蒾、糯米树、汤饭子等。

【形态特征】落叶灌木，高达4 m；芽及叶干后变黑色、黑褐色或灰黑色；当年小枝浅灰黄色，多少有棱角，无毛，二年生小枝灰色，灰褐色或紫褐色。冬芽无毛，外面1对鳞片为芽体长的1/3 ~ 1/2。叶纸质，卵状矩圆形至卵状披针形，稀卵形或椭圆状卵形，顶端渐尖，基部圆形，边缘基部除外疏生尖锯齿，上面初时中脉被长纤毛，后变无毛，下面仅中脉及侧脉被浅黄色贴生长纤毛，近基部两侧有少数腺体，侧脉6 ~ 8对，笔直而近并行，伸至齿端，上面略凹陷，下面显著凸起；叶柄有少数长伏毛或近无毛。复伞形式聚伞花序无毛或稍被长伏毛，有极小红褐色腺点，常弯垂，第一级辐射枝通常5条，花生于第三级辐射枝上，有梗或无，芳香；萼筒无毛和腺点，萼齿卵形，顶钝形；花冠白色，干后变茶褐色或黑褐色，辐状，无毛，裂片卵形，比筒长；雄蕊与花冠几等长，花药圆形，极小；花柱不高出萼齿。果序弯垂，果实红色，卵圆形；核甚扁，卵圆形，有时则遥小，间或卵状矩圆形，凹凸不平，腹面扁平或略凹陷。花期4—5月，果熟期9—10月。

【采样编号】SH005-69。

【含硒量】叶：0.03 mg/kg。

【聚硒指数】叶：1.75。

297. 直角荚蒾

Viburnum foetidum var. *rectangulatum*（Graebn.）Rehder in Sang.

【别名】大对月、筋皮藤等。

【形态特征】落叶灌木；植株直立或攀援状；枝披散，侧生小枝甚长而呈蜿蜒状，常与主枝呈直角或近直角开展。叶厚纸质至薄革质，卵形、菱状卵形、椭圆形至矩圆形或矩圆状披针形，全缘或中部以上有少数不规则浅齿，下面偶有棕色小腺点，侧脉直达齿端或近缘前互相网结，基部一对较长而常作离基三出脉状。总花梗通常极短或几缺；第一级辐射枝通常5条。花期5—7月，果熟期10—12月。

【采样编号】HT009-67。

【含硒量】茎叶：0.01 mg/kg。

【聚硒指数】茎叶：0.16。

298. 桦叶荚蒾

Viburnum betulifolium Batalin

【别名】卵叶荚蒾、阔叶荚蒾、湖北荚蒾等。

【形态特征】落叶灌木或小乔木，高可达7 m；小枝紫褐色或黑褐色，稍有棱角，散生圆形、凸起的浅色小皮孔，无毛或初时稍有毛。冬芽外面多少有毛。叶厚纸质或略带革质，干后变黑色，宽卵形至菱状卵形或宽倒卵形，稀椭圆状矩圆形，顶端急短渐尖至渐尖，基部宽楔形至圆形，稀截形；叶柄纤细，疏生简单长毛或无毛，近基部常有1对钻形小托叶。复伞形式聚伞花序顶生或生于具1对叶的侧生短枝上，通常多少被疏或密的黄褐色簇状短毛，第一级辐射枝通常7条，花生于第（3～）4（～5）级辐射枝上；萼筒有黄褐色腺点，疏被簇状短毛，萼齿小，宽卵状三角形，顶钝，有缘毛；花冠白色，辐状，无毛，裂片圆卵形，比筒长；雄蕊常高出花冠，花药宽椭圆形；柱头高出萼齿。果实红色，近圆形；核扁，顶尖，有1～3条浅腹沟和2条深背沟。花期6—7月，果熟期9—10月。

【开发利用价值】茎皮纤维可制绳、造纸，果可食及酿酒。果鲜红光亮，秋季果期尤其美丽，可植于庭园草地边、林缘、花坛、墙垣。

【采样编号】HT009-94。

【含硒量】茎：0.01 mg/kg。

【聚硒指数】茎：0.16。

299. 水红木

Viburnum cylindricum Buch.-Ham. ex D. Don

【形态特征】常绿灌木或小乔木，高达8（~15）m；枝带红色或灰褐色，散生小皮孔，小枝无毛或初时被簇状短毛。冬芽有1对鳞片。叶革质，椭圆形至矩圆形或卵状矩圆形，顶端渐尖或急渐尖，基部渐狭至圆形，全缘或中上部疏生少数钝或尖的不整齐浅齿，通常无毛，下面散生带红色或黄色微小腺点（有时扁化而类似鳞片），近基部两侧各有一至数个腺体，侧脉3~5（~18）对，弧形；叶柄无毛或被簇状短毛。聚伞花序伞形，顶圆形，无毛或散生簇状微毛，连同萼和花冠有时被微细鳞腺，第一级辐射枝通常7条，苞片和小苞片早落，花通常生于第三级辐射枝上；萼筒卵圆形或倒圆锥形，有微小腺点，萼齿极小而不显著；花冠白色或有红晕，钟状，有微细鳞腺，裂片圆卵形，直立；雄蕊高于花冠，花药紫色，矩圆形。果实先红色后变蓝黑色，卵圆形；核卵圆形，扁；有1条浅腹沟和2条浅背沟。花期6—10月，果熟期10—12月。

【开发利用价值】叶、树皮、花和根可药用。树皮和果实可提制栲胶。种子含油35%，可制肥皂；云南民间用其油点灯。

【采样编号】SH002-07。

【含硒量】叶：未检出。

300. 皱叶荚蒾

Viburnum rhytidophyllum Hemsl.

【别名】枇杷叶荚蒾、山枇杷、大糯米条。

【形态特征】常绿灌木或小乔木，高达4 m；幼枝、芽、叶下面、叶柄及花序均被由黄白色、黄褐色或红褐色簇状毛组成的厚茸毛；当年小枝粗壮，稍有棱角，二年生小枝红褐色或灰黑色，无毛，散生圆形小皮孔，老枝黑褐色。叶革质，卵状矩圆形至卵状披针形，顶端稍尖或略钝，基部圆形或微心形，全缘或有不明显小齿，上面深绿色有光泽，幼时疏被簇状柔毛，后变无毛，各脉深凹陷而呈极度皱纹状，下面有凸起网纹，侧脉6～8（～12）对，近缘处互相网结，很少直达齿端；叶柄粗壮。聚伞花序稠密，总花梗粗壮，第一级辐射枝通常7条，四角状，粗壮，花生于第三级辐射枝上，无柄；萼筒筒状钟形，被由黄白色簇状毛组成的茸毛，萼齿微小，宽三角状卵形；花冠白色，辐状，几无毛，裂片圆卵形，略长于筒；雄蕊高出花冠，花药宽椭圆形。果实红色，后变黑色，宽椭圆形，无毛；核宽椭圆形，两端近截形，扁，有2条背沟和3条腹沟。花期4—5月，果熟期9—10月。

【开发利用价值】树姿优美，叶色浓绿，秋季果实累累，冬季叶片宿存，是华北地区少见的常绿阔叶观赏灌木。适于孤植或丛植于小区绿地、路边等采光较好的地方。茎皮纤维可作麻及制绳索。欧洲常栽培供观赏。

【采样编号】SH006-05。

301. 蝴蝶戏珠花

Viburnum plicatum f. *tomentosum*（Miq.）Rehder

【别名】蝴蝶花、蝴蝶树、蝴蝶荚蒾。

【形态特征】落叶灌木，高达3 m；当年小枝浅黄褐色，四角状，被由黄褐色簇状毛组成的茸毛，二年生小枝灰褐色或灰黑色，稍具棱角或否，散生圆形皮孔，老枝圆筒形，近水平状开展。冬芽有1对披针状三角形鳞片。叶较狭，宽卵形或矩圆状卵形，有时椭圆状倒卵形，两端有时渐尖，下面常带绿白色，侧脉10～17对。花序外围有4～6朵白色、大型的不孕花，具长花梗；花冠辐状，黄白色，裂片宽卵形，雄蕊高出花冠，花药近圆形。果实先红色后变黑色，宽卵圆形或倒卵圆形；核扁，两端钝形，有1条上宽下窄的腹沟，背面中下部还有1条短的隆起之脊。花期4—5月，果熟期8—9月。

【开发利用价值】观赏：花大如盘六寸围，沃土丛生胜浇肥；金黄银白花去后，鲜果累累色彩绯。真花如珠，装饰花似粉蝶，远远望去，好似群蝶戏珠，惟妙惟肖，栩栩如生，故而获得“蝴蝶戏珠花”的美名，是一种美丽的观叶、观花又观果的植物，可供园林、公园、庭院绿化、美化栽培。

根及茎可药用，有清热解毒、健脾消积之功效；茎治小儿疳积；根和茎烧火时所产生的烟煤外搽可治淋巴结炎。

【采样编号】SH006-43。

【含硒量】叶：0.98 mg/kg；果实：0.21 mg/kg。

302. 半边月

Weigela japonica var. *sinica*（Rehd.）Bailey

【别名】木绣球、水马桑、琼花。

【形态特征】落叶灌木，高达6 m。叶长卵形至卵状椭圆形，稀倒卵形，顶端渐尖至长渐尖，基部阔楔形至圆形，边缘具锯齿，上面深绿色，疏生短柔毛，脉上毛较密，下面浅绿色，密生短柔毛；单花或具3朵花的聚伞花序生于短枝的叶腋或顶端；萼齿条形，深达萼檐基部，被柔毛；花冠白色或淡红色，花开后逐渐变红色，漏斗状钟形，外面疏被短柔毛或近无毛，筒基部呈狭筒形，中部以上突然扩大，裂片开展，近整齐，无毛；花丝白色，花药黄褐色；花柱细长，柱头盘形，伸出花冠外。果实顶端有短柄状喙，疏生柔毛；种子具狭翅。花期4—5月。

【开发利用价值】优良的观赏植物，可供园林栽培，具有较好的利用价值。

土家药：根、枝叶用于治疗腰膝疼痛、劳伤身痛、疔疮、痈疽等症；外治烧烫伤。味甘，性平；有益气、健脾之功效，主治消化不良等。

【采样编号】SH003-33。

【含硒量】叶：21.96 mg/kg。

【聚硒指数】叶：30.33。

303. 忍冬

Lonicera japonica Thunb. in Murray

【别名】老翁须、鸳鸯藤、金银藤、金银花、双花等。

【形态特征】半常绿藤本；幼枝洁红褐色，密被黄褐色、开展的硬直糙毛、腺毛和短柔毛，下部常无毛。叶纸质，卵形至矩圆状卵形，有时卵状披针形，稀圆卵形或倒卵形，顶端尖或渐尖，少有钝、圆或微凹缺，基部圆或近心形，有糙缘毛，上面深绿色，下面淡绿色，小枝上部叶通常两面均密被短糙毛，下部叶常平滑无毛而下面多少带青灰色；叶柄密被短柔毛。总花梗通常单生于小枝上部叶腋，与叶柄等长或稍较短，下方密被短柔后，并夹杂腺毛；苞片大，叶状，卵形至椭圆形，两面均有短柔毛或有时近无毛；小苞片顶端圆形或截形，有短糙毛和腺毛；萼筒无毛，萼齿卵状三角形或长三角形，顶端尖而有长毛，外面和边缘都有密毛；花冠白色，有时基部向阳面呈微红，后变黄色，唇形，筒稍长于唇瓣，很少近等长，外被多少倒生的开展或半开展糙毛和长腺毛，上唇裂片顶端钝形，下唇带状而反曲；雄蕊和花柱均高出花冠。果实圆形，熟时蓝黑色，有光泽；种子卵圆形或椭圆形，褐色，中部有一凸起的脊，两侧有浅的横沟纹。花期4—6月（秋季亦常开花），果熟期10—11月。

【开发利用价值】金银花以花蕾入药，味甘，性寒，有清热解毒、消炎退肿之功效，对细菌性痢疾和各种化脓性疾病均有效。

【采样编号】SH007-78。

【含硒量】根茎：0.06 mg/kg；叶：0.07 mg/kg。

304. 淡红忍冬

Lonicera acuminata Wall. in Roxb.

【别名】肚子银花、巴东忍冬、贵州忍冬、毛萼忍冬、短柄忍冬、醉鱼草状忍冬、无毛淡红忍冬。

【形态特征】落叶或半常绿藤本，幼枝、叶柄和总花梗均被疏或密、通常卷曲的棕黄色糙毛或糙伏毛，有时夹杂开展的糙毛和微腺毛，或仅着花小枝顶端有毛，更或全然无毛。叶薄革质至革质，卵状矩圆形、矩圆状披针形至条状披针形，顶端长渐尖至短尖，基部圆至近心形，有时宽楔形或截形，两面被疏或密的糙毛或至少上面中脉有棕黄色短糙伏毛，有缘毛。双花在小枝顶集合成近伞房状花序或单生于小枝上部叶腋，苞片钻形，比萼筒短或略较长，有少数短糙毛或无毛；小苞片宽卵形或倒卵形，顶端钝或圆，有时微凹，有缘毛；萼筒椭圆形或倒壶形，无毛或有短糙毛，萼齿卵形、卵状披针形至狭披针形或有时狭三角形，边缘无毛或有疏或密的缘毛；花冠黄白色而有红晕，漏斗状，外面无毛或有开展或半开展的短糙毛，有时还有腺毛，唇形，与唇瓣等长或略较长，内有短糙毛，基部有囊，上唇直立，裂片圆卵形，下唇反曲；雄蕊略高出花冠，花丝基部有短糙毛；花柱除顶端外均有糙毛。果实蓝黑色，卵圆形；种子椭圆形至矩圆形，稍扁，有细凹点，两面中部各有一凸起的脊。花期6月，果熟期10—11月。

【开发利用价值】以“金银花”入药，清热解毒，主治温病发热、热毒血痢、痈疽疔毒等。叶片含硒量较高，可用于提取植物硒。

【采样编号】SH003-34。

【含硒量】茎：42.55 mg/kg；叶：156.66 mg/kg。

【聚硒指数】茎：58.77；叶：216.39。

305. 血满草

Sambucus adnata Wall. ex DC.

【形态特征】多年生高大草本或半灌木，高1～2 m；根和根茎红色，折断后流出红色汁液。茎草质，具明显的棱条。羽状复叶具叶片状或条形的托叶；小叶3～5对，长椭圆形、长卵形或披针形，先端渐尖，基部钝圆，两边不等，边缘有锯齿，上面疏被短柔毛，脉上毛较密，顶端一对小叶基部常沿柄相连，有时亦与顶生小叶片相连，其他小叶在叶轴上互生，亦有近于对生；小叶的托叶退化成瓶状凸起的腺体。聚伞花序顶生，伞形式，具总花梗，3～5出的分枝成锐角，初时密被黄色短柔毛，多少杂有腺毛；花小，有恶臭；萼被短柔毛；花冠白色；花丝基部膨大，花药黄色；子房3室，花柱极短或几乎无，柱头3裂。果实红色，圆形。花期5—7月，果熟期9—10月。

【开发利用价值】全草及根可入药，有祛风、利水、散瘀、通络之功效，主治急、慢性肾炎，风湿疼痛，风疹瘙痒，小儿麻痹后遗症，扭伤，骨折等症。味辛、甘，性温。民间为跌打损伤药，能活血散瘀，亦可去风湿、利尿。

【采样编号】SH006-32。

【含硒量】根：0.32 mg/kg；茎：0.30 mg/kg；叶：0.32 mg/kg。

七十六、败酱科 Valerianaceae

306. 攀倒甑

Patrinia villosa（Thunb.）Dufr.

【别名】白花败酱草、苦益菜、萌菜。

【形态特征】多年生草本，高50～120 cm；地下根状茎长而横走，偶在地表匍匐生长；茎密被白色倒生粗毛或仅沿二叶柄相连的侧面具纵列倒生短粗伏毛，有时几无毛。基生叶丛生，叶片卵形、宽卵形或卵状披针形至长圆状披针形，先端渐尖，边缘具粗钝齿，基部楔形下延，不分裂或大头羽状深裂，常有对生裂片；茎生叶对生，与基生叶同形，边缘具粗齿，上部叶较窄小，常不分裂，上面均鲜绿色或浓绿色，背面绿白色，两面被糙伏毛或近无毛；聚伞花序组成顶生圆锥花序或伞房花序，分枝达5～6级，花序梗密被长粗糙毛或仅二纵列粗糙毛；总苞叶卵状披针形至线状披针形或线形；花萼小，萼齿5枚，浅波状或浅钝裂状，被短糙毛，有时疏生腺毛；花冠钟形，白色，5深裂，裂片不等形，蜜囊顶端的裂片常较大，冠筒常比裂片稍长，内面有长柔毛，筒基部一侧稍囊肿；雄蕊4枚，伸出；子房下位，花柱较雄蕊稍短。瘦果倒卵形，果苞倒卵形、卵形、倒卵状长圆形或椭圆形，网脉明显，具主脉2条，极少有3条的，下面中部2条主脉内有微糙毛。花期8—10月，果期9—11月。

【开发利用价值】本种根茎及根有陈腐臭味，为消炎利尿药，全草可药用。民间常以嫩苗作蔬菜食用，也作猪饲料用。

【采样编号】SH003-06。

【含硒量】根茎：6.05 mg/kg；叶：9.35 mg/kg。

【聚硒指数】根茎：8.36；叶：12.92。

307. 少蕊败酱

Patrinia monandra C. B. Clarke in Hook. f.

【别名】无心草、马竹霄、山芥花、黄凤仙等。

【形态特征】二年生或多年生草本，高达150～220 cm；常无地下根茎，主根横生、斜生或直立；茎基部近木质，粗壮，被灰白色粗毛，后渐脱落，茎上部被倒生稍弯糙伏毛或微糙伏毛，或为二纵列倒生短糙伏毛。单叶对生，长圆形，不分裂或大头羽状深裂，下部有对侧生裂片，边缘具粗圆齿或钝齿，两面疏被糙毛，有时夹生短腺毛；叶柄向上部渐短至近无柄；基生叶和茎下部叶开花时常枯萎凋落。聚伞圆锥花序，顶生及腋生，常聚生于枝端成宽大的伞房状，花序梗密被长糙毛；总苞叶线状披针形或披针形，不分裂，顶端尾状渐尖；花小，花梗基部贴生1卵形、倒卵形或近圆形的小苞片；花萼小，5齿状；花冠漏斗形，淡黄色，花冠裂片稍不等形；瘦果卵圆形，果苞薄膜质，近圆形至阔卵形，先端常呈极浅3裂，具主脉2条，极少3条，网脉细而明显。花期8—9月，果期9—10月。

【开发利用价值】可供药用，性能与攀倒甑相似。

【采样编号】SD010-67。

【含硒量】全株：2.78 mg/kg。

【聚硒指数】全株：42.14。

308. 长序缬草

Valeriana hardwickii Wall. in Roxburgh

【别名】老君须、阔叶缬草。

【形态特征】大草本，高60 ~ 150 cm；根状茎短缩，呈块柱状；茎直立，粗壮，中空，外具粗纵棱槽，下部常被疏粗毛，向上除节部外渐光秃。基生叶多为3 ~ 7枚羽状全裂或浅裂，稀有不分裂而为心形全叶的；羽裂时，顶裂片较侧裂片为大，卵形或卵状披针形，顶端长渐尖，基部近圆形，边缘具齿或全缘；两侧裂片依次稍小，疏离，叶柄细长，茎生叶与基生叶相似，向上叶渐小，柄渐短；全部叶多少被短毛。极大的圆锥状聚伞花序顶生或腋生。苞片线状钻形；小苞片三角状卵形，全缘或具钝齿，最上的小苞片常只及果实的一半或更短。花小，白色，漏斗状扩张，裂片卵形；雌雄蕊常与花冠等长或稍伸出。果序极度延展，在成熟的植株上，常长达50 ~ 70 cm。瘦果宽卵形至卵形，常被白色粗毛，也有光秃者。花期6—8月，果期7—10月。

【开发利用价值】适于花坛、花境、岩石园栽培，又可药用或作香料。根部萃取的精油即缬草油，主要用于调配烟、酒、食品、化妆品、香水等。

药用：根部的煎剂可作为洗脸和入浴剂的柔和剂使用，具有镇痉中枢神经的作用，可用来治疗失眠症。

【采样编号】SH006-49。

【含硒量】根：5.20 mg/kg；茎叶：3.77 mg/kg。

七十七、茜草科 Rubiaceae

309. 卵叶茜草

Rubia ovatifolia Z. Ying Zhang ex Qi Lin

【别名】茜草红蛇儿、小红藤。

【形态特征】草本，攀援，长1～2 m。茎、枝稍纤细，有4棱，无毛，有或无短皮刺。叶4片轮生，叶片薄纸质，卵状心形至圆心形，侧枝上的有时为卵形，顶端尾状渐尖，基部深心形，后裂片通常圆，边缘有或无皮刺状缘毛，干时上面苍白绿色，下面粉绿色或苍白，两面近无毛或粗糙，有时下面基出脉上有小皮刺；基出脉5～7条，纤细，在下面稍凸起，小脉两面均不明显；叶柄细而长，无毛，有时覆有小皮刺。聚伞花序排成疏花圆锥花序式，腋生和顶生，通常比叶短，花序轴和分枝均纤细，有直线棱，无毛，有时有稀疏小皮刺；小苞片线形或披针状线形，渐尖，近无毛；萼管近扁球形，2微裂，近无毛；花冠淡黄色或绿黄色，质稍薄，裂片5枚，明显反折，卵形，顶端长尾尖，外面无毛或被稀疏硬毛，里面覆有许多微小颗粒；雄蕊5枚，生冠管口部。浆果球形，有时双球形，成熟时黑色。花期7月，果期10—11月。

【采样编号】SH007-82。

310. 长叶茜草

Rubia dolichophylla Schrenk

【形态特征】草本，高达1 m，全株无毛，茎、枝、叶缘、叶背中脉和花序轴上均有小皮刺。茎具4棱，不分枝或少分枝，干时黄灰色，微有光泽。叶4片轮生，无柄或近无柄，叶片纸质，线形或披针状线形，顶端渐尖，基部楔尖，边缘反卷；中脉在上面平坦，在下面高凸，侧脉纤细，在下面明显，6～10对。花序腋生，单生或有时双生，由多个小聚伞花序组成，总梗和分枝均纤细，第一对分枝处的苞片叶状；花梗纤细而长，无小苞片；萼干时黑色，近球形；花冠淡黄色，辐状，顶端骤然收缩成喙状，内弯，边缘有极小的乳突，中脉和边脉明显，网脉稀疏；雄蕊5枚或4枚，生冠管中部之上，花丝短，花药稍弯曲，与花丝近等长；花柱2枚，粗壮，柱头头状。

【开发利用价值】根可入药，能行血止血、通经活络，可作聚硒中药材开发。

【采样编号】SH003-09。

【含硒量】全株：43.47 mg/kg。

【聚硒指数】全株：60.04。

311. 金剑草

Rubia alata Wall. in Roxb.

【别名】四穗竹、老麻藤、红丝线。

【形态特征】草质攀援藤本，长1～4 m或更长；茎、枝干灰色，有光泽，均有4棱或4翅，通常棱上或多或少有倒生皮刺，无毛或节上被白色短硬毛。叶4片轮生，薄革质，线形、披针状线形或狭披针形，偶有披针形，顶端渐尖，基部圆至浅心形，边缘反卷，常有短小皮刺，两面均粗糙；基出脉3条或5条，在上面凹入，在下面凸起，均有倒生小皮刺或侧生的1或2对上的皮刺不明显；有时叶柄很短或无柄。花序腋生或顶生，通常比叶长，多回分枝的圆锥花序式，花序轴和分枝均有明显的4棱，通常有小皮刺；花梗直，有4棱；小苞片卵形，萼管近球形，浅2裂，花冠稍肉质，白色或淡黄色，外面无毛，上部扩大，裂片5枚，卵状三角形或近披针形，顶端尾状渐尖，里面和边缘均有密生微小乳突状毛，脉纹几乎不可见；雄蕊5枚，生冠管之中部，伸出，花药长圆形，与花丝近等长；花柱粗壮，顶端2裂，约1/2藏于肉质花盘内，柱头球状。浆果成熟时黑色，球形或双球形。花期夏初至秋初，果期秋冬。

【采样编号】HT009-69。

【含硒量】全株：0.02 mg/kg。

【聚硒指数】全株：0.60。

312. 猪殃殃

Galium spurium L.

【别名】八仙草、爬拉殃、光果拉拉藤、拉拉藤。

【形态特征】多枝、蔓生或攀援状草本，通常高30～90 cm；茎有4棱角；棱上、叶缘、叶脉上均有倒生的小刺毛。叶纸质或近膜质，6～8片轮生，稀为4～5片，带状倒披针形或长圆状倒披针形，顶端有针状凸尖头，基部渐狭，两面常有紧贴的刺状毛，常萎软状，干时常卷缩，1脉，近无柄。聚伞花序腋生或顶生，少至多花，花小，4基数，有纤细的花梗；花萼被钩毛，萼檐近截平；花冠黄绿色或白色，辐状，裂片长圆形，镊合状排列；子房被毛，花柱2裂至中部，柱头头状。果干燥，有1或2个近球状的分果爿，肿胀，密被钩毛，果柄直，较粗，每一爿有1颗平凸的种子。花期3—7月，果期4—11月。

【开发利用价值】全草含苷类化合物，包括车前草苷、茜根定-樱草糖苷、伪紫色素苷等。

全草可药用，有清热解毒、消肿止痛、利尿、散瘀之功效，治淋浊、尿血、跌打损伤、肠痈、中耳炎等症。

【采样编号】SH004-36。

【含硒量】叶：53.46 mg/kg。

【聚硒指数】叶：10.46。

313. 六叶律

Galium hoffmeisteri（Klotzsch）Ehrend. & Schönb.-Tem. ex R. R. Mill

【别名】六叶葎。

【形态特征】一年生草本，常直立，有时披散状，高10～60 cm，近基部分枝，有红色丝状的根；茎直立，柔弱，具4角棱，具疏短毛或无毛。叶片薄，纸质或膜质，生于茎中部以上的常6片轮生，生于茎下部的常4～5片轮生，长圆状倒卵形、倒披针形、卵形或椭圆形，顶端钝圆而具凸尖，稀短尖，基部渐狭或楔形，上面散生糙伏毛，常在近边缘处较密，下面有时亦散生糙伏毛，中脉上有或无倒向的刺，边缘有时有刺状毛，具1条中脉，近无柄或有短柄。聚伞花序顶生和生于上部叶腋，少花，2～3次分枝，常广歧式叉开，无毛；苞片常成对，小，披针形；花小；花冠白色或黄绿色，裂片卵形；雄蕊伸出；花柱顶部2裂；果爿近球形，单生或双生，密被钩毛。花期4—8月，果期5—9月。

【采样编号】SH006-06。

314. 鸡矢藤

Paederia foetida L.

【别名】鸡屎藤、解署藤、女青、狭叶鸡矢藤等。

【形态特征】藤状灌木，无毛或被柔毛。叶对生，膜质，卵形或披针形，顶端短尖或削尖，基部浑圆，有时心状形，叶上面无毛，在下面脉上被微毛；侧脉每边4~5条，在上面柔弱，在下面凸起；托叶卵状披针形，顶部2裂。圆锥花序腋生或顶生，扩展；小苞片微小，卵形或锥形，有小睫毛；花有小梗，生于柔弱的三歧常作蝎尾状的聚伞花序上；花萼钟形，萼檐裂片钝齿形；花冠紫蓝色，通常被茸毛，裂片短。果阔椭圆形，压扁，光亮，顶部冠以圆锥形的花盘和微小宿存的萼檐裂片；小坚果浅黑色，具1条阔翅。花期5—6月。

【开发利用价值】全草及根和果实均可药用，有祛风除湿、消食化积、解毒消肿、活血止痛之功效，主治风湿痹痛、食积腹胀、小儿疳积、腹泻、痢疾、中暑、黄疸、肝炎、肝脾肿大、咳嗽等，外用可治湿疹、皮炎、跌打损伤、蛇蛟蝎螯等。

叶片含硒量高，聚硒能力强，可用于提取植物硒，但其生物量较低。

【采样编号】SH003-42。

【含硒量】叶：369.42 mg/kg。

【聚硒指数】叶：510.25。

315. 大叶白纸扇

Mussaenda shikokiana Makino

【别名】贵州玉叶金花、黐花、异形玉叶金花。

【形态特征】直立或攀援灌木。高1～3 m；嫩枝密被短柔毛。叶对生，薄纸质，广卵形或广椭圆形，顶端骤渐尖或短尖，基部楔形或圆形，上面淡绿色，下面浅灰色，幼嫩时两面有稀疏贴伏毛，脉上毛较稠密，老时两面均无毛；侧脉9对，向上拱曲；叶柄有毛；托叶卵状披针形，常2深裂或浅裂，短尖，外面疏被贴伏短柔毛。聚伞花序顶生，有花序梗，花疏散；苞片托叶状，较小，小苞片线状披针形，渐尖，被短柔毛；花萼管陀螺形，被贴伏的短柔毛，萼裂片近叶状，白色，披针形，长渐尖或短尖，外面被短柔毛；花叶倒卵形，短渐尖；花冠黄色，上部略膨大，外面密被贴伏短柔毛，膨大部内面密被棒状毛，花冠裂片卵形，有短尖头，外面有短柔毛，内面密被黄色小疣突；雄蕊着生于花冠管中部，花药内藏；花柱无毛，柱头2裂，略伸出花冠外。浆果近球形。花期5—7月，果期7—10月。

【开发利用价值】含胶液。根：用于治疗风湿关节痛、腰痛、咳嗽、毒蛇咬伤。茎、叶：用于治疗感冒、小儿高热、小便不利、痢疾、无名肿毒。

【采样编号】SD011-69。

【含硒量】茎：0.06 mg/kg；叶：0.07 mg/kg；全株：0.03 mg/kg。

【聚硒指数】茎：3.94；叶：4.63；全株：1.88。

七十八、报春花科 Primulaceae

316. 狼尾花

Lysimachia barystachys Bunge

【别名】珍珠菜、虎尾草。

【形态特征】多年生草本，具横走的根茎，全株密被卷曲柔毛。茎直立，高30～100 cm。叶互生或近对生，长圆状披针形、倒披针形以至线形，先端钝或锐尖，基部楔形，近于无柄。总状花序顶生，花密集，常转向一侧；苞片线状钻形，花梗通常稍短于苞片；花萼分裂近达基部，裂片长圆形，周边膜质，顶端圆形，略呈啮蚀状；花冠白色，裂片舌状狭长圆形，先端钝或微凹，常有暗紫色短腺条；雄蕊内藏，花丝基部连合并贴生于花冠基部；花药椭圆形；花粉粒具3孔沟；子房无毛，花柱短。蒴果球形。花期5—8月；果期8—10月。

【开发利用价值】云南民间用全草治疮疖、刀伤。全草均可入药，可作为高聚硒中草药开发。

【采样编号】SH003-11。

【含硒量】根茎：23.90 mg/kg；叶：48.75 mg/kg。

【聚硒指数】根茎：31.01；叶：67.33。

317. 腺药珍珠菜

Lysimachia stenosepala Hemsl.

【形态特征】多年生草本，全体光滑无毛。茎直立，高30 ~ 65 cm，下部近圆柱形，上部明显四棱形，通常有分枝。叶对生，在茎上部常互生，叶片披针形至长圆状披针形或长椭圆形，先端锐尖或渐尖，基部渐狭，边缘微呈皱波状，上面绿色，下面粉绿色，两面近边缘散生暗紫色或黑色粒状腺点或短腺条，无柄或具短柄。总状花序顶生，疏花；苞片线状披针形，果时稍伸长；花萼长约5 mm，分裂近达基部，裂片线状披针形，先端渐尖成钻形，边缘膜质；花冠白色，钟状，裂片倒卵状长圆形或匙形，先端圆钝；雄蕊约与花冠等长，花丝贴生于花冠裂片的中下部，子房无毛，花柱细长，蒴果球形。花期5—6月，果期7—9月。

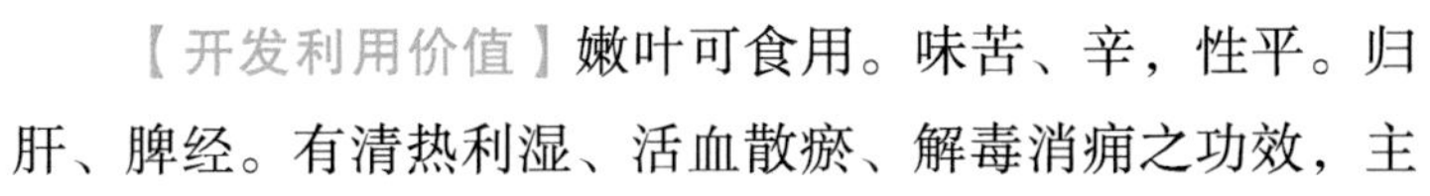

【开发利用价值】嫩叶可食用。味苦、辛，性平。归肝、脾经。有清热利湿、活血散瘀、解毒消痈之功效，主治水肿、热淋、黄疸、痢疾、风湿热痹、带下、经闭、跌打、骨折、外伤出血、乳痈、疔疮、蛇咬伤。

该物种含硒量较高，可用于提取生物有机硒。

【采样编号】SH003-58。

【含硒量】根：30.87 mg/kg；茎：27.47 mg/kg；叶：58.39 mg/kg。

【聚硒指数】根：42.64；茎：37.94；叶：80.65。

318. 临时救

Lysimachia congestiflora Hemsl.

【别名】聚花过路黄、黄花珠、九莲灯、爬地黄等。

【形态特征】茎下部匍匐，节上生根，上部及分枝上升，长6～50 cm，圆柱形，密被多细胞卷曲柔毛；分枝纤细，有时仅顶端具叶。叶对生，茎端的2对间距短，近密聚，叶片卵形、阔卵形以至近圆形，近等大，先端锐尖或钝，基部近圆形或截形，稀略呈心形，上面绿色，下面较淡，有时沿中肋和侧脉染紫红色，两面多少被具节糙伏毛，稀近于无毛，近边缘有暗红色或有时变为黑色的腺点；叶柄比叶片短2～3倍，具草质狭边缘。花2～4朵集生茎端和枝端成近头状的总状花序，在花序下方的1对叶腋有时具单生之花；花梗极短；花萼分裂近达基部，裂片披针形，背面被疏柔毛；花冠黄色，内面基部紫红色，5裂（偶有6裂的），裂片卵状椭圆形至长圆形，先端锐尖或钝，散生暗红色或变黑色的腺点；花药长圆形；花粉粒近长球形，表面具网状纹饰；子房被毛。蒴果球形。花期5—6月；果期7—10月。

【开发利用价值】全草可入药，治风寒头痛、咽喉肿痛、肾炎水肿、肾结石、小儿疳积、疔疮、毒蛇咬伤等。

【采样编号】SH003-84。

【含硒量】全株：0.89 mg/kg。

【聚硒指数】全株：1.22。

319. 过路黄

Lysimachia christiniae Hance

【别名】四川金钱草、大金钱草、真金草、铺地莲等。

【形态特征】茎柔弱，平卧延伸，长20～60 cm，无毛、被疏毛以无密被铁锈色多细胞柔毛，幼嫩部分密被褐色无柄腺体，下部节间较短，常发出不定根。叶对生，卵圆形、近圆形以至肾圆形，先端锐尖或圆钝以至圆形，基部截形至浅心形，鲜时稍厚，透光可见密布的透明腺条，干时腺条变黑色，两面无毛或密被糙伏毛；叶柄比叶片短或与之近等长，无毛以至密被毛。花单生叶腋；花梗通常不超过叶长，毛被如茎，多少具褐色无柄腺体；花萼分裂近达基部，裂片披针形、椭圆状披针形以至线形或上部稍扩大而近匙形，先端锐尖或稍钝，无毛、被柔毛或仅边缘具缘毛；花冠黄色，基部合生，裂片狭卵形以至近披针形，先端锐尖或钝，质地稍厚，具黑色长腺条；花丝下半部合生成筒；花药卵圆形；花粉粒具3孔沟，近球形，表面具网状纹饰；子房卵珠形。蒴果球形，无毛，有稀疏黑色腺条。花期5—7月，果期7—10月。

【开发利用价值】为民间常用草药，有清热解毒、利尿排石之功效，治胆囊炎、黄疸型肝炎、泌尿系统结石、胆结石、跌打损伤、毒蛇咬伤、毒蕈及药物中毒等；外用治化脓性炎症、烧烫伤。

【采样编号】SH006-17。

320. 巴山过路黄

Lysimachia hypericoides Hemsl.

【形态特征】茎通常数条簇生，高15～30 cm，钝四棱形，密被褐色短柔毛，通常中上部有分枝。叶对生，在茎端偶有互生，无柄，位于茎中上部的较大，卵状椭圆形至长圆状披针形，先端稍钝或渐尖，基部近圆形或阔楔形，两面均有粒状腺点，初被稍密的小刚毛，老时近于无毛，侧脉4～5对，网脉不明显；茎中部叶卵形，向茎基部渐次缩小成圆形或呈鳞片状，先端钝，基部半抱茎。花单生于茎中上部叶腋或在茎端稍密聚；花萼分裂近达基部，裂片线状披针形，背面被短柔毛，中肋显著；花冠黄色，辐状，基部合生，裂片倒卵状椭圆形，先端圆形；花丝基部合生成环；花药线形；花粉粒具3孔沟，长球形表面具网状纹饰；子房卵珠形。蒴果近球形，褐色。花期5—6月；果期9—10月。

【开发利用价值】味甘、微苦，性凉。归肝、胆、肾、膀胱经。有清热解毒、散瘀消肿、祛风散寒之功效，治感冒咳嗽、头痛身疼、腹泻。

【采样编号】SH006-07。

【含硒量】全株：21.07 mg/kg。

七十九、紫金牛科 Myrsinaceae

321. 朱砂根

Ardisia crenata Sims

【别名】红凉伞、绿天红地、天青地红、八角金龙、八爪金等。

【形态特征】灌木，高1～2 m，稀达3 m；茎粗壮，无毛，除侧生特殊花枝外，无分枝。叶片革质或坚纸质，椭圆形、椭圆状披针形至倒披针形，顶端急尖或渐尖，基部楔形，边缘具皱波状或波状齿，具明显的边缘腺点，两面无毛，有时背面具极小的鳞片，侧脉12～18对，构成不规则的边缘脉；伞形花序或聚伞花序，着生于侧生特殊花枝顶端；花枝近顶端常具2～3枚叶或更多，或无叶，几无毛，花瓣白色，稀略带粉红色，盛开时反卷，卵形，顶端急尖，具腺点，外面无毛，里面有时近基部具乳头状凸起；雄蕊较花瓣短，花药三角状披针形，背面常具腺点；雌蕊与花瓣近等长或略长，子房卵珠形，无毛，具腺点；胚珠5枚，1轮。果球形，鲜红色，具腺点。花期5—6月，果期10—12月，有时2—4月。

【开发利用价值】根、叶可入药，有祛风除湿、散瘀止痛、通经活络之功效，用于治疗跌打风湿、消化不良、咽喉炎及月经不调等症。

【采样编号】SD010-79。

【含硒量】茎：0.27 mg/kg；叶：0.13 mg/kg。

【聚硒指数】茎：4.02；叶：1.95。

八十、车前科 Plantaginaceae

322. 车前

Plantago asiatica L.

【别名】蛤蟆草、饭匙草、车轱辘菜、猪耳朵等。

【形态特征】二年生或多年生草本。须根多数。根茎短，稍粗。叶基生呈莲座状，平卧、斜展或直立；叶片薄纸质或纸质，宽卵形至宽椭圆形，先端钝圆至急尖，边缘波状、全缘或中部以下有锯齿、牙齿或裂齿，基部宽楔形或近圆形，多少下延，两面疏生短柔毛；脉5~7条。花序3~10个，有纵条纹，疏生白色短柔毛；穗状花序细圆柱状，下部常间断；苞片狭卵状三角形或三角状披针形。花具短梗，花萼萼片先端钝圆或钝尖，花冠白色。雄蕊着生于冠筒内面近基部，花药卵状椭圆形。蒴果纺锤状卵形、卵球形或圆锥状卵形，于基部上方周裂。种子卵状椭圆形或椭圆形，具角，黑褐色至黑色。花期4—8月，果期6—9月。

【开发利用价值】全草可入药，用于治疗水肿尿少、热淋涩痛、暑湿泻痢、痰热咳嗽、吐血衄血等。

【采样编号】SH002-22。

【含硒量】根：0.10 mg/kg；茎：0.02 mg/kg；叶：0.08 mg/kg。

【聚硒指数】根：1.83；茎：0.39；叶：1.54。

八十一、萝藦科 Asclepiadaceae

323. 隔山消

Cynanchum wilfordii（Maxim.）Hook. f.

【别名】隔山撬、无梁藤、过山瓢。

【形态特征】多年生草质藤本；肉质根近纺锤形，灰褐色，茎被单列毛。叶对生，薄纸质，卵形，顶端短渐尖，基部耳状心形，两面被微柔毛，干时叶面经常呈黑褐色，叶背淡绿色；基脉3～4条，放射状；侧脉4对。近伞房状聚伞花序半球形，着花15～20朵；花序梗被单列毛，花萼外面被柔毛，裂片长圆形；花冠淡黄色，辐状，裂片长圆形，先端近钝形，外面无毛，内面被长柔毛；副花冠比合蕊柱为短，裂片近四方形，先端截形，基部紧狭；花粉块每室1个，长圆形，下垂；花柱细长，柱头略凸起。蓇葖单生，披针形，向端部长渐尖，基部紧狭；种子暗褐色，卵形；种毛白色绢质。花期5—9月，果期7—10月。

【开发利用价值】地下块根可药用，用以健胃、消饱胀、治噎食；外用治鱼口疮毒。

【采样编号】SH005-27。

【含硒量】茎：0.07 mg/kg；叶：0.18 mg/kg。

【聚硒指数】茎：4.00；叶：10.94。

八十二、马钱科 Loganiaceae

324. 醉鱼草

Buddleja lindleyana Fortune

【别名】闭鱼花、痒见消、鱼尾草、药鱼子等。

【形态特征】灌木，高1～3 m。茎皮褐色；小枝具四棱，棱上略有窄翅；幼枝、叶片下面、叶柄、花序、苞片及小苞片均密被星状短茸毛和腺毛。叶对生，萌芽枝条上的叶为互生或近轮生，叶片膜质，卵形、椭圆形至长圆状披针形，顶端渐尖，基部宽楔形至圆形，边缘全缘或具有波状齿，上面深绿色，幼时被星状短柔毛，后变无毛，下面灰黄绿色。穗状聚伞花序顶生；花紫色，芳香。果序穗状；蒴果长圆状或椭圆状，无毛，有鳞片；种子淡褐色，小，无翅。花期4—10月，果期8月至翌年4月。

【开发利用价值】味辛、苦，性温，有小毒。花、叶及根可药用，有祛风除湿、止咳化痰、散瘀之功效。兽医用枝叶治牛泻血。全株可用作农药，专杀小麦吸浆虫、螟虫及孑孓等。花芳香而美丽，为公园常见优良观赏植物。

【采样编号】SH003-40。

【含硒量】茎：82.74 mg/kg；叶：196.48 mg/kg；全株：236.27 mg/kg。

【聚硒指数】茎：114.28；叶：271.38；全株：326.34。

八十三、木犀科 Oleaceae

325. 光萼小蜡

Ligustrum sinense var. *myrianthum*（Diels）Hoefker.

【别名】苦味散等。

【形态特征】落叶灌木或小乔木，高2 ~ 7 m。小枝圆柱形，幼时密被锈色或黄棕色柔毛或硬毛，稀为短柔毛。叶片革质，长椭圆状披针形、椭圆形至卵状椭圆形，先端锐尖、短渐尖至渐尖，或钝而微凹，基部宽楔形至近圆形，或为楔形，上面深绿色，疏被短柔毛，或仅沿中脉被短柔毛，下面淡绿色，密被锈色或黄棕色柔毛，尤以叶脉为密，稀近无毛，侧脉4 ~ 8对，上面微凹入，下面略凸起；叶柄密被锈色或黄棕色柔毛或硬毛，稀为短柔毛。圆锥花序腋生，基部常无叶；花序轴密被锈色或黄棕色柔毛或硬毛，稀为短柔毛；花梗被短柔毛或无毛；花萼无毛，先端呈截形或呈浅波状齿；花期5—6月，果期9—12月。

【开发利用价值】叶有清热解毒、消肿止痛之功效，用于治疗咽喉痛、口腔破溃、疮疖、跌打损伤。

【采样编号】SD010-56。

【含硒量】茎：0.07 mg/kg；叶：0.07 mg/kg。

【聚硒指数】茎：1.11；叶：1.11。

326. 木樨

Osmanthus fragrans（Thunb.）Lour.

【别名】丹桂、刺桂、四季桂、桂花。

【形态特征】常绿乔木或灌木，高3～5 m，最高可达18 m；树皮灰褐色。小枝黄褐色，无毛。叶片革质，椭圆形、长椭圆形或椭圆状披针形，先端渐尖，基部渐狭呈楔形或宽楔形，全缘或通常上半部具细锯齿，两面无毛，腺点在两面连成小水泡状凸起，中脉在上面凹入，下面凸起，侧脉6～8对，多达10对，在上面凹入，下面凸起；叶柄无毛。聚伞花序簇生于叶腋，或近于帚状，每腋内有花多朵；苞片宽卵形，质厚，具小尖头，无毛；花梗细弱，无毛；花极芳香；花萼裂片稍不整齐；花冠黄白色、淡黄色、黄色或橘红色，雄蕊着生于花冠管中部，花丝极短。果歪斜，椭圆形，呈紫黑色。花期9—10月上旬，果期翌年3月。

【开发利用价值】中国传统十大名花之一，集绿化、美化、香化于一体的观赏与实用兼备的优良园林树种。花为名贵香料，并作食品香料。花、果实、根可入药。

【采样编号】SD011-65。

【含硒量】茎：0.09 mg/kg；叶：0.06 mg/kg。

【聚硒指数】茎：5.38；叶：4.00。

八十四、唇形科 Labiatae

327. 蜜蜂花

Melissa axillaris（Benth.）Bakh. f.

【别名】小薄荷、鼻血草、小方杆草、荆芥、土荆芥、滇荆芥。

【形态特征】多年生草本，具地下茎。地上茎近直立或直立，分枝，四棱形，浅四槽，高0.6～1 m，被短柔毛。叶片卵圆形，先端急尖或短渐尖，基部圆形、钝、近心形或急尖，边缘具锯齿状圆齿，草质，上面绿色，疏被短柔毛，下面淡绿色，靠中脉两侧带紫色，或有时全为紫色，近无毛或仅沿脉被短柔毛，侧脉4～5对，与中脉在上面微下陷，下面明显隆起，网脉在上面不明显，下面显著。轮伞花序少花或多花，在茎、枝叶腋内腋生，疏离；苞片小，近线形，具缘毛；花萼钟形，常为水平伸出，13脉，二唇形，上唇3齿，齿短，急尖，下唇与上唇近等长，2齿，齿披针形。花冠白色或淡红色，外被短柔毛，内面无毛，冠筒稍伸出，至喉部扩大，冠檐二唇形，上唇直立，先端微缺，下唇开展，3裂，中裂片较大。雄蕊4枚，前对较长，不伸出，花药2室，室略叉开。花柱略超出雄蕊，先端相等2浅裂，裂片外卷。花盘浅盘状，4裂。小坚果卵圆形，腹面具棱。花果期6—11月。

【开发利用价值】全草可入药，治血衄及痢疾；代裂叶荆芥，治蛇咬伤。

【采样编号】HT008-69。

328. 寸金草

Clinopodium megalanthum（Diels）C. Y. Wu & S. J. Hsuan & S. J. H. W. Li

【别名】盐烟苏、莲台夏枯草、土白芷、蛇床子等。

【形态特征】多年生草本。茎多数，自根茎生出，高可达60 cm，基部匍匐生根，简单或分枝，四棱形，具浅槽，常染紫红色，极密被白色平展刚毛，下部较疏，节间伸长，比叶片长很多。叶三角状卵圆形，先端钝或锐尖，基部圆形或近浅心形，边缘为圆齿状锯齿，上面榄绿色，被白色纤毛，近边缘较密，下面较淡，主沿各级脉上被白色纤毛，余部有不明显小凹腺点，侧脉4～5对，与中脉在上面微凹陷或近平坦，下面带紫红色，明显隆起；叶柄极短，常带紫红色，密被白色平展刚毛。轮伞花序多花密集，半球形，生于茎、枝顶部，向上聚集；苞叶叶状，下部的略超出花萼，向上渐变小，呈苞片状，苞片针状，具肋，与花萼等长或略短，被白色平展缘毛及微小腺点，先端染紫红色。花萼圆筒状，开花时外面主要沿脉上被白色刚毛，余部满布微小腺点，内面在喉部以上被白色疏柔毛，果时基部稍一边膨胀，上唇3齿，齿长三角形，多少外反，先端短芒尖，下唇2齿，齿与上唇近等长，三角形，先端长芒尖。花冠粉红色，较大，外面被微柔毛，内面在下唇下方具二列柔毛。花期7—9月，果期8—11月。

【开发利用价值】全草可入药，治牙痛、小儿疳积、风湿跌打、消肿活血；煎水服可退烧；其籽可壮阳。

【采样编号】SD010-40。

329. 灯笼草

Clinopodium polycephalum（Vaniot）C. Y. Wu & S. J. Hsuan

【别名】山藿香、走马灯笼草、漫胆草。

【形态特征】直立多年生草本，高0.5～1 m，多分枝，基部有时匍匐生根。茎四棱形，具槽，被平展糙硬毛及腺毛。叶卵形，先端钝或急尖，基部阔楔形至几圆形，边缘具疏圆齿状牙齿，上面榄绿色，下面略淡，两面被糙硬毛，尤其是下面脉上，侧脉约5对，与中脉在上面微下陷下面明显隆起。轮伞花序多花，圆球伏，沿茎及分枝形成宽而多头的圆锥花序；苞叶叶状，较小，生于茎及分枝近顶部者退化成苞片状；苞片针状，被具节长柔毛及腺柔毛；花梗密被腺柔毛。花萼圆筒形，具13脉，脉上被具节长柔毛及腺微柔毛，萼内喉部具疏刚毛，果时基部一边膨胀，上唇3齿，齿三角形，具尾尖，下唇2齿，先端芒尖。花冠紫红色，冠筒伸出于花萼，外面被微柔毛，冠檐二唇形，上唇直伸，先端微缺，下唇3裂。雄蕊不露出，后对雄蕊短且花药小，在上唇穹隆下，直伸，前雄蕊长超过下唇，花药正常。花盘平顶。子房无毛。小坚果卵形，褐色，光滑。花期7—8月，果期9月。

【开发利用价值】全草可入药，治功能性子宫出血、胆囊炎、黄胆型肝炎、感冒头痛、腹痛、小儿疳积、火眼、跌打损伤、疔疮、皮肤疮疡、蛇及犬咬伤、烂脚丫及痔疮等症。

【采样编号】SD011-21。

330. 野生紫苏

Perilla frutescens var. *purpurascens*（Hayata）H. W. Li

【别名】苏营、苏麻、紫苏、白丝草等。

【形态特征】一年生、直立草本。茎高0.3～2 m，绿色或紫色，钝四棱形，具四槽，被短疏柔毛。叶卵形，先端短尖或突尖，基部圆形或阔楔形，边缘在基部以上有粗锯齿，膜质或草质，两面绿色或紫色，或仅下面紫色，两面被疏柔毛，侧脉7～8对，位于下部者稍靠近，斜上升，与中脉在上面微凸起下面明显凸起，色稍淡；叶柄背腹扁平，密被长柔毛。轮伞花序，2朵花，组成密被长柔毛、偏向一侧的顶生及腋生总状花序；苞片宽卵圆形或近圆形，先端具短尖，外被红褐色腺点，无毛，边缘膜质；花梗密被柔毛。花萼钟形，直伸，下部被长柔毛，夹有黄色腺点，内面喉部有疏柔毛环，结果时增大。小坚果近球形，土黄色，具网纹。花期8—11月，果期8—12月。

【开发利用价值】可药用及食用。

【采样编号】SD012-90。

【含硒量】全株：0.13 mg/kg。

【聚硒指数】全株：7.81。

331. 紫苏

Perilla frutescens（L.）Britton

【别名】孜珠、香荽、薄荷、聋耳麻、野藿麻、野苏等。

【形态特征】一年生草本，茎高0.3～2 m，绿色或紫色，钝四棱形，具四槽，密被长柔毛。叶阔卵形或圆形，先端短尖或突尖，基部圆形或阔楔形，边缘在基部以上有粗锯齿，膜质或草质，两面绿色或紫色，或仅下面紫色，上面被疏柔毛，下面被贴生柔毛，侧脉7～8对，位于下部者稍靠近，斜上升，与中脉在上面微凸起下面明显凸起，色稍淡；叶柄背腹扁平，密被长柔毛。轮伞花序，2朵花，组成密被长柔毛，顶生及腋生总状花序，花梗密被柔毛。花萼钟形，10脉，直伸，下部被长柔毛，夹有黄色腺点，内面喉部有疏柔毛环，结果时增大。小坚果近球形，灰褐色，具网纹。花期8—11月，果期8—12月。

【开发利用价值】供药用和香料用，入药部分以茎叶及籽实为主，叶为发汗、镇咳、芳香性健胃利尿剂，有镇痛、镇痉、解毒的作用。

【采样编号】HT009-80。

【含硒量】根茎：0.10 mg/kg；叶：0.03 mg/kg。

【聚硒指数】根茎：4.00；叶：1.32。

332. 薄荷

Mentha canadensis Linnaeus

【别名】香薷草、鱼香草、见肿消、夜息香等。

【形态特征】多年生草本。茎直立，高30 ~ 60 cm，下部数节具纤细的须根及水平匍匐根状茎，锐四棱形，具四槽，上部被倒向微柔毛，下部仅沿棱上被微柔毛，多分枝。叶片长圆状披针形，披针形，椭圆形或卵状披针形，稀长圆形，先端锐尖，基部楔形至近圆形，边缘在基部以上疏生粗大的牙齿状锯齿，侧脉5 ~ 6对，与中肋在上面微凹陷下面显著，上面绿色；沿脉上密生余部疏生微柔毛，或除脉外余部近于无毛，上面淡绿色，通常沿脉上密生微柔毛；轮伞花序腋生，轮廓球形，小坚果卵珠形，黄褐色，具小腺窝。花期7—9月，果期10月。

【开发利用价值】幼嫩茎尖可作菜食。全草可入药，治感冒发热、喉痛、目赤痛、皮肤风疹瘙痒、麻疹不透等症，对痈、疽、疥、癣、漆疮亦有效。

【采样编号】HT009-82。

【含硒量】根茎：0.04 mg/kg；叶：0.05 mg/kg。

【聚硒指数】根茎：1.44；叶：1.84。

333. 夏枯草

Prunella vulgaris L.

【别名】铁色草、燕面、铁线夏枯、夏枯花、白花夏枯草等。

【形态特征】多年生草木，根茎匍匐，在节上生须根。茎高20 ~ 30 cm，上升，下部伏地，自基部多分枝，钝四棱形，其浅槽，紫红色，被稀疏的糙毛或近于无毛。茎叶卵状长圆形或卵圆形，大小不等，先端钝，基部圆形、截形至宽楔形，下延至叶柄成狭翅，边缘具不明显的波状齿或几近全缘，草质，上面橄榄绿色，具短硬毛或几无毛，下面淡绿色，几无毛，侧脉3 ~ 4对，自下部向上渐变短；花序下方的一对苞叶似茎叶，近卵圆形，无柄或具不明显的短柄。轮伞花序密集组成顶生长2 ~ 4 cm的穗状花序，每一轮伞花序下承以苞片；小坚果黄褐色，长圆状卵珠形，微具沟纹。花期4—6月，果期7—10月。

【开发利用价值】全株可入药，味苦、微辛，性微温，归肝经，可祛肝风、行经络、治口眼歪斜、止筋骨疼、疏肝气、开肝郁。

【采样编号】SH007-42。

【含硒量】根茎：0.32 mg/kg；叶：0.21 mg/kg。

334. 血盆草

Salvia cavaleriei var. *simplicifolia* E. Peter

【别名】红青菜、叶下红、朱砂草、罗汉草等。

【形态特征】原植物一年生草本；主根粗短，纤维状须根细长，多分枝。茎单一或基部多分枝，高12～32 cm，细瘦，四棱形，青紫色，下部无毛，上部略被微柔毛。叶形状不一，下部的叶为羽状复叶，较大，顶生小叶长卵圆形或披针形，先端钝或钝圆，基部楔形或圆形而偏斜，边缘有稀疏的钝锯齿，草质，上面绿色，被微柔毛或无毛，下面紫色，无毛，侧生小叶1～3对，常较小，全缘或有钝锯齿，上部的叶为单叶，或裂为3裂片，或于叶的基部裂出1对小的裂片；叶柄下部的较长，无毛。轮伞花序，2～6朵花，疏离，组成顶生总状花序，或总状花序基部分枝而成总状圆锥花序。小坚果长椭圆形，黑色，无毛。花期7—9月。

【开发利用价值】全草可入药，主治吐血、血崩、衄血、血痢等症。叶外敷可治疮毒。根有宽胸、补中益气、调经、止血、祛风湿之功效，用于治疗月经不调、崩漏、疥疮等。

【采样编号】SH006-44。

【含硒量】根茎：1.02 mg/kg；叶：0.88 mg/kg。

335. 血见愁

Teucrium viscidum Blume

【别名】冲天泡、四棱香、方骨苦草、山藿香等。

【形态特征】多年生草本，具匍匐茎。茎直立，高30 ~ 70 cm，下部无毛或几近无毛，上部具夹生腺毛的短柔毛。叶柄近无毛；叶片卵圆形至卵圆状长圆形，先端急尖或短渐尖，基部圆形、阔楔形至楔形，下延，边缘为带重齿的圆齿，有时数齿间具深刻的齿弯，两面近无毛，或被极稀的微柔毛。假穗状花序生于茎及短枝上部。花萼小，钟形，外面密被腺长柔毛，内面在齿下被稀疏微柔毛，齿缘具缘毛。花冠白色，淡红色或淡紫色，稍伸出，唇片与冠筒成大角度的钝角，中裂片正圆形，侧裂片卵圆状三角形，先端钝。雄蕊伸出，前对与花冠等长。花柱与雄蕊等长。花盘盘状，浅4裂。子房圆球形，顶端被泡状毛。小坚果扁球形，黄棕色，合生面超过果长的1/2。花期长江流域为7—9月，广东、云南南部6—11月。

【开发利用价值】全草可入药，用于治疗风湿性关节炎、跌打损伤、肺脓疡、急性胃肠炎、消化不良、冻疮肿痛、吐血、衄血、外伤出血、毒蛇咬伤等症。

【采样编号】HT009-88。

【含硒量】全株：0.07 mg/kg。

【聚硒指数】全株：2.92。

八十五、马鞭草科 Verbenaceae

336. 臭牡丹

Clerodendrum bungei Steud.

【别名】臭八宝、臭梧桐、矮桐子、大红袍、臭枫根。

【形态特征】灌木，高1～2 m，植株有臭味；花序轴、叶柄密被褐色、黄褐色或紫色脱落性的柔毛；小枝近圆形，皮孔显著。叶片纸质，宽卵形或卵形，顶端尖或渐尖，基部宽楔形、截形或心形，边缘具粗或细锯齿，侧脉4～6对，表面散生短柔毛，背面疏生短柔毛和散生腺点或无毛，基部脉腋有数个盘状腺体。伞房状聚伞花序顶生，密集；苞片叶状，披针形或卵状披针形，早落或花时不落，早落后在花序梗上残留凸起的痕迹，小苞片披针形。核果近球形，成熟时蓝黑色。花果期5—11月。

【开发利用价值】根、茎、叶可入药，有祛风解毒、消肿止痛之功效，还可治疗子宫脱垂。

【采样编号】SH007-107。

【含硒量】茎：0.71 mg/kg；叶：0.66 mg/kg。

337. 海州常山

Clerodendrum trichotomum Thunb.

【别名】香楸、后庭花、追骨风、臭梧、泡火桐、臭梧桐。

【形态特征】灌木或小乔木，高1.5～10 m；幼枝、叶柄、花序轴等多少被黄褐色柔毛或近于无毛，老枝灰白色，具皮孔，髓白色，有淡黄色薄片状横隔。叶片纸质，卵形、卵状椭圆形或三角状卵形，顶端渐尖，基部宽楔形至截形，偶有心形，表面深绿色，背面淡绿色，两面幼时被白色短柔毛，老时表面光滑无毛，背面仍被短柔毛或无毛，或沿脉毛较密，侧脉3～5对，全缘或有时边缘具波状齿；花香，花冠白色或带粉红色，核果近球形，包藏于增大的宿萼内，成熟时外果皮蓝紫色。花果期6—11月。

【开发利用价值】可观赏，常用于园林栽培。海州常山花序大，花果美丽，一株树上花果共存，白、红、蓝色泽亮丽，花果期长，植株繁茂，为良好的观花、观果园林植物。

可药用，治风湿痹痛、半身不遂、高血压病、偏头痛、疟疾、痢疾、痔疮、痈疽疮疥。

【采样编号】SH006-48。

【含硒量】茎：0.36 mg/kg；叶：1.28 mg/kg。

338. 黄荆

Vitex negundo L.

【别名】五指柑、五指风、布荆等。

【形态特征】灌木或小乔木；小枝四棱形，密生灰白色茸毛。掌状复叶，小叶5枚，少有3枚；小叶片长圆状披针形至披针形，顶端渐尖，基部楔形，全缘或每边有少数粗锯齿，表面绿色，背面密生灰白色茸毛；两侧小叶依次递小，若具5枚小叶时，中间3枚小叶有柄，最外侧的2枚小叶无柄或近于无柄。聚伞花序排成圆锥花序式，顶生，花序梗密生灰白色茸毛；花萼钟状，顶端有5裂齿，外有灰白色茸毛；花冠淡紫色，外有微柔毛，顶端5裂，二唇形；雄蕊伸出花冠管外；子房近无毛。核果近球形；宿萼接近果实的长度。花期4—6月，果期7—10月。

【开发利用价值】茎皮可造纸及制人造棉，茎叶治久痢，种子为清凉性镇痉、镇痛药，根可以驱绦虫，花和枝叶可提取芳香油。

【采样编号】SD011-31。

【含硒量】茎：0.12 mg/kg。

【聚硒指数】茎：7.38。

339. 马鞭草

Verbena officinalis L.

【别名】铁马鞭、马鞭子、风须草、透骨草等。

【形态特征】多年生草本，高30 ~ 120 cm。茎四方形，近基部可为圆形，节和棱上有硬毛。叶片卵圆形至倒卵形或长圆状披针形，基生叶的边缘通常有粗锯齿和缺刻，茎生叶多数3深裂，裂片边缘有不整齐锯齿，两面均有硬毛，背面脉上尤多。穗状花序顶生和腋生，细弱，花小，无柄，最初密集，结果时疏离；苞片稍短于花萼，具硬毛；花萼有硬毛，有5脉，脉间凹穴处质薄而色淡；花冠淡紫至蓝色，外面有微毛，裂片5枚；雄蕊4枚，着生于花冠管的中部，花丝短；子房无毛。果长圆形，外果皮薄，成熟时4瓣裂。花期6—8月，果期7—10月。

【开发利用价值】全草可药用，味苦，性凉，有凉血、散瘀、通经、清热、解毒、止痒、驱虫、消胀之功效。

【采样编号】SH007-47。

【含硒量】根：0.18 mg/kg；叶：0.15 mg/kg。

八十六、茄科 Solanaceae

340. 阳芋

Solanum tuberosum L.

【别名】马铃薯、土豆、洋芋、山药豆、山药蛋、荷兰薯等。

【形态特征】草本，高30 ~ 80 cm，无毛或被疏柔毛。地下茎块状，扁圆形或长圆形，直径3 ~ 10 cm，外皮白色，淡红色或紫色。叶为奇数不相等的羽状复叶，小叶常大小相间，伞房花序顶生，后侧生，花白色或蓝紫色；萼钟形，直径约1 cm，外面被疏柔毛，5裂，裂片披针形，先端长渐尖；花冠辐状，花冠筒隐于萼内，花期夏季。

【开发利用价值】块茎富含淀粉，可供食用，为山区主粮之一，并为淀粉工业的主要原料。刚抽出的芽条及果实中有丰富的龙葵碱，为提取龙葵碱的原料。

【采样编号】SH007-131。

【含硒量】茎：0.02 mg/kg。

341. 龙葵

Solanum nigrum L.

【别名】天茄菜、地泡子、假灯龙草、小苦菜等。

【形态特征】一年生直立草本，高0.25～1 m，茎无棱或棱不明显，绿色或紫色，近无毛或被微柔毛。叶卵形，先端短尖，基部楔形至阔楔形而下延至叶柄，全缘或每边具不规则的波状粗齿，光滑或两面均被稀疏短柔毛，叶脉每边5～6条。蝎尾状花序腋外生，由3～6（～10）花组成，花梗近无毛或具短柔毛；萼小，浅杯状，齿卵圆形，先端圆，基部两齿间连接处成角度；花冠白色，筒部隐于萼内，5深裂，裂片卵圆形；花丝短，花药黄色，约为花丝长度的4倍，顶孔向内；子房卵形，中部以下被白色茸毛，柱头小，头状。浆果球形，熟时黑色。种子多数，近卵形，两侧压扁。

【开发利用价值】全株可入药，有散瘀消肿、清热解毒之功效。

【采样编号】SH001-16。

【含硒量】根：0.11 mg/kg；茎：0.03 mg/kg；叶：0.06 mg/kg。

【聚硒指数】根：4.54；茎：1.33；叶：3.67。

八十七、玄参科 Scrophulariaceae

342. 纤细通泉草

Mazus gracilis Hemsl.

【形态特征】多年生草本，无毛或很快变无毛。茎完全匍匐，长可达30 cm，纤细。基生叶匙形或卵形，质薄，边缘有疏锯齿；茎生叶通常对生，倒卵状匙形或近圆形，有短柄，边缘有圆齿或近全缘。总状花序通常侧生，少有顶生，上升，花疏稀；花萼钟状，萼齿与萼筒等长，卵状披针形，急尖或钝头；花冠黄色有紫斑或白色、蓝紫色、淡紫红色，上唇短而直立，2裂，下唇3裂，中裂片稍凸出，长卵形，有两条疏生腺毛的纵皱褶；子房无毛。蒴果球形，被包于宿存的稍增大的萼内，室背开裂；种子小而多数，棕黄色，平滑。花果期4—7月。

【采样编号】SH003-78。

343. 毛果通泉草

Mazus spicatus Vaniot

【别名】穗花通泉草、穗花通草等。

【形态特征】多年生草本，高10～30 cm，全体被多细胞白色或浅锈色长柔毛。主根短，倾斜向下，长2～4 cm，侧根同须根多数。茎圆柱形，细瘦，坚挺，通常基部木质化并多分枝，直立或倾卧状上升，着地部分节上常生不定根。基生叶少数而早枯萎；茎生叶对生或上部的互生，倒卵形至倒卵状匙形，膜质，长1～4 cm，基部渐狭成有翅的柄，下部的柄长达1 cm，渐上渐短，上部的近于无柄，边缘有缺刻状锯齿。总状花序顶生，花疏稀；蒴果小，卵球形，被长硬毛；种子表皮有细网纹。花期5—6月，果期7—8月。

【开发利用价值】可药用，用于治疗疔疮、脓疱疮、烫伤等。

【采样编号】HT008-67。

【含硒量】全株：0.51 mg/kg。

344. 疏花婆婆纳

Veronica laxa Benth.

【形态特征】植株高（15～）50～80 cm，全体被白色多细胞柔毛。茎直立或上升，不分枝。叶无柄或具极短的叶柄，叶片卵形或卵状三角形，边缘具深刻的粗锯齿，多为重锯齿。总状花序单支或成对，侧生于茎中上部叶腋，长而花疏离；苞片宽条形或倒披针形；花梗比苞片短得多；花萼裂片条状长椭圆形；花冠辐状，紫色或蓝色，裂片圆形至菱状卵形；雄蕊与花冠近等长。蒴果倒心形，基部楔状浑圆，有多细胞睫毛。种子南瓜籽形。花期6月。

【采样编号】SH006-09。

【含硒量】全株：1.95 mg/kg。

八十八、紫草科 Boraginaceae

345. 琉璃草

Cynoglossum furcatum Wall. in Roxb.

【形态特征】直立草本，高40～60 cm，稀达80 cm。茎单一或数条丛生，密被伏黄褐色糙伏毛。基生叶及茎下部叶具柄，长圆形或长圆状披针形，先端钝，基部渐狭，上下两面密生贴伏的伏毛；茎上部叶无柄，狭小，被密伏的伏毛。花序顶生及腋生，分枝钝角叉状分开，无苞片，果期延长呈总状；花梗果期较花萼短，密生贴伏的糙伏毛；花萼果期稍增大，裂片卵形或卵状长圆形，外面密伏短糙毛；花冠蓝色，漏斗状，裂片长圆形，先端圆钝，喉部有5个梯形附属物；花药长圆形，花丝基部扩张，着生花冠筒上1/3处；花柱肥厚，略四棱形，较花萼稍短。小坚果卵球形。花果期5—10月。

【开发利用价值】根叶可药用，味微苦，性寒，有清热解毒、利尿消肿、活血调经之功效。主治急性肾炎、肝炎、月经不调、水肿、下颌急性淋巴结炎及心绞痛；外用治疗、毒蛇咬伤及跌打损伤等，均具有较好疗效。

【采样编号】SH004-09。

【含硒量】根：17.87 mg/kg；茎：7.15 mg/kg；叶：15.51 mg/kg。

【聚硒指数】根：3.49；茎：1.40；叶：3.03。

346. 聚合草

Symphytum officinale L.

【别名】友谊草、爱国草。

【形态特征】从生型多年生草本，高30 ~ 90 cm，全株被向下稍弧曲的硬毛和短伏毛。根发达、主根粗壮，淡紫褐色。茎数条，直立或斜升，有分枝。基生叶通常50 ~ 80片，最多可达200片，具长柄，叶片带状披针形、卵状披针形至卵形，稍肉质，先端渐尖；茎中部和上部叶较小，无柄，基部下延。花序含多数花；花萼裂至近基部，裂片披针形，先端渐尖；花冠淡紫色、紫红色至黄白色，裂片三角形，先端外卷，子房通常不育，偶尔个别花内成熟1个小坚果。小坚果歪卵形，黑色，平滑，有光泽。花期5—10月。

【开发利用价值】适应性广，产量高，利用期长，适口性好，是优质高产的畜禽饲料作物，也有较高的营养价值；可药用；也有一定的观赏价值。

【采样编号】HT008-53。

【含硒量】茎：0.05 mg/kg；叶：0.04 mg/kg。

八十九、透骨草科 Phrymaceae

347. 透骨草

Phryma leptostachya subsp. *asiatica*（H. Hara）Kitam.

【别名】药曲草、倒刺草等。

【形态特征】多年生草本，高10～80 cm。茎直立，四棱形，不分枝或于上部有带花序的分枝，分枝叉开，绿色或淡紫色，遍布倒生短柔毛或于茎上部有开展的短柔毛，少数近无毛。叶对生；叶片卵状长圆形、卵状披针形、卵状椭圆形至卵状三角形或宽卵形，草质，先端渐尖、尾状急尖或急尖，稀近圆形，基部楔形、圆形或截形，中、下部叶基部常下延，边缘有3～5个或多个钝锯齿、圆齿或圆齿状牙齿，两面散生但沿脉被较密的短柔毛；种子1颗，基生，种皮薄膜质，与果皮合生。花期6—10月，果期8—12月。

【开发利用价值】全草可入药，味甘、辛，性温。归肺、肝经。治感冒、跌打损伤；外用治毒疮、湿疹、疥疮。根及叶的鲜汁或水煎液对菜粉蝶、家蝇和三带喙库蚊的幼虫有强烈的毒性。

【采样编号】SH006-14。

【含硒量】全株：0.07 mg/kg。

九十、爵床科 Acanthaceae

348. 爵床

Justicia procumbens L.

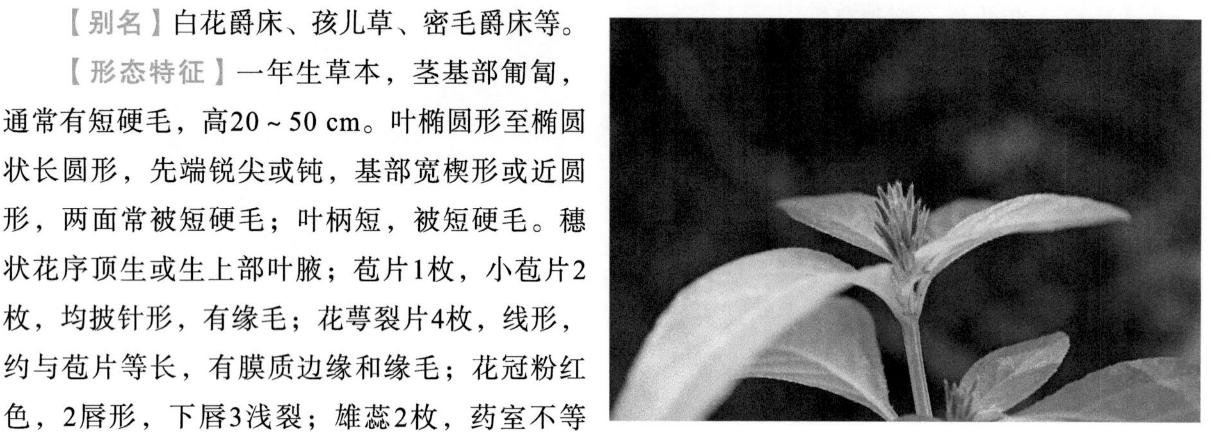

【别名】白花爵床、孩儿草、密毛爵床等。

【形态特征】一年生草本，茎基部匍匐，通常有短硬毛，高20 ~ 50 cm。叶椭圆形至椭圆状长圆形，先端锐尖或钝，基部宽楔形或近圆形，两面常被短硬毛；叶柄短，被短硬毛。穗状花序顶生或生上部叶腋；苞片1枚，小苞片2枚，均披针形，有缘毛；花萼裂片4枚，线形，约与苞片等长，有膜质边缘和缘毛；花冠粉红色，2唇形，下唇3浅裂；雄蕊2枚，药室不等高，下方1室有距，蒴果，上部具4颗种子，下部实心似柄状。种子表面有瘤状皱纹。

【开发利用价值】全草可入药，治腰背痛、创伤等。

该种聚硒能力强，可用作聚硒中药材开发。

【采样编号】SD010-83。

【含硒量】全株：10.59 mg/kg。

【聚硒指数】全株：160.52。

九十一、旋花科 Convolvulaceae

349. 牵牛

Ipomoea nil（L.）Roth

【别名】牵牛花、喇叭花、朝颜、二牛子等。

【形态特征】一年生缠绕草本，茎上被倒向的短柔毛及杂有倒向或开展的长硬毛。叶宽卵形或近圆形，深或浅的3裂，偶5裂，基部圆，心形，中裂片长圆形或卵圆形，渐尖或骤尖，侧裂片较短，三角形，裂口锐或圆，叶面或疏或密被微硬的柔毛。花腋生，单一或通常2朵着生于花序梗顶；苞片线形或叶状，被开展的微硬毛；小苞片线形；萼片近等长，披针状线形；花冠漏斗状，蓝紫色或紫红色，花冠管色淡；雄蕊及花柱内藏；雄蕊不等长；花丝基部被柔毛；子房无毛，柱头头状。蒴果近球形，3瓣裂。种子卵状三棱形，黑褐色或米黄色，被褐色短茸毛。

【开发利用价值】除栽培供观赏外，种子为常用中药，名丑牛子（云南）、黑丑、白丑、二丑（黑、白种子混合），入药多用黑丑，白丑较少用。有泻水利尿、逐痰、杀虫之功效。

【采样编号】SD011-77。

【含硒量】全株：0.08 mg/kg。

【聚硒指数】全株：5.00。

350. 打碗花

Calystegia hederacea Wall. in Roxb.

【别名】扶子苗、钩耳蕨、面根藤、走丝牡丹、扶秧、兔耳草等。

【形态特征】一年生草本，全体不被毛，植株通常矮小，高8～30（～40）cm，常自基部分枝，具细长白色的根。茎细，平卧，有细棱。基部叶片长圆形，顶端圆，基部戟形，上部叶片3裂，中裂片长圆形或长圆状披针形，侧裂片近三角形，全缘或2～3裂，叶片基部心形或戟形。花腋生，1朵，花梗长于叶柄，有细棱；苞片宽卵形，顶端钝或锐尖至渐尖；萼片长圆形，顶端钝，具小短尖头，内萼片稍短；花冠淡紫色或淡红色，钟状，冠檐近截形或微裂；雄蕊近等长，花丝基部扩大，贴生花冠管基部，被小鳞毛；子房无毛，柱头2裂，裂片长圆形，扁平。蒴果卵球形，宿存萼片与之近等长或稍短。种子黑褐色，表面有小疣。

【开发利用价值】根可药用，治妇女月经不调、赤白带下。亦可作园林植物。

【采样编号】SD012-72。

【含硒量】茎：0.01 mg/kg；叶：0.01 mg/kg。

【聚硒指数】茎：0.44；叶：0.44。

351. 菟丝子

Cuscuta chinensis Lam.

【别名】雷真子、无根藤、金丝藤、豆阎王、豆寄生等。

【形态特征】一年生寄生草本。茎缠绕，黄色，纤细，直径约1 mm，无叶。花序侧生，少花或多花簇生成小伞形或小团伞花序，近于无总花序梗；苞片及小苞片小，鳞片状；花梗稍粗壮；花萼杯状，中部以下连合，裂片三角状，顶端钝；花冠白色，壶形，裂片三角状卵形，顶端锐尖或钝，向外反折，宿存；雄蕊着生花冠裂片弯缺微下处；鳞片长圆形，边缘长流苏状；子房近球形，花柱2枚，等长或不等长，柱头球形。蒴果球形，几乎全为宿存的花冠所包围，成熟时整齐的周裂。种子2～49颗，淡褐色，卵形，表面粗糙。

【开发利用价值】种子可药用，有补肝肾、益精壮阳、止泻之功效。

【采样编号】SD011-62。

【含硒量】全株：0.15 mg/kg。

【聚硒指数】全株：9.31。

九十二、川续断科 Dipsacaceae

352. 川续断

Dipsacus asper Wall. ex C. B. clarke

【别名】川续断然、刺芹儿。

【形态特征】多年生草本，高达2 m。主根1条或在根茎上生出数条，圆柱形，黄褐色，稍肉质；茎中空，具6～8条棱，棱上疏生下弯粗短的硬刺。基生叶稀疏丛生，叶片琴状羽裂，顶端裂片大，卵形，两侧裂片3～4对，侧裂片一般为倒卵形或匙形，叶面被白色刺毛或乳头状刺毛，背面沿脉密被刺毛；茎生叶在茎之中下部为羽状深裂，中裂片披针形，先端渐尖，边缘具疏粗锯齿，侧裂片2～4对，披针形或长圆形，基生叶和下部的茎生叶具长柄，向上叶柄渐短，上部叶披针形，不裂或基部3裂。头状花序球形，花药椭圆形，紫色；瘦果长倒卵柱状，包藏于小总苞内。花期7—9月，果期9—11月。

【开发利用价值】根可入药，味苦、辛，性微温。归肝、肾经。可补肝肾、强筋骨、调血脉、止崩漏；主治腰膝酸痛、肢节痿痹、跌扑创伤、损筋折骨、胎动漏红、血崩、遗精、带下等。

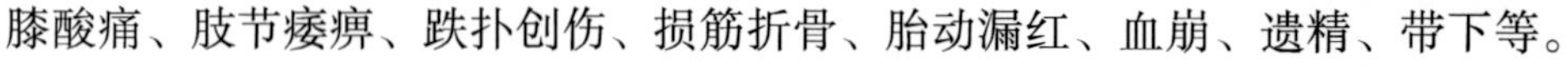

【采样编号】SH004-04。

【含硒量】全株：20.37 mg/kg。

【聚硒指数】全株：3.98。

单子叶植物纲 Monocotyledoneae

九十三、天南星科 Araceae

353. 半夏

Pinellia ternata（Thunb.）Breitenb.

【别名】和姑、小天南星、老鸦眼、麻芋果、三叶半夏等。

【形态特征】块茎圆球形，直径1～2 cm，具须根。叶2～5枚，有时1枚。叶柄基部具鞘，鞘内、鞘部以上或叶片基部（叶柄顶头）有珠芽，珠芽在母株上萌发或落地后萌发；幼苗叶片卵状心形至戟形，为全缘单叶；老株叶片3全裂，裂片绿色，背淡，长圆状椭圆形或披针形，两头锐尖；侧裂片稍短；全缘或具不明显的浅波状圆齿，侧脉8～10对，细弱，细脉网状，密集，集合脉2圈。花序柄长于叶柄。佛焰苞绿色或绿白色，管部狭圆柱形；檐部长圆形，绿色，有时边缘青紫色，钝或锐尖。肉穗花序；附属器绿色变青紫色，直立，有时“S”形弯曲。浆果卵圆形，黄绿色，先端渐狭为明显的花柱。花期5—7月，果8月成熟。

【开发利用价值】块茎可入药，有毒，能燥湿化痰、降逆止呕；主治咳嗽痰多、恶心呕吐；外用治急性乳腺炎、急慢性化浓性中耳炎；兽医用以治锁喉癀。

【采样编号】SH007-52。

354. 一把伞南星

Arisaema erubescens（Wall.）Schott

【别名】天南星、虎掌南星、短柄南星等。

【形态特征】块茎扁球形，直径可达6 cm，表皮黄色，有时淡红紫色。鳞叶绿白色、粉红色、有紫褐色斑纹。叶1枚，极稀2枚，叶柄中部以下具鞘，鞘部粉绿色，上部绿色，有时具褐色斑块；叶片放射状分裂，裂片无定数；幼株少则3～4枚，多年生植株有多至20枚的，常1枚上举，余放射状平展，披针形、长圆形至椭圆形。花序柄比叶柄短，直立，果时下弯或否。佛焰苞绿色，背面有清晰的白色条纹，或淡紫色至深紫色而无条纹，管部圆筒形；喉部边缘截形或稍外卷；檐部通常颜色较深，三角状卵形至长圆状卵形，有时为倒卵形，先端渐狭，略下弯。肉穗花序单性；各附属器棒状、圆柱形，中部稍膨大或否，直立，先端钝，光滑，基部渐狭；雄花序的附属器下部光滑或有少数中性花；雌花序上的具多数中性花。雄花具短柄，淡绿色、紫色至暗褐色，雄蕊2～4枚，药室近球形。雌花：子房卵圆形，柱头无柄。果序柄下弯或直立，浆果红色，种子1～2颗，球形，淡褐色。花期5—7月，果9月成熟。

【开发利用价值】块茎可入药，长期以来，与天南星通用。味苦、辛，性温，有毒。有燥湿化痰、祛风定惊、消肿散结之功效。

【采样编号】HT008-72。

【含硒量】茎：0.06 mg/kg；叶：0.13 mg/kg；果实：0.01 mg/kg。

355. 独角莲

Sauromatum giganteum（Engler）Cusimano & Hetterscheid

【别名】白附子、野芋、天南星、滴水参等。

【形态特征】多年生草本。块茎倒卵形，卵球形或卵状椭圆形，大小不等，直径2～4 cm，外被暗褐色小鳞片，有7～8条环状节，颈部周围生多条须根。通常1～2年生的只有1枚叶，3～4年生的有3～4枚叶。叶与花序同时抽出。叶柄圆柱形，密生紫色斑点，中部以下具膜质叶鞘；叶片幼时内卷如角状（因名），后即展开，箭形，先端渐尖，基部箭状，后裂片叉开成70°的锐角，钝；中肋背面隆起，I级侧脉7～8对，最下部的两条基部重叠。佛焰苞紫色，管部圆筒形或长圆状卵形；檐部卵形，展开，先端渐尖常弯曲。肉穗花序几无梗，雌花序圆柱形；附属器紫色，圆柱形，直立，基部无柄，先端钝。雄花无柄，药室卵圆形，顶孔开裂。雌花：子房圆柱形，顶部截平，胚珠2枚；柱头无柄，圆形。花期6—8月，果期7—9月。

【开发利用价值】块茎可药用，能祛风痰、逐寒湿、镇痉，治头痛、口眼歪斜、半身不遂、破伤风、跌打损伤、肢体麻木、中风不语、淋巴结核等。中药中的“白附子”即系独角莲加工而成。

【采样编号】SH001-02。

【含硒量】根：0.31 mg/kg；茎：0.43 mg/kg；叶：0.07 mg/kg。

【聚硒指数】根：13.00；茎：18.08；叶：2.88。

356. 花魔芋

Amorphophallus konjac K. Koch

【别名】蛇六谷、魔芋等。

【形态特征】块茎扁球形，顶部中央多少下凹，暗红褐色；颈部周围生多数肉质根及纤维状须根。叶柄黄绿色，光滑，有绿褐色或白色斑块；基部膜质鳞叶2～3枚，披针形，内面的渐长大。叶片绿色，3裂，I次裂片具柄，二歧分裂，II次裂片二回羽状分裂或二回二歧分裂，小裂片互生，大小不等，基部的较小，向上渐大，长圆状椭圆形，骤狭渐尖；侧脉多数，纤细，平行，近边缘连接为集合脉。花序柄色泽同叶柄。佛焰苞漏斗形，基部席卷；檐部心状圆形，锐尖，边缘折波状。肉穗花序比佛焰苞长1倍，雌花序圆柱形，紫色；雄花序紧接；附属器伸长的圆锥形，中空，明显具小薄片或具棱状长圆形的不育花遗垫，深紫色。子房苍绿色或紫红色，2室。浆果球形或扁球形，成熟时黄绿色。花期4—6月，果8—9月成熟。

【开发利用价值】具有降血糖、降血脂、降压、散毒、养颜、通脉、减肥、通便、开胃等多功能，是健康食品。全株有毒，以块茎为最，不可生吃，需加工后方可食用。中毒后舌、喉灼热、痒痛、肿大，民间用醋加姜汁少许，内服或含漱，可以解救。

【采样编号】SH003-80。

357. 菖蒲

Acorus calamus L.

【别名】臭草、大菖蒲、剑菖蒲、白菖蒲、山菖蒲等。

【形态特征】多年生草本。根茎横走，稍扁，分枝，直径5～10 mm，外皮黄褐色，芳香，肉质根多数，具毛发状须根。叶基生，基部两侧膜质叶鞘向上渐狭，至叶长1/3处渐行消失、脱落。叶片剑状线形，基部宽、对褶，中部以上渐狭，草质，绿色，光亮；中肋在两面均明显隆起，侧脉3～5对，平行，纤弱，大都伸延至叶尖。花序柄三棱形；叶状佛焰苞剑状线形；肉穗花序斜向上或近直立，狭锥状圆柱形。花黄绿色；子房长圆柱形。浆果长圆形，红色。花期（2—）6—9月。

【开发利用价值】菖蒲是园林绿化中常用的水生植物，品种丰富，是较高的观赏价值。

全株芳香，可作香料或驱蚊虫。茎、叶可入药。根状茎（白菖蒲）味苦、辛，性温，有化痰、开窍、健脾、利湿之功效，用于治癫痫、惊悸健忘、神志不清、湿滞痞胀、泄泻痢疾、风湿疼痛等。花、茎香味浓郁，有开窍、祛痰、散风之功效，可祛疫益智、强身健体。

【采样编号】SH006-37。

九十四、百合科 Liliaceae

358. 萱草

Hemerocallis fulva（L.）L.

【别名】摺叶萱草、黄花菜、金针菜等。

【形态特征】多年生草本，根状茎粗短，具肉质纤维根，多数膨大呈窄长纺锤形。叶基生成丛，条状披针形，背面被白粉。夏季开橘黄色大花，花葶长于叶，高达1 m以上；圆锥花序顶生，有花6～12朵，有小的披针形苞片；花被基部粗短漏斗状，花被6片，开展，向外反卷，外轮3片，内轮3片，边缘稍作波状；雄蕊6枚，花丝长，着生花被喉部；子房上位，花柱细长。本种的主要特征是：根近肉质，中下部有纺锤状膨大；叶一般较宽；花早上开晚上凋谢，无香味，橘红色至橘黄色，内花被裂片下部一般有“∧”形彩斑。这些特征可以区别于本国产的其他种类。花果期为5—7月。

【开发利用价值】可药用，有清热利尿、凉血止血的功效。用于治腮腺炎、黄疸、膀胱炎、尿血、小便不利、乳汁缺乏、月经不调、衄血、便血；外用治乳腺炎。

花色鲜艳，栽培容易，且春季萌发早，绿叶成丛，极为美观。园林中多丛植或于花境、路旁栽植。萱草类耐半阴，又可做疏林地被植物。

【采样编号】SH007-120。

359. 紫萼

Hosta ventricosa（Salisb.）Stearn

【别名】紫萼玉簪。

【形态特征】根状茎粗0.3～1 cm。叶卵状心形、卵形至卵圆形，先端通常近短尾状或骤尖，基部心形或近截形，极少叶片基部下延而略呈楔形，具7～11对侧脉；具10～30朵花；苞片矩圆状披针形，白色，膜质；花单生，长4～5.8 cm，盛开时从花被管向上骤然作近漏斗状扩大，紫红色；花梗7～10 mm，雄蕊伸出花被之外，完全离生。蒴果圆柱状，有3棱，长2.5～4.5 cm，直径6～7 mm。花期6—7月，果期7—9月。

【开发利用价值】各地常见栽培，供观赏。可药用，内用治胃痛、跌打损伤，外用治虫蛇咬伤等。

【采样编号】SH006-12。

360. 卷丹

Lilium tigrinum Ker Gawler

【别名】卷丹百合、河花。

【形态特征】鳞茎近宽球形，高约3.5 cm，直径4～8 cm；鳞片宽卵形，白色。茎高0.8～1.5 m，带紫色条纹，具白色绵毛。叶散生，矩圆状披针形或披针形，两面近无毛，先端有白毛，边缘有乳头状凸起，有5～7条脉，上部叶腋有珠芽。花3～6朵或更多；苞片叶状，卵状披针形，先端钝，有白绵毛；花梗紫色，有白色绵毛；花下垂，花被片披针形，反卷，橙红色，有紫黑色斑点；内轮花被片稍宽，蜜腺两边有乳头状凸起，尚有流苏状凸起；雄蕊四面张开；花丝淡红色，无毛，花药矩圆形；子房圆柱形；花柱柱头稍膨大，3裂。蒴果狭长卵形。花期7—8月，果期9—10月。

【开发利用价值】植株非常高大，盛开的花朵美丽大方，花期比较长，花朵带有迷人的香味，极富观赏价值；味道甘甜，可以作为蔬菜食用，还具有一定的保健功能。

药用：以肉质鳞片入药。植株含丰富的蛋白质以及多种维生素、胡萝卜素，是珍贵的药材，用于治疗感冒咳嗽，能祛痰、清痰火、养五脏；也有补虚损、安神定心、止涕泪等功效。

【采样编号】SH006-39。

361. 大百合

Cardiocrinum giganteum（Wall.）Makino

【别名】水百合。

【形态特征】小鳞茎卵形，干时淡褐色。茎直立，中空，高1～2 m，直径2～3 cm，无毛。叶纸质，网状脉；基生叶卵状心形或近宽矩圆状心形，茎生叶卵状心形，向上渐小，靠近花序的几枚为船形。总状花序有花10～16朵，无苞片；花狭喇叭形，白色，里面具淡紫红色条纹；花被片条状倒披针形；雄蕊长约为花被片的1/2；花丝向下渐扩大，扁平；花药长椭圆形；子房圆柱形；花柱柱头膨大，微3裂。蒴果近球形，顶端有一小尖突，基部有粗短果柄，红褐色，具6钝棱和多数细横纹，3瓣裂。种子呈扁钝三角形，红棕色，周围具淡红棕色半透明的膜质翅。花期6—7月，果期9—10月。

【开发利用价值】可药用，味淡，性平，有清热止咳、宽胸利气之功效，用于治肺痨咯血、咳嗽痰喘、小儿高烧、胃痛及反胃、呕吐。

植株健壮，花大洁白，果实似一颗颗绿宝石嵌于花茎顶端。宜栽植于大庭院或稀疏林下半阴处，也可盆栽观赏，点缀居室和阳台。

【采样编号】SH006-59。

362. 菝葜

Smilax china L.

【别名】金刚刺、金刚藤、马加勒等。

【形态特征】多年生攀援灌木。根状茎粗厚，坚硬，为不规则的块状，粗2～3 cm。茎长1～3 m，少数可达5 m，疏生刺。叶薄革质或坚纸质，干后通常红褐色或近古铜色，圆形、卵形或其他形状，几乎都有卷须，少有例外，脱落点位于靠近卷须处。伞形花序生于叶尚幼嫩的小枝上，具十几朵或更多的花，常呈球形；花序托稍膨大，近球形，较少稍延长，具小苞片；花绿黄色，内花被片稍狭；雄花中花药比花丝稍宽，常弯曲；雌花与雄花大小相似，有6枚退化雄蕊。浆果熟时红色，有粉霜。花期2—5月，果期9—11月。

【开发利用价值】根状茎可提取淀粉和栲胶或用来酿酒。有些地区代土茯苓或萆薢用，有祛风活血的作用。

【采样编号】HT008-63。

【含硒量】茎：0.03 mg/kg；叶：0.06 mg/kg。

363. 光叶菝葜

Smilax corbularia var. *woodii*（Merr.）T. Koyama

【别名】土茯苓、硬板头等。

【形态特征】攀援灌木，根状茎粗厚，块状，常由匍匐茎相连接，枝条光滑，无刺。叶薄革质，狭椭圆状披针形至狭卵状披针形，先端渐尖，下面通常绿色，有时带苍白色；叶柄具狭鞘，有卷须，脱落点位于近顶端。伞形花序通常具10余朵花；总花绿白色，六棱状球形，雄花外花被片近扁圆形，兜状；内花被片近圆形，边缘有不规则的齿；雄蕊靠合，与内花被片近等长，花丝极短；雌花外形与雄花相似，但内花被片边缘无齿，具3枚退化雄蕊。浆果熟时紫黑色，具粉霜。花期7—11月，果期11月至翌年4月。

【开发利用价值】粗厚的根状茎可入药，称土茯苓，味甘，性平，能利湿热解毒、健脾胃，且富含淀粉，可用来制糕点或酿酒。

【采样编号】SD010-78。

【含硒量】茎：0.18 mg/kg；叶：0.13 mg/kg。

【聚硒指数】茎：2.65；叶：1.97。

364. 牛尾菜

Smilax riparia A. DC.

【别名】软叶菝葜、白须公、草菝葜、龙须菜等。

【形态特征】多年生草质藤本。茎长1～2 m，中空，有少量髓，干后凹瘪并具槽。叶形状变化较大，下面绿色，无毛；叶柄通常在中部以下有卷须。伞形花序总花梗较纤细；小苞片在花期一般不落；雌花比雄花略小，不具或具钻形退化雄蕊。浆果。花期6—7月，果期10月。

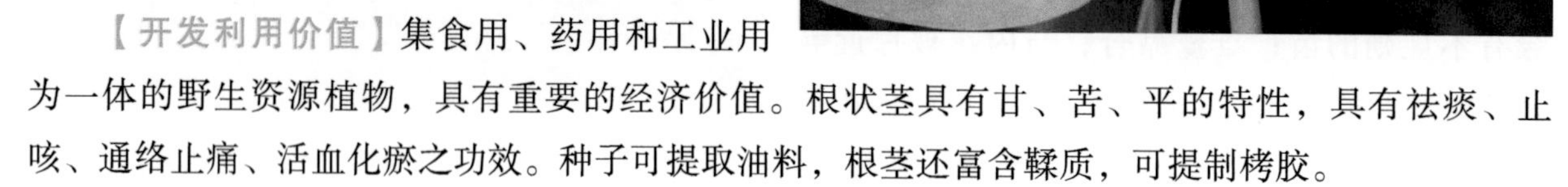

【开发利用价值】集食用、药用和工业用为一体的野生资源植物，具有重要的经济价值。根状茎具有甘、苦、平的特性，具有祛痰、止咳、通络止痛、活血化瘀之功效。种子可提取油料，根茎还富含鞣质，可提制栲胶。

【采样编号】SD011-74。

【含硒量】茎：0.03 mg/kg；叶：0.06 mg/kg。

【聚硒指数】茎：1.75；叶：3.69。

365. 沿阶草

Ophiopogon bodinieri H. Lév.

【别名】绣墩草、矮小沿阶草。

【形态特征】草本。根纤细，近末端处有时具膨大成纺锤形的小块根；地下走茎长，直径1～2 mm，节上具膜质的鞘。茎很短。叶基生成丛，禾叶状，先端渐尖，具3～5条脉，边缘具细锯齿。花葶较叶稍短或几等长，总状花序具几朵至十几朵花；花常单生或2朵簇生于苞片腋内；苞片条形或披针形，少数呈针形，稍带黄色，半透明；花梗关节位于中部；花被片卵状披针形、披针形或近矩圆形，内轮3片宽于外轮3片，白色或稍带紫色；花丝很短；花药狭披针形，常呈绿黄色；花柱细。种子近球形或椭圆形。花期6—8月，果期8—10月。

【开发利用价值】块根作中药麦冬用，亦可成片栽于风景区的阴湿空地和水边湖畔作地被植物。

【采样编号】HT009-73。

【含硒量】全株：0.01 mg/kg。

【聚硒指数】全株：0.36。

366. 长蕊万寿竹

Disporum longistylum（H. Lév. & Vaniot）H. Hara

【形态特征】多年生草本，根状茎横出，呈结节状，有残留的茎基和圆盘状疤痕；根肉质，有纵皱纹或细毛，灰黄色。茎上部有分枝。叶厚纸质，椭圆形、卵形至卵状披针形，先端渐尖至尾状渐尖，下面脉上和边缘稍粗糙，基部近圆形；伞形花序，有花2～6朵，生于茎和分枝顶端；花梗有乳头状凸起；花被片白色或黄绿色，倒卵状披针形，先端尖，花丝等长或稍长于花被片，露出于花被外。浆果有3～6颗种子。种子珠形或三角状卵形，棕色，有细皱纹。花期3—5月，果期6—11月。

【开发利用价值】根可药用。

【采样编号】SH006-13。

【含硒量】全株：0.20 mg/kg。

367. 宽叶韭

Allium hookeri Thwaites

【形态特征】鳞茎圆柱状，具粗壮的根；鳞茎外皮白色，膜质，不破裂。叶条形至宽条形，稀为倒披针状条形，比花葶短或近等长，具明显的中脉。花葶侧生，圆柱状，或略呈三棱柱状，下部被叶鞘；总苞2裂，常早落；伞形花序近球状，多花，花较密集；花白色，星芒状开展；花被片等长，披针形至条形，先端渐尖或不等的2裂；花丝等长，比花被片短或近等长，在最基部合生并与花被片贴生；子房倒卵形，基部收狭成短柄，外壁平滑，每室1胚珠；花柱比子房长；柱头点状。花果期8—9月。

【开发利用价值】在我国南方的一些地区栽培作蔬菜食用。

【采样编号】SH007-66。

【含硒量】全株：3.91 mg/kg。

368. 疏花粉条儿菜

Aletris laxiflora Bureau & Franch.

【别名】疏花肺筋草。

【形态特征】植株具细长的纤维根。叶簇生，硬纸质，条形，先端渐尖或急尖。花葶上部密生短毛，中下部有几枚苞片状叶；总状花序苞片2枚，窄披针形，位于花梗的上端、中部或基部，长于花或短于花；花梗通常较短；花被白色，分裂到中部以下；裂片窄披针形，开展，有时反卷；雄蕊着生于花被裂片下部，花药卵形；子房卵形，柱头稍膨大。蒴果球形，无毛。花果期7—8月。

【采样编号】SH005-09

【含硒量】根：0.24 mg/kg；茎：0.10 mg/kg；叶：0.10 mg/kg。

【聚硒指数】根：15.00；茎：6.38；叶：6.38。

九十五、棕榈科 Palmae

369. 棕榈

Trachycarpus fortunei（Hook.）H. Wendl.

【别名】棕树、栟榈。

【形态特征】乔木。高3～10 m或更高，树干圆柱形，被不易脱落的老叶柄基部和密集的网状纤维，除非人工剥除，否则不能自行脱落，裸露树干直径10～15 cm甚至更粗。叶片呈3/4圆形或者近圆形。果实阔肾形，有脐，成熟时由黄色变为淡蓝色，有白粉，柱头残留在侧面附近。种子胚乳均匀，角质，胚侧生。花期4月，果期12月。

【开发利用价值】在南方各地广泛栽培，主要剥取其棕皮纤维（叶鞘纤维），作绳索，编蓑衣、棕绷、地毡，制刷子和作沙发的填充料等；嫩叶经漂白可制扇和草帽；未开放的花苞又称“棕鱼”，可供食用；棕皮及叶柄（棕板）煅炭入药有止血作用，果实、叶、花、根等亦可入药；此外，棕榈树形优美，也是庭园绿化的优良树种。

【采样编号】HT008-59。

【含硒量】叶片：0.13 mg/kg；叶柄：0.03 mg/kg。

九十六、薯蓣科 Dioscoreaceae

370. 薯蓣

Dioscorea polystachya Turczaninow

【别名】山药、淮山、面山药、野脚板薯、野山药等。

【形态特征】缠绕草质藤本。块茎长圆柱形，垂直生长，长可达1 m多，断面干时白色。茎通常带紫红色，右旋，无毛。单叶，在茎下部的互生，中部以上的对生，很少3叶轮生；叶片变异大，卵状三角形至宽卵形或戟形，顶端渐尖，基部深心形、宽心形或近截形，边缘常3浅裂至3深裂，中裂片卵状椭圆形至披针形，侧裂片耳状，圆形、近方形至长圆形；幼苗时一般叶片为宽卵形或卵圆形，基部深心形。叶腋内常有珠芽。雌雄异株。种子着生于每室中轴中部，四周有膜质翅。花期6—9月，果期7—11月。

【开发利用价值】块茎为常用中药“怀山药”，根可入药，甘，温、平，无毒。主治伤中，补虚羸，除寒热邪气，补中，益气力，长肌肉，强阴。久服，耳目聪明，轻身不饥，延年。

【采样编号】SH006-03。

【含硒量】全株：24.62 mg/kg。

九十七、鸢尾科 Iridaceae

371. 蝴蝶花

Iris japonica Thunb.

【别名】扁竹、兰花草、日本鸢尾、铁扁担等。

【形态特征】多年生草本。根状茎可分为较粗的直立根状茎和纤细的横走根状茎，直立的根状茎扁圆形，具多数较短的节间，棕褐色，横走的根状茎节间长，黄白色；须根生于根状茎的节上，分枝多。叶基生，暗绿色，有光泽，近地面处带红紫色，剑形，顶端渐尖，无明显的中脉。花茎直立，高于叶片，顶生稀疏总状聚伞花序，分枝5～12个，与苞片等长或略超出；苞片叶状，3～5枚，宽披针形或卵圆形，种子黑褐色，为不规则的多面体，无附属物。花期3—4月，果期5—6月。

【开发利用价值】为民间草药，能清热解毒、消瘀逐水，用于治疗小儿发烧、肺病咳血、喉痛、外伤瘀血等。

【采样编号】SH001-03。

【含硒量】根：0.14 mg/kg；叶：0.05 mg/kg。

【聚硒指数】根：5.63；叶：2.62。

九十八、禾本科 Gramineae

372. 五节芒

Miscanthus floridulus（Labill.）Warburg ex F. Schumann

【别名】芭茅。

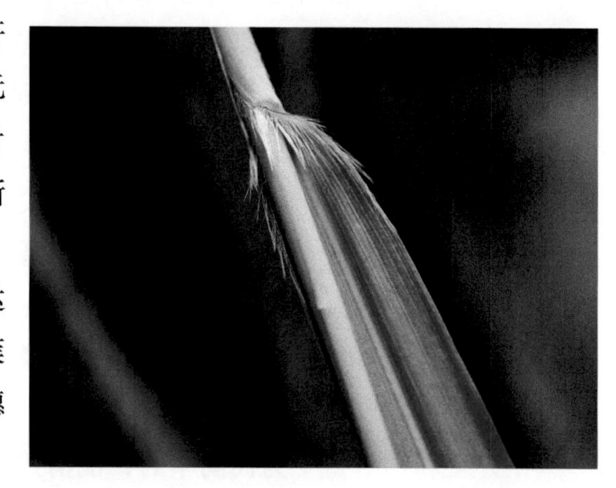

【形态特征】多年生草本，具发达根状茎。秆高大似竹，高2～4 m，无毛，节下具白粉，叶鞘无毛，鞘节具微毛，长于或上部者稍短于其节何；叶片披针状线形，扁平，基部渐窄或呈圆形，顶端长渐尖，中脉粗壮隆起，两面无毛，或上面基部有柔毛，边缘粗糙。圆锥花序大型，稠密，主轴粗壮，延伸达花序的2/3以上，无毛；分枝较细弱，通常10多枚簇生于基部各节，具二至三回小枝，腋间生柔毛；小穗卵状披针形，黄色，基盘具较长于小穗的丝状柔毛；第一颖无毛，顶端渐尖或有2微齿；第二颖等长于第一颖，顶端渐尖；雄蕊3枚，花药橘黄色；花柱极短，柱头紫黑色，自小穗中部之两侧伸出。花果期5—10月。

【开发利用价值】为日常生活之中最常见的野外群生禾本科植物，可作牧草。幼叶作饲料，秆可作造纸原料，根状茎有利尿之功效。

【采样编号】SH003-13。

【含硒量】茎：14.97 mg/kg；叶：41.24 mg/kg。

【聚硒指数】茎：20.68；叶：56.97。

373. 刚莠竹

Microstegium ciliatum（Trin.）A. Camus

【别名】大种假莠竹、二芒莠竹、二型莠竹。

【形态特征】多年生蔓生草本。秆高1 m以上，较粗壮，下部节上生根，具分枝，花序以下和节均被柔毛。叶鞘长于或上部者短于其节间，背部具柔毛或无毛；叶舌膜质，具纤毛；叶片披针形或线状披针形，两面具柔毛或无毛，或近基部有疣基柔毛，顶端渐尖或成尖头，中脉白色。总状花序5～15个着生于短缩主轴上成指状排列；无柄小穗披针形；第一颖背部具凹沟，无毛或上部具微毛，二脊无翼，边缘具纤毛，顶端钝或有2微齿，第二颖舟形，具3脉，中脉呈脊状，上部具纤毛，顶端延伸成小尖头或具短芒；第一外稃不存在或微小；芒直伸或稍弯；雄蕊3枚。颖果长圆形，胚长为果体的1/3～1/2。有柄小穗与无柄者同形，边缘密生纤毛。

【开发利用价值】秆、叶柔嫩，被牛、羊、马喜食，为良等天然牧草。叶片宽大繁茂，质地柔嫩，分枝多，产量大，为家畜的优质饲料。

【采样编号】SH004-59。

【含硒量】茎叶：19.45 mg/kg。

【聚硒指数】茎叶：3.40。

374. 平竹

Chimonobambusa communis（J. R. Xue & T. P. Yi）T. H. Wen & Ohrnb.

【形态特征】秆高3～7 m，粗1～3 cm；基部节间略呈四方形或为圆筒形，平滑无毛；秆环在不分枝的节平坦或微隆起。箨鞘早落，纸质或厚纸质，鲜笋时为墨绿色，解箨时为浅黄褐色，长圆形或长三角形，背部平滑无毛，有光泽，纵脉纹不甚明显；无箨耳；箨舌高约1 mm；箨片三角形或锥形，无毛，纵脉纹明显，基部与箨鞘顶端连接处有明显的关节，故易脱落，边缘常内卷；秆每节常具3枝，枝环隆起。末级小枝具（1）2叶或3叶；叶鞘革质，无毛而略有光泽，背部上方具1纵脊和多数纵肋；叶耳缺，但在鞘口有直立缝毛数条；叶舌低矮，截形，上缘无缝毛；叶片披针形，纸质，上表面深绿色，无毛，下表面淡绿色，具微毛，次脉4对或5对，小横脉清晰，边缘的一侧密生细锯齿而粗糙，另一侧则具疏细锯齿或平滑；花药黄色，基部稍作箭镞形；子房椭圆形，无毛，花柱1枚，柱头2枚，白色，羽毛状。果实呈坚果状，椭圆形，暗绿色，光滑无毛，顶端不具宿存花柱。笋期5月，花期3月，果期5月。

【开发利用价值】笋供食用。篾质柔软，韧性强，适于编织竹席，幼竹可供造纸和槌作建筑用的竹麻。

【采样编号】SH006-01。

【含硒量】叶：2.36 mg/kg。

375. 水竹

Phyllostachys heteroclada Oliver

【别名】实心竹、木竹、黎子竹。

【形态特征】竿可高6 m左右，粗达3 cm，幼竿具白粉并疏生短柔毛；竿环在较粗的竿中较平坦，与箨环同高，在较细的竿中则明显隆起而高于箨环；分枝角度大，以致接近于水平开展。箨鞘背面深绿带紫色（在细小的笋上则为绿色），无斑点，被白粉，无毛或疏生短毛，边缘生白色或淡褐色纤毛；箨耳小，但明显可见，淡紫色，卵形或长椭圆形，有时呈短镰形，边缘有数条紫色繸毛，在小的箨鞘上则可无箨耳及鞘口繸毛或仅有数条细弱的繸毛；箨舌低，微凹乃至微呈拱形，边缘生白色短纤毛；箨片直立，三角形至狭长三角形，绿色，绿紫色或紫色，背部呈舟形隆起。末级小枝具2叶，稀可1叶或3叶；叶鞘除边缘外无毛；无叶耳，鞘口繸毛直立，易断落；叶舌短；叶片披针形或线状披针形，果实未见。笋期5月，花期4—8月。

【开发利用价值】竹材韧性好，栽培的水竹竹竿粗直，节较平，宜编制各种生活及生产用具。著名的湖南益阳水竹席就是以本种为材料；笋供食用。

【采样编号】HT009-85。

【含硒量】全株：0.04 mg/kg。

【聚硒指数】全株：1.44。

376. 求米草

Oplismenus undulatifolius（Ard.）Roemer & Schuit.

【别名】皱叶茅、缩箬。

【形态特征】多年生草本，秆纤细，基部平卧地面，节处生根，上升部分高20～50 cm。叶鞘短于或上部者长于节间，密被疣基毛；叶舌膜质，短小；叶片扁平，披针形至卵状披针形，先端尖，基部略圆形而稍不对称，通常具细毛。圆锥花序主轴密被疣基长刺柔毛；分枝短缩，有时下部的分枝延伸；小穗卵圆形，被硬刺毛，簇生于主轴或部分孪生；颖草质，第一颖长约为小穗的一半，顶端具硬直芒，具3～5条脉；第二颖较长于第一颖；第一外稃草质，与小穗等长，具7～9脉；第二外稃革质，平滑，结实时变硬，边缘包着同质的内稃；鳞被2枚，膜质；雄蕊3枚；花柱基分离。花果期7—11月。

【开发利用价值】求米草草质柔软，适口性好，营养丰富。整个植株在生育期内均可饲用，又可调制干草，是较为理想的牧草。牛、羊都喜食，因此可作聚硒植物牧草开发。此外也可作保土植物。

【采样编号】SH003-05。

【含硒量】全株：38.47 mg/kg。

【聚硒指数】全株：53.14。

377. 稗

Echinochloa crus-galli（L.）P. Beauv.

【别名】旱稗、稗子、扁扁草。

【形态特征】一年生草本。秆高50～150 cm，光滑无毛，基部倾斜或膝曲。叶鞘疏松裹秆，平滑无毛，下部者长于而上部者短于节间；叶舌缺；叶片扁平，线形，无毛，边缘粗糙。圆锥花序直立，近尖塔形；主轴具棱，粗糙或具疣基长刺毛；分枝斜上举或贴向主轴，有时再分小枝；穗轴粗糙或生疣基长刺毛；小穗卵形，脉上密被疣基刺毛；第一颖三角形，长为小穗的1/3～1/2，具3～5条脉，脉上具疣基毛；第二颖与小穗等长，先端渐尖或具小尖头；第一小花通常中性，其外稃草质，上部具7脉，脉上具疣基刺毛，顶端延伸成一粗壮的芒；第二外稃椭圆形，平滑，光亮，成熟后变硬，顶端具小尖头，尖头上有一圈细毛，边缘内卷。花果期夏秋季。

【开发利用价值】中国东北地区优良牧草之一，适应性强、生长茂盛、品质良好、饲草及种子产量均高，特别在下湿盐碱地区，是很有栽培前途的一年生草、料兼收的饲料作物。其草质柔软，叶量比较丰富，营养价值较高，粗蛋白质与燕麦干草近似，籽实可作家畜及家禽的精料。

【采样编号】SD011-39。

【含硒量】全株：0.12 mg/kg。

【聚硒指数】全株：7.50。

378. 十字马唐

Digitaria cruciata（Nees ex Steud.）A. Camus in Lecomte

【别名】大乱草。

【形态特征】一年生草本。秆高30～100 cm，基部倾斜，具多数节，节生髭毛，着土后向下生根并向上抽出花枝。叶鞘常短于其节间，疏生柔毛或无毛，鞘节生硬毛；叶片线状披针形，顶端渐尖，基部近圆形，两面生疣基柔毛或上面无毛，边缘较厚成微波状，稍粗糙。总状花序5～8个着生于主轴上，广开展，腋间生柔毛；穗轴边缘微粗糙；小穗孪生；第一颖微小，无脉；第二颖宽卵形，顶端钝圆，边缘膜质，长约为小穗的1/3，具3条脉，大多无毛；第一外稃稍短于其小穗，顶端钝，具7条脉，脉距近相等或中部脉间稍宽，表面无毛，边缘反卷，疏生柔毛；第二外稃成熟后肿胀，呈铅绿色，顶端渐尖成粗硬小尖头，伸出于第一外稃之外而裸露。花果期6—10月。

【开发利用价值】为优良牧草，谷粒可供食用。

【采样编号】SD011-59。

【含硒量】全株：0.13 mg/kg。

【聚硒指数】全株：7.81。

379. 狗尾草

Setaria viridis（L.）P. Beauv.

【别名】狗尾巴草、毛毛狗。

【形态特征】一年生草本。根为须状，高大植株具支持根。秆直立或基部膝曲，高10～100 cm，基部径达3～7 mm。叶鞘松弛，无毛或疏具柔毛或疣毛，边缘具较长的密绵毛状纤毛，叶舌极短，缘有纤毛，叶片扁平，长三角状狭披针形或线状披针形，先端长渐尖或渐尖，基部钝圆形，几呈截状或渐窄，通常无毛或疏被疣毛，边缘粗糙。圆锥花序紧密呈圆柱状或基部稍疏离，直立或稍弯垂，主轴被较长柔毛，小穗2～5个簇生于主轴上或更多的小穗着生在短小枝上，椭圆形，先端钝，铅绿色，第一颖卵形、宽卵形，长约为小穗的1/3，先端钝或稍尖，具3条脉，第二颖几与小穗等长，椭圆形，具5～7条脉，第一外稃与小穗第长，具5～7条脉，先端钝，其内稃短小狭窄，第二外稃椭圆形，顶端钝，具细点状皱纹，边缘内卷，狭窄，鳞被楔形，顶端微凹，花柱基分离，叶上下表皮脉间均为微波纹或无波纹的、壁较薄的长细胞。颖果灰白色。花果期5—10月。

【开发利用价值】秆、叶可作饲料，也可入药，治痈瘀、面癣；全草加水煮沸20 min后，滤出液可喷杀菜虫；小穗可提炼糠醛。

【采样编号】HT008-05。

【含硒量】全株：0.48 mg/kg。

380. 大狗尾草

Setaria faberi R. A. W. Herrmann

【别名】狗尾巴草、芮草、法氏狗尾草。

【形态特征】一年生草本。通常具支柱根。秆粗壮而高大、直立或基部膝曲，高50 ~ 120 cm，直径达6 mm，光滑无毛。叶鞘松弛，边缘具细纤毛，部分基部叶鞘边缘膜质无毛；叶舌具密集纤毛；叶片线状披针形，无毛或上面具较细疣毛，少数下面具细疣毛，先端渐尖细长，基部钝圆或渐窄狭几呈柄状，边缘具细锯齿。圆锥花序紧缩呈圆柱状，主轴具较密长柔毛，花序基部通常不间断，偶有间断；小穗椭圆形，长项端尖，下托以1 ~ 3枚较粗而直的刚毛，刚毛通常绿色，少具浅褐紫色，粗糙。花果期7—10月。

【开发利用价值】秆、叶可作牲畜饲料。

【采样编号】SD011-40。

【含硒量】全株：0.12 mg/kg。

【聚硒指数】全株：7.19。

381. 牛筋草

Eleusine indica（L.）Gaertn.

【别名】千千踏、野鸡爪、蟋蟀草。

【形态特征】一年生草本。根系极发达。秆丛生，基部倾斜，高10～90 cm。叶鞘两侧压扁而具脊，松弛，无毛或疏生疣毛；叶片平展，线形，无毛或上面被疣基柔毛。穗状花序2～7个指状着生于秆顶，很少单生；小穗含3～6朵小花；颖披针形，具脊，脊粗糙；第一外稃长，卵形，膜质，具脊，脊上有狭翼，内稃短于外稃，具2脊，脊上具狭翼。囊果卵形，基部下凹，具明显的波状皱纹。鳞被2枚，折叠，具5条脉。花果期6—10月。

【开发利用价值】根系极发达，秆、叶强韧，全株可作饲料，又为优良保土植物。全草煎水服，可防治乙型脑炎。

【采样编号】SD011-05。

【含硒量】全株：0.09 mg/kg。

【聚硒指数】全株：5.81。

382. 玉蜀黍

Zea mays L.

【别名】珍珠米、包谷、玉米等。

【形态特征】一年生高大草本。秆直立，通常不分枝，高1～4 m，基部各节具气生支柱根。叶鞘具横脉；叶舌膜质；叶片扁平宽大，线状披针形，基部圆形呈耳状，无毛或具疵柔毛，中脉粗壮，边缘微粗糙。顶生雄性圆锥花序大型，主轴与总状花序轴及其腋间均被细柔毛；雄性小穗孪生，小穗柄一长一短，被细柔毛；两颖近等长，膜质，约具10脉，被纤毛；外稃及内稃透明膜质，稍短于颖；花药橙黄色。雌花序被多数宽大的鞘状苞片所包藏；雌小穗孪生，成16～30纵行排列于粗壮之序轴上，两颖等长，宽大，无脉，具纤毛；外稃及内稃透明膜质，雌蕊具极长而细弱的线形花柱。颖果球形或扁球形，成熟后露出颖片和稃片之外，其大小随生长条件不同产生差异，宽略过于其长。花果期秋季。

【开发利用价值】根（玉蜀黍根）、叶（玉蜀黍叶）、花柱（玉米须）、穗轴（玉米轴）可药用。

【采样编号】SH004-45。

【含硒量】根：18.78 mg/kg；茎：34.70 mg/kg；叶：50.98 mg/kg。

【聚硒指数】根：3.67；茎：6.79；叶：9.97。

383. 野青茅

Deyeuxia pyramidalis（Host）Veldkamp

【别名】短舌野青茅、湖北野青茅、长序野青茅等。

【形态特征】多年生。秆直立，其节膝曲，丛生，基部具被鳞片的芽，高50～60 cm，平滑。叶鞘疏松裹茎，长于或上部者短于节间，无毛或鞘颈具柔毛；叶舌膜质，顶端常撕裂；叶片扁平或边缘内卷，无毛，两面粗糙，带灰白色。圆锥花序紧缩似穗状，分枝3或数枚簇生，直立贴生，与小穗柄均粗糙；小穗草黄色或带紫色；颖片披针形，先端尖，稍粗糙；外稃稍粗糙，顶端具微齿裂，基盘两侧的柔毛长为稃体之1/5～1/3，芒自外稃近基部或下部1/5处伸出，近中部膝曲，芒柱扭转；内稃近等长或稍短于外稃。花果期6—9月。

【采样编号】SH004-13。

【含硒量】根：100.05 mg/kg；叶：216.25 mg/kg。

【聚硒指数】根：19.50；叶：42.15。

九十九、兰科 Orchidaceae

384. 舌唇兰

Platanthera japonica（Thunb. ex A. Murray）Lindl.

【形态特征】植株高35～70 cm。根状茎指状，肉质、近平展。茎粗壮，直立，无毛，具（3～）4～6枚叶。叶自下向上渐小，下部叶片椭圆形或长椭圆形，先端钝或急尖，基部成抱茎的鞘，上部叶片小，披针形，先端渐尖。总状花序具10～28朵花；花苞片狭披针形；子房细圆柱状，无毛，扭转；花大，白色；中萼片直立，卵形，舟状，先端钝或急尖，具3脉；侧萼片反折，斜卵形，先端急尖，具3脉；花瓣直立，线形，先端钝，具1脉，与中萼片靠合呈兜状；唇瓣线形，不分裂，肉质，先端钝；距下垂，细长，细圆筒状至丝状，弧曲，较子房长多；药室平行；药隔较宽，顶部稍凹陷；花粉团倒卵形，具细而长的柄和线状椭圆形的大黏盘；退化雄蕊显著；蕊喙矮，宽三角形，直立；柱头1个，凹陷，位于蕊喙之下穴内。花期5—7月。

【开发利用价值】可药用，主治虚火牙痛、肺热咳嗽、白带、外治毒蛇咬伤。

【采样编号】SH005-07。

385. 扇脉杓兰

Cypripedium japonicum Thunb.

【形态特征】草本，植株高35 ~ 55 cm，具较细长的、横走的根状茎；根状茎直径3 ~ 4 mm，有较长的节间。茎直立，被褐色长柔毛，基部具数枚鞘，顶端生叶。叶通常2枚，近对生，位于植株近中部处，极罕有3枚叶互生的；叶片扇形，上半部边缘呈钝波状，基部近楔形，具扇形辐射状脉直达边缘，两面在近基部处均被长柔毛，边缘具细缘毛。花序顶生，具1朵花；花序柄亦被褐色长柔毛；花苞片叶状，菱形或卵状披针形，两面无毛，边缘具细缘毛；花梗和子房密被长柔毛；花俯垂；萼片和花瓣淡黄绿色，基部多少有紫色斑点，唇瓣淡黄绿色至淡紫白色，多少有紫红色斑点和条纹；中萼片狭椭圆形或狭椭圆状披针形。花期4—5月，果期6—10月。

【开发利用价值】全草（扇子七）可入药：味辛，平，有毒。能活血调经、祛风镇痛。用于治月经不调、皮肤瘙痒、无名肿毒。根及根状茎（扇子七根）：味辛、涩，平，有毒。能祛风除湿、活血通经、截疟。用于治疟疾、跌打损伤、风湿痹痛、蛇咬伤。

【采样编号】SH006-16。

386. 剑叶虾脊兰

Calanthe davidii Franch.

【别名】长叶根节兰。

【形态特征】植株紧密聚生，无明显的假鳞茎和根状茎。假茎通常长4～10 cm，具数枚鞘和3～4枚叶。叶在花期全部展开，剑形或带状，先端急尖，基部收窄，具3条主脉，两面无毛。花葶出自叶腋，直立，粗壮，密被细花；花序之下疏生数枚紧贴花序柄的筒状鞘；鞘膜质，无毛；总状花序密生许多小花；花苞片宿存，草质，反折，狭披针形，近等长于花梗和子房，先端渐尖，背面被短毛；花黄绿色、白色或有时带紫色；萼片和花瓣反折；萼片相似，近椭圆形，先端锐尖或稍钝，具5条脉，中央3条脉较明显，背面近无毛或密被短毛；花瓣狭长圆状倒披针形，与萼片等长，先端钝或锐尖，具3条脉，基部收窄为爪，无毛；唇瓣的轮廓为宽三角形，基部无爪，与整个蕊柱翅合生，3裂；蕊柱粗短，上端扩大，近无毛或被疏毛；蕊喙2裂；花粉团近梨形或倒卵形；黏盘小，颗粒状。蒴果卵球形。花期6—7月，果期9—10月。

【开发利用价值】虾脊兰花色有白、玫瑰红、蓝、紫等多种，既有适合盆栽观赏的小型品种，也有适合露地栽培的宿根大型品种。在环境的适应性上有常绿和落叶两种类型，可以适应中国大部分地区的栽培和观赏。用于阳台、窗台和居室内布置都有很好的效果，同时也是切花的好材料。

【采样编号】SH006-24。

一〇〇、莎草科 Cyperaceae

387. 浆果薹草

Carex baccans Nees in Wight

【别名】红稗子、红果薹。

【形态特征】根状茎木质，秆密丛生，直立而粗壮，高80～150 cm，粗5～6 mm，三棱形，无毛，中部以下生叶。叶基生和秆生，长于秆，平张，下面光滑，上面粗糙。圆锥花序复出；支圆锥花序3～8个，单生，轮廓为长圆形，下部的1～3个疏远，其余的甚接近。小苞片鳞片状，披针形，革质；花序轴钝三棱柱形，几无毛；小穗多数，全部从内无花的囊状枝先出叶中生出，圆柱形，两性；雄花部分纤细，具少数花，长为雌花部分的1/2或1/3；雌花部分具多数密生的花。雄花鳞片宽卵形，顶端具芒。小坚果椭圆形，三棱形，成熟时褐色；花柱基部不增粗，柱头3枚。花果期8—12月。

【开发利用价值】根及全草（山稗子）可入药，味苦、涩，微寒，有凉血、止血、调经之功效，用于治月经不调、崩漏、鼻衄、消化道出血、犬咬伤。果实：味甘、微辛，微寒，有透疹止咳、补中利水之功效，用于治麻疹、水痘、顿咳、水肿、脱肛。

【采样编号】SH005-12。

【含硒量】根：0.42 mg/kg；茎：0.16 mg/kg；叶：0.16 mg/kg。

【聚硒指数】根：26.38；茎：9.69；叶：9.69。

被子植物 莎草科

388. 条穗薹草

Carex nemostachys Steud.

【形态特征】根状茎粗短，木质，具地下匍匐茎。秆高40～90 cm，粗壮，三棱形，上部粗糙，基部具黄褐色撕裂成纤维状的老叶鞘。叶长于秆，较坚挺，下部常折合，上部平张，两侧脉明显，脉和边缘均粗糙。苞片下面的叶状，上面的呈刚毛状，长于或短于秆，无鞘。小穗5～8个，常聚生于秆的顶部，顶生小穗为雄小穗，线形，近于无柄；其余小穗为雌小穗，长圆柱形，密生多数花，近于无柄或在下部的具很短的小穗柄。雄花鳞片披针形，顶端具芒，芒常粗糙，膜质，边缘稍内卷；雌花鳞片狭披针形，顶端具芒，芒粗糙，膜质，苍白色，具1～3条脉。果囊后期向外张开，稍短于鳞片（包括芒长），卵形或宽卵形，钝三棱形，膜质，褐色，具少数脉，疏被短硬毛，基部宽楔形，顶端急缩成长喙，喙向外弯，喙口斜截形。小坚果较松地包于果囊内，宽倒卵形或近椭圆形，三棱形，淡棕黄色；柱头3枚。花果期9—12月。

【采样编号】SH006-36。

【含硒量】全株：2.48 mg/kg。

389. 舌叶薹草

Carex ligulata Nees in Wight

【形态特征】根状茎粗短，木质，无地下匍匐茎，具较多须根。秆疏丛生，高35～70 cm，三棱形，较粗壮，上部棱上粗糙，基部包以红褐色无叶片的鞘，叶上部的长于秆，下部的叶片短，平张，有时边缘稍内卷，质较柔软，背面具明显的小横隔脉，具明显锈色的叶舌，叶鞘较长。苞片叶状，长于花序，下面的苞片具稍长的鞘，上面的鞘短或近于无鞘。小穗6～8个，下部的间距稍长，上部的较短，顶生小穗为雄小穗，圆柱形或长圆状圆柱形，密生多数花，具小穗柄，上面的小穗柄较短。雌花鳞片卵形或宽卵形，顶端急尖，常具短尖，膜质，淡褐黄色，具锈色短条纹，无毛，中间具绿色中脉。果囊近直立，长于鳞片，倒卵形，钝三棱形，绿褐色，具锈色短条纹，密被白色短硬毛，具两条明显的侧脉，基部渐狭呈楔形，顶端急狭成中等长的喙，喙口具两短齿。小坚果紧包于果囊内，椭圆形，三棱形，棕色，平滑；花柱短，基部稍增粗，柱头3个。花果期5—7月。

【采样编号】SH006-41。

390. 碎米莎草

Cyperus iria L.

【别名】三方草、三棱草、米莎草。

【形态特征】一年生草本。无根状茎，具须根。秆丛生，细弱或稍粗壮，高8～85 cm，扁三棱形，基部具少数叶，叶短于秆，平张或折合，叶鞘红棕色或棕紫色。叶状苞片3～5枚，下面的2～3枚常较花序长；长侧枝聚伞花序复出，很少为简单的，具4～9个辐射枝，每个辐射枝具5～10个穗状花序，或有时更多些；穗状花序卵形或长圆状卵形，具5～22个小穗；小穗排列松散，斜展开，长圆形、披针形或线状披针形，压扁，具6～22朵花；小穗轴上近于无翅；鳞片排列疏松，膜质，宽倒卵形，顶端微缺，具极短的短尖，不凸出于鳞片的顶端，背面具龙骨状凸起，绿色，有3～5条脉，两侧呈黄色或麦秆黄色，上端具白色透明的边；雄蕊3枚，花丝着生在环形的胼胝体上，花药短，椭圆形，药隔不凸出于花药顶端；花柱短，柱头3枚。小坚果倒卵形或椭圆形，三棱形，与鳞片等长，褐色，具密的微凸起细点。花果期6—10月。

【开发利用价值】可药用，有祛风除湿、活血调经之功效，主治风湿筋骨疼痛、瘫痪、月经不调、闭经、痛经、跌打损伤。

【采样编号】SD011-01。

【含硒量】全株：0.25 mg/kg。

【聚硒指数】全株：15.81。

391. 短叶水蜈蚣

Kyllinga brevifolia Rottb.

【别名】水蜈蚣、金钮草、土香头、无头香等。

【形态特征】根状茎长而匍匐，外被膜质、褐色的鳞片，具多数节间，每一节上长一秆。秆成列地散生，细弱，扁三棱形，平滑，基部不膨大，具4～5个圆筒状叶鞘，最下面2个叶鞘常为干膜质，棕色，鞘口斜截形，顶端渐尖，上面2～3个叶鞘顶端具叶片。叶柔弱，短于或稍长于秆，平张，上部边缘和背面中肋上具细刺。叶状苞片3枚，极展开，后期常向下反折；穗状花序单个，极少2个或3个，球形或卵球形，具极多数密生的小穗。小穗长圆状披针形或披针形，压扁，具1朵花；鳞片膜质，下面鳞片短于上面的鳞片，白色，具锈斑，少为麦秆黄色，背面的龙骨状凸起绿色，具刺，顶端延伸成外弯的短尖，脉5～7条；雄蕊1～3枚，花药线形；花柱细长，柱头2枚，长不及花柱的1/2。小坚果倒卵状长圆形，扁双凸状，长约为鳞片的1/2，表面具密的细点。花果期5—9月。

【开发利用价值】可药用，有疏风解表、清热利湿、止咳化痰、祛瘀消肿之功效，治感冒风寒、寒热头痛、筋骨疼痛、咳嗽、疟疾、黄疸、痢疾、疮疡肿毒、跌打刀伤。

【采样编号】SD011-56。

一〇一、姜科 Zingiberaceae

392. 阳荷

Zingiber striolatum Diels

【别名】野姜。

【形态特征】株高1～1.5 m；根茎白色，微有芳香味。叶片披针形或椭圆状披针形，顶端具尾尖，基部渐狭，叶背被极疏柔毛至无毛；叶舌2裂，膜质，具褐色条纹。总花梗被2～3枚鳞片；花序近卵形，苞片红色，宽卵形或椭圆形，被疏柔毛；花萼膜质；花冠管白色，裂片长圆状披针形，白色或稍带黄色，有紫褐色条纹；唇瓣倒卵形，浅紫色；花丝极短，花药室披针形，药隔附属体喙状。蒴果熟时开裂成3瓣，内果皮红色；种子黑色，被白色假种皮。花期：7—9月；果期：9—11月。

【开发利用价值】作野生蔬菜食用。全株具有独特的香味，枝叶、根茎、花果可以祛风止痛、清肿解毒、止咳平喘、化积健胃，具有极好的药用价值，尤其对治疗便秘、糖尿病有特效。

【采样编号】SH006-33。

【含硒量】根：0.20 mg/kg；茎：0.10 mg/kg；叶：0.34 mg/kg。

一〇二、芭蕉科 Musaceae

393. 芭蕉

Musa basjoo Sieb. & Zucc. ex Linuma

【别名】芭苴、板蕉、大头芭蕉。

【形态特征】多年生草本。植株高2.5～4 m。叶片长圆形，先端钝，基部圆形或不对称，叶面鲜绿色，有光泽；叶柄粗壮。花序顶生，下垂；苞片红褐色或紫色；雄花生于花序上部，雌花生于花序下部；雌花在每一苞片内10～16朵，排成2列；合生花被片具5（3+2）齿裂，离生花被片几与合生花被片等长，顶端具小尖头。浆果三棱状，长圆形，具3～5棱，近无柄，肉质，内具多数种子。种子黑色，具疣突及不规则棱角。

【开发利用价值】叶纤维为芭蕉布的原料，亦为造纸原料，假茎煎服可解热，假茎、叶利尿（治水肿、肛胀），花干燥后煎服治脑出血，根与生姜、甘草一起煎服，可治淋症及消渴症，根治感冒、胃痛及腹痛。

【采样编号】HT008-54。

【含硒量】叶：0.14 mg/kg。

一〇三、灯心草科 Juncaceae

394. 野灯心草

Juncus setchuensis Buchenau ex Diels

【别名】秧草、疏花灯心草。

【形态特征】多年生草本，高25 ~ 65 cm；根状茎短而横走，具黄褐色稍粗的须根。茎丛生，直立，圆柱形，有较深而明显的纵沟，茎内充满白色髓心。叶全部为低出叶，呈鞘状或鳞片状，包围在茎的基部，基部红褐色至棕褐色；叶片退化为刺芒状。聚伞花序假侧生；花多朵排列紧密或疏散；总苞片生于顶端，圆柱形，似茎的延伸，顶端尖锐；小苞片2枚，三角状卵形，膜质；花淡绿色；花被片卵状披针形，顶端锐尖，边缘宽膜质，内轮与外轮者等长；雄蕊3枚，比花被片稍短；花药长圆形，黄色，比花丝短；子房1室（三隔膜发育不完全），侧膜胎座呈半月形；花柱极短；柱头三分叉。蒴果通常卵形，比花被片长，顶端钝，成熟时黄褐色至棕褐色。种子斜倒卵形，棕褐色。花期5—7月，果期6—9月。

【采样编号】SH005-39。

【含硒量】全株：0.09 mg/kg。

【聚硒指数】全株：5.56。

395. 笄石菖

Juncus prismatocarpus R. Brown

【别名】水茅草、江南灯心草。

【形态特征】多年生草本，高17～65 cm，具根状茎和多数黄褐色须根。茎丛生，直立或斜上，有时平卧，圆柱形，或稍扁，下部节上有时生不定根。叶基生和茎生，短于花序；基生叶少；茎生叶2～4枚；叶片线形通常扁平，顶端渐尖，具不完全横隔，绿色；叶鞘边缘膜质，有时带红褐色；叶耳稍钝。花序由5～20（～30）个头状花序组成，排列成顶生复聚伞花序，花序常分枝，具长短不等的花序梗；头状花序半球形至近圆球形，有（4～）8～15（～20）朵花；叶状总苞片常1枚，线形，短于花序；苞片多枚，宽卵形或卵状披针形，顶端锐尖或尾尖，膜质，背部中央有1脉；花具短梗；花被片线状披针形至狭披针形，内外轮等长或内轮者稍短，顶端尖锐，背面有纵脉，边缘狭膜质，绿色或淡红褐色；雄蕊通常3枚，花药线形，淡黄色；花柱甚短；柱头三分叉，细长，常弯曲。蒴果三棱状圆锥形，顶端具短尖头，1室，淡褐色或黄褐色。种子长卵形，具短小尖头，蜡黄色，表面具纵条纹及细微横纹。花期3—6月，果期7—8月。

【采样编号】SH005-40。

一〇四、鸭跖草科 Commelinaceae

396. 鸭跖草

Commelina communis L.

【别名】淡竹叶、挂梁青、鸭儿草等。

【形态特征】一年生披散草本。茎匍匐生根，多分枝，长可达1 m，下部无毛，上部被短毛。叶披针形至卵状披针形。总苞片佛焰苞状，有柄，与叶对生，折叠状，展开后为心形，顶端短急尖，基部心形，边缘常有硬毛；聚伞花序，下面一枝仅有花1朵，具梗，不孕；上面一枝具花3～4朵，具短梗，几乎不伸出佛焰苞。花梗果期弯曲；萼片膜质，内面2枚常靠近或合生；花瓣深蓝色；内面2枚具爪。蒴果椭圆形，2爿裂，有种子4颗。种子棕黄色，一端平截、腹面平，有不规则窝孔。

【开发利用价值】可药用，为消肿利尿、清热解毒之良药，对睑腺炎、咽炎、扁桃腺炎、宫颈糜烂、腹蛇咬伤有良好疗效。

【采样编号】SH001-08。

【含硒量】根：0.44 mg/kg；茎：0.12 mg/kg；叶：0.10 mg/kg。

【聚硒指数】根：18.50；茎：5.12；叶：4.08。

397. 饭包草

Commelina bengalensis L.

【别名】火柴头、竹叶菜、圆叶鸭跖草、卵叶鸭跖草。

【形态特征】多年生披散草本植物。茎大部分匍匐，节上生根，上部及分枝上部上升，长可达70 cm，被疏柔毛。叶有明显的叶柄；叶片卵形，顶端钝或急尖，近无毛；叶鞘口沿有疏而长的睫毛。总苞片漏斗状，与叶对生，常数个集于枝顶，下部边缘合生，被疏毛，顶端短急尖或钝，柄极短；花序下面一枝具细长梗，具1～3朵不孕的花，伸出佛焰苞，上面一枝有花数朵，结实，不伸出佛焰苞；蒴果椭圆状，腹面2室每室具两颗种子，开裂，后面一室仅有1颗种子，或无种子，不裂。种子多皱并有不规则网纹，黑色。花期夏秋。

【开发利用价值】可药用，有清热解毒、消肿利尿之功效。

【采样编号】SD011-51。

【含硒量】全株：0.10 mg/kg。

【聚硒指数】全株：6.31。

398. 竹叶子

Streptolirion volubile Edgew.

【形态特征】多年生攀援草本，极少茎近于直立。茎长0.5～6 m，常无毛。叶片心状圆形，有时心状卵形，顶端常尾尖，基部深心形，上面多少被柔毛。蝎尾状聚伞花序有花一至数朵，集成圆锥状，圆锥花序下面的总苞片叶状，上部的小而卵状披针形。花无梗；顶端急尖；花瓣白色、淡紫色而后变白色，线形，略比萼长。蒴果顶端有芒状突尖。种子褐灰色。花期7—8月，果期9—10月。

【采样编号】SH001-21。

【含硒量】茎：0.05 mg/kg；叶：0.07 mg/kg。

【聚硒指数】茎：2.17；叶：2.71。

第三章

高聚硒植物含硒量、硒形态及开发利用价值

对总硒含量80 mg/kg以上的17种植物进行了水浸提液和盐酸水解液中硒的形态分析，结果见表3-1。其开发利用价值如下。

一、茜草科 Rubiaceae

1. 鸡矢藤（叶）

【采样编号】SH003-42。

【总硒】369.42 mg/kg。

【聚硒指数】510.25。

【水浸提液】$SeCys_2$ 6.58 mg/kg，SeMeCys 3.80 mg/kg，硒代氨基酸占总硒的2.81%；Se（Ⅳ）11.21 mg/kg，Se（Ⅵ）11.22 mg/kg，无机硒占总硒的6.07%；其他形态硒336.61 mg/kg，占总硒的91.12%。

【盐酸水解液】$SeCys_2$ 9.35 mg/kg，SeMeCys 0.54 mg/kg，SeMet 40.09 mg/kg，硒代氨基酸占总硒的13.53%；其他形态硒319.44 mg/kg，占总硒的86.47%。

【开发利用价值】可提取植物硒。

二、伞形科 Umbelliferae

2. 大叶当归（叶）

【采样编号】SH003-37。

【总硒】366.11 mg/kg。

【聚硒指数】505.67。

【水浸提液】$SeCys_2$ 2.99 mg/kg，硒代氨基酸占总硒的0.81%；Se（Ⅵ）43.83 mg/kg，无机硒占总硒的11.97%；其他形态硒占总硒的87.22%。

【盐酸水解液】$SeCys_2$ 7.27 mg/kg，2.05 mg/kg，SeMet 21.76 mg/kg，硒代氨基酸占总硒的3.57%；其他形态硒353.03 mg/kg，占总硒的96.43%。

【开发利用价值】可提取植物硒。可作为高聚硒中药材开发。

三、十字花科 Cruciferae

3. 壶瓶碎米荠（根、叶）

【采样编号】SH003-43。

根

【总硒】348.79 mg/kg。

【聚硒指数】68.22。

【水浸提液】$SeCys_2$ 91.19 mg/kg，硒代氨基酸占总硒的26.14%；Se（Ⅳ）9.78 mg/kg，Se（Ⅵ）24.36 mg/kg，无机硒占总硒的9.79%；其他形态硒223.46 mg/kg，占总硒的64.07%。

【盐酸水解液】仅有少量$SeCys_2$外，均为其他形态硒。

【开发利用价值】可先提取水溶性$SeCys_2$，再水解后提取其他形态植物硒。

叶

【总硒】280.99 mg/kg。

【聚硒指数】54.96。

【水浸提液】$SeCys_2$ 98.08 mg/kg，SeMeCys 5.72 mg/kg，SeMet 5.55 mg/kg，硒代氨基酸占总硒的38.92%；Se（Ⅳ）1.47 mg/kg，Se（Ⅵ）45.38 mg/kg，无机硒占总硒的16.67%；其他形态硒124.78 mg/kg，占总硒的44.41%。

【盐酸水解液】$SeCys_2$ 37.88 mg/kg，SeMeCys 0.82 mg/kg，硒代氨基酸占总硒的13.77%；其他形态硒242.29 mg/kg，占总硒的86.23%。

【开发利用价值】先提取水溶性硒代氨基酸，再水解后提取其他形态植物硒。

花白色，规模化种植可作为集旅游观光、生物有机硒植物原料为一体的高聚硒植物花海。

四、菊科 Compositae

4. 阴地蒿（叶）

【采样编号】SH003-28

【总硒】331.18 mg/kg。

【聚硒指数】457.43。

【水浸提液】$SeCys_2$ 3.22 mg/kg，硒代氨基酸占总硒的0.97%；Se（Ⅳ）5.47 mg/kg，Se（Ⅵ）18.41 mg/kg，无机硒占总硒的7.21%；其他形态硒304.08 mg/kg，占总硒的91.82%。

【盐酸水解液】$SeCys_2$ 6.97 mg/kg，SeMeCys 1.55 mg/kg，SeMet 18.88 mg/kg，硒代氨基酸占总硒的8.27%；其他形态硒303.78 mg/kg，占总硒的91.73%。

【开发利用价值】水解后提取植物硒。阴地蒿易于生长，产量高，可作富硒饲草开发。

五、马钱科

5. 醉鱼草（全株、叶）

【采样编号】SH003-40。

全株

【总硒】236.27 mg/kg。

【聚硒指数】326.34。

【水浸提液】$SeCys_2$ 1.73 mg/kg， 硒代氨基酸占总硒的0.73%；Se（Ⅵ）3.93 mg/kg，无机硒占总硒的1.67%；其他形态硒230.61 mg/kg，占总硒的97.60%。

【盐酸水解液】$SeCys_2$ 16.75 mg/kg，SeMeCys 1.48 mg/kg，SeMet 34.99 mg/kg，硒代氨基酸占总硒的22.53%；其他形态硒183.05 mg/kg，占总硒的77.47%。

【开发利用价值】可提取生物有机硒。

叶

【总硒】196.48 mg/kg。

【聚硒指数】271.38。

【水浸提液】$SeCys_2$ 1.04 mg/kg，硒代氨基酸占总硒的0.53%；其他形态硒195.44 mg/kg；占总硒的99.47%。

【盐酸水解液】$SeCys_2$ 17.73 mg/kg，SeMeCys 1.36 mg/kg，SeMet 45.53 mg/kg，硒代氨基酸占总硒的32.89%，其他形态硒131.86 mg/kg，占总硒67.11%。

【开发利用价值】水解后可先提取硒代氨基酸，再提取其他形态植物硒。

茎

【总硒】82.74 mg/kg。

【聚硒指数】114.28。

【水浸提液】$SeCys_2$ 1.42 mg/kg，无机硒占总硒的1.72%；其他形态硒81.32 mg/kg，占总硒的98.28%。

【盐酸水解液】$SeCys_2$ 7.87 mg/kg，SeMet 8.98 mg/kg，硒代氨基酸占总硒的20.36%；其他形态硒65.89 mg/kg，占总硒的79.64%。

【开发利用价值】可提取植物硒。

六、禾本科

6. 野青茅（叶、根）

【采样编号】SH004-13。

叶

【总硒】216.25 mg/kg。

【聚硒指数】42.15。

【水浸提液】$SeCys_2$ 1.80 mg/kg，硒代氨基酸占总硒的0.83%， Se（Ⅵ）85.13 mg/kg，无机硒占总硒的39.28%；其他形态硒129.32 mg/kg，占总硒的59.80%。

【盐酸水解液】$SeCys_2$ 7.28 mg/kg，SeMet 4.57 mg/kg，硒代氨基酸占总硒的5.48%；其他形

态硒204.40 mg/kg，占总硒的94.52%。

【开发利用价值】全草可入药，治腰背痛、创伤等，可作聚硒中药材开发。

根

【总硒】100.05 mg/kg。

【聚硒指数】19.50。

【水浸提液】Se（Ⅳ）6.35 mg/kg，Se（Ⅵ）6.10 mg/kg，无机硒占总硒的12.44%，其他形态硒87.60 mg/kg，占总硒的87.56%。

【盐酸水解液】SeCys2 7.84 mg/kg，硒代氨基酸占总硒的7.84%；其他形态硒92.21 mg/kg，占总硒的92.16%。

【开发利用价值】全草可入药，治腰背痛、创伤等，可作聚硒中药材开发。

七、杨柳科 Salicaceae

7. 椅杨（叶）

【采样编号】SH003-38。

【总硒】191.74 mg/kg。

【聚硒指数】264.83。

【水浸提液】Se（Ⅵ）8.60 mg/kg，无机硒占总硒的4.48%；其他形态硒183.14 mg/kg，占总硒的95.52%。

【开发利用价值】可提取生物有机硒。

八、忍冬科 Caprifoliaceae

8. 淡红忍冬（根茎）

【采样编号】SH003-34。

【总硒】156.66 mg/kg。

【聚硒指数】216.39。

【水浸提液】$SeCys_2$ 1.58 mg/kg，硒代氨基酸占总硒的1.01%；Se（Ⅵ）4.05 mg/kg，无机硒占总硒的2.58%；其他形态硒151.03 mg/kg，占总硒的96.41%。

【盐酸水解液】$SeCys_2$ 9.15 mg/kg，SeMeCys 1.00 mg/kg，SeMet 2.39 mg/kg，硒代氨基酸占总硒的8.00%；Se（Ⅵ）2.39 mg/kg，无机硒占总硒的1.53%其他形态硒141.73 mg/kg，占总硒的90.47%。

【开发利用价值】可提取植物硒。花入药，可作为高聚硒药用植物开发。

九、菊科

9. 粗毛牛膝菊（茎叶）

【采样编号】SH004-23。

【总硒】151.82 mg/kg。

【聚硒指数】29.69。

【水浸提液】 Se（Ⅵ）97.19 mg/kg，无机硒占总硒的64.02%；其他形态硒54.63 mg/kg，占总硒的35.98%。

【盐酸水解液】$SeCys_2$ 1.57 mg/kg，硒代氨基酸占总硒的1.03%。其他形态硒150.25 mg/kg，占总硒的98.97%。

【开发利用价值】以无机硒为主，不宜作为植物有机硒原料，但花朵艳丽，可作为观赏植物栽培。

十、藜科

10. 藜（叶）

【采样编号】SH004-34。

【总硒】145.84 mg/kg。

【聚硒指数】28.52。

【水浸提液】SeMet 7.61 mg/kg，硒代氨基酸占总硒的5.22%；Se（Ⅵ）14.17 mg/kg，无机硒占总硒的9.72%，其他形态硒124.06 mg/kg，占总硒的85.06%。

【盐酸水解液】$SeCys_2$ 3.54 mg/kg，SeMet 1.28 mg/kg，硒代氨基酸占总硒的3.30%；其他形态硒141.02 mg/kg，占总硒的96.70%。

【开发利用价值】可提取植物有机硒。

十一、柳叶菜科

11. 沼生柳叶菜（叶、茎、根）

【采样编号】SH004-01。

叶

【总硒】146.95 mg/kg。

【聚硒指数】28.74。

【水浸提液】Se（Ⅵ）54.05 mg/kg，无机硒占总硒的36.78%；其他形态硒92.90 mg/kg，占总硒的63.22%。

【盐酸水解液】$SeCys_2$ 2.88 mg/kg，占总硒的1.96%；其他形态硒144.07 mg/kg，占总硒的98.04%。

【开发利用价值】可提取植物硒。

茎

【总硒】95.42 mg/kg。

【聚硒指数】18.66。

【水浸提液】Se（Ⅵ）40.07 mg/kg，无机硒占总硒的41.99%；其他形态硒55.35 mg/kg，占总硒的58.01%。

【盐酸水解液】$SeCys_2$ 1.00 mg/kg，硒代氨基酸占总硒的1.05%；其他形态硒94.42 mg/kg，占总硒的98.95%。

【开发利用价值】可提取植物硒。

根

【总硒】143.30 mg/kg。

【聚硒指数】28.03。

【水浸提液】Se（Ⅳ）107.54 mg/kg，Se（Ⅵ）24.67 mg/kg，无机硒占总硒的92.26%；其他形态硒11.09 mg/kg，占总硒的7.74%。

【开发利用价值】以无机硒为主，生物有机硒含量低，不宜作为植物有机硒原料开发。

十二、乌毛蕨科

12. 顶芽狗脊（茎、叶）

【采样编号】SH003-18。

茎

【总硒】143.30 mg/kg。

【聚硒指数】197.93。

【水浸提液】Se（Ⅳ）107.54 mg/kg，Se（Ⅵ）26.45 mg/kg，无机硒占总硒的92.26%，其他形态硒11.09 mg/kg，占总硒的7.74%。

【开发利用价值】可提取植物硒，但无机硒含量较高。

叶

【总硒】114.35 mg/kg。

【聚硒指数】157.94。

【水浸提液】$SeCys_2$ 1.82 mg/kg，硒代氨基酸占总硒的1.59%；Se（Ⅳ）0.2 mg/kg，Se（Ⅵ）61.30 mg/kg，无机硒占总硒的53.86%；其他形态硒50.95 mg/kg，占总硒的44.55%。

【盐酸水解液】$SeCys_2$ 1.19 mg/kg，SeMeCys 0.54 mg/kg，硒代氨基酸占总硒的1.51%；其他形态硒111.99 mg/kg，占总硒的98.49%。

【开发利用价值】可提取植物硒，但无机硒含量较高。

十三、蔷薇科 Rosaceae

13. 椭圆叶粉花绣线菊（茎）

【采样编号】SH003-41。

【总硒】132.46 mg/kg。

【聚硒指数】182.96。

【水浸提液】$SeCys_2$ 3.53 mg/kg，硒代氨基酸占总硒的2.66%；Se（Ⅵ）10.25 mg/kg，无机硒占总硒的7.74%，其他形态硒118.68 mg/kg，占总硒的89.60%。

【盐酸水解液】$SeCys_2$ 1.87 mg/kg，硒代氨基酸占总硒的1.41%；其他形态硒130.59 mg/kg，占总硒的98.59%。

【开发利用价值】可提取生物有机硒。

十四、木通科 Lardizabalaceae

14. 猫儿屎（叶）

【采样编号】SH003-23。

【总硒】109.31 mg/kg。

【聚硒指数】150.98。

【水浸提液】Se（Ⅵ）1.20 mg/kg，硒代氨基酸占总硒的2.23%；其他形态硒108.11 mg/kg；占总硒的97.77%。

【盐酸水解液】$SeCys_2$ 1.80 mg/kg，SeMeCys 3.42 mg/kg，硒代氨基酸占总硒的4.78%，其他形态硒104.09 mg/kg，占总硒95.22%。

【开发利用价值】水解后可先提取硒代氨基酸，再提取其他形态植物硒。

十五、豆科

15. 紫云英（全株）

【采样编号】SH004-05。

【总硒】106.79 mg/kg

【聚硒指数】20.89。

【水浸提液】Se（Ⅵ）61.10 mg/kg，无机硒占总硒的57.22%；其他形态硒45.69 mg/kg，占总硒的42.78%。

【盐酸水解液】$SeCys_2$ 2.60 mg/kg，SeMet 5.91 mg/kg，硒代氨基酸占总硒的7.97%；其他形态硒98.28 mg/kg，占总硒的92.03%。

【开发利用价值】水浸提液无机硒含量较高，可提取植物硒。

16. 红车轴草（全株）

【采样编号】SH004-12。

【总硒】86.36 mg/kg。

【聚硒指数】16.89。

【水浸提液】$SeCys_2$ 1.82 mg/kg，硒代氨基酸占总硒的2.11%；其他形态硒84.54 mg/kg，占总硒的97.89%。

【开发利用价值】幼叶作饲料，可作聚硒植物饲料添加剂开发；可提取植物硒。

十六、蕨科 Sinopteridaceae

17. 蕨（叶）

【采样编号】SH003-24。

【总硒】89.07 mg/kg。

【聚硒指数】120.03。

【水浸提液】Se（Ⅵ）4.19 mg/kg，无机硒占总硒的4.70%；其他形态硒84.88 mg/kg，占总硒的95.30%。

【盐酸水解液】$SeCys_2$ 1.03 mg/kg，硒代氨基酸占总硒的1.16%；其他形态硒88.04 mg/kg；占总硒的98.84%。

【开发利用价值】可提取生物有机硒。

表3-1 高聚硒植物资源形态硒含量

序号	名称	总硒（mg/kg）	聚硒指数	水浸提液									盐酸水解液								
				硒代氨基酸				无机硒			其他形态硒（mg/kg）	占比（%）	硒代氨基酸				无机硒			其他形态硒（mg/kg）	占比（%）
				$SeCys_2$（mg/kg）	SeMeCys（mg/kg）	SeMet（mg/kg）	占比（%）	Se（Ⅳ）（mg/kg）	Se（Ⅵ）（mg/kg）	占比（%）			$SeCys_2$（mg/kg）	SeMeCys（mg/kg）	SeMet（mg/kg）	占比（%）	Se（Ⅳ）（mg/kg）	Se（Ⅵ）（mg/kg）	占比（%）		
1	鸡矢藤（叶）	369.42	510.25	6.58	3.80		2.81	11.21	11.22	6.07	336.61	91.12	9.35	0.54	40.09	13.53				319.44	86.47
2	大叶当归（叶）	366.11	505.67	2.99			0.81		43.83	11.97	319.29	87.22	7.27	2.05	21.76	3.57				353.03	96.43
3	壶瓶碎米荠（根）	348.79	68.22	91.19			26.14	9.78	24.36	9.79	223.46	64.07									
	壶瓶碎米荠（叶）	280.99	54.96	98.08	5.72	5.55	38.92	1.47	45.38	16.67	124.78	44.41	37.88	0.82		13.77				242.29	86.23
4	阴地蒿（叶）	331.18	457.43	3.22			0.97	5.47	18.41	7.21	304.08	91.82	6.97	1.55	18.88	8.27				303.78	91.73
5	醉鱼草（全株）	236.27	326.34	1.73			0.73		3.93	1.67	230.61	97.60	16.75	1.48	34.99	22.53				183.05	77.47
	醉鱼草（叶）	196.48	271.38	1.04			0.53				195.44	99.47	17.73	1.36	45.53	32.89				131.86	67.11
	醉鱼草（茎）	82.74	114.28	1.42			1.72				81.32	98.28	7.87		8.98	20.36				65.89	79.64

（续表）

序号	名称	总硒（mg/kg）	聚硒指数	水浸提液									盐酸水解液								
				硒代氨基酸				无机硒			其他形态硒（mg/kg）	占比（%）	硒代氨基酸				无机硒			其他形态硒（mg/kg）	占比（%）
				$SeCys_2$（mg/kg）	SeMeCys（mg/kg）	SeMet（mg/kg）	占比（%）	Se（Ⅳ）（mg/kg）	Se（Ⅵ）（mg/kg）	占比（%）			$SeCys_2$（mg/kg）	SeMeCys（mg/kg）	SeMet（mg/kg）	占比（%）	Se（Ⅳ）（mg/kg）	Se（Ⅵ）（mg/kg）	占比（%）		
6	野青茅（叶）	216.25	42.15	1.80			0.83		85.13	39.28	129.32	59.80	7.28		4.57	5.48				204.40	94.52
	野青茅（根）	100.05	19.50					6.35	6.10	12.44	87.60	87.56	7.84			7.84				92.21	92.16
7	椅杨（叶）	191.74	264.83						8.60	4.48	183.14	95.52									
8	淡红忍冬（根茎）	156.66	216.39	1.58			1.01		4.05	2.58	151.03	96.41	9.15	1.00	2.39	8.00		2.39	1.53	141.73	90.47
9	粗毛牛膝菊（茎叶）	151.82	29.69						97.19	64.02	54.63	35.98	1.57			1.03				150.25	98.97
10	藜（叶）	145.84	28.52			7.61	5.22		14.17	9.72	124.06	85.06	3.54		1.28	3.30				141.02	96.70
11	沼生柳叶菜（叶）	146.95	28.74						54.05	36.78	92.90	63.22	2.88			1.96				144.07	98.04
	沼生柳叶菜（茎）	95.42	18.66						40.07	41.99	55.35	58.01	1.00			1.05				94.42	98.95
	沼生柳叶菜（根）	143.30	28.03					107.54	24.67	92.26	11.09	7.74									

（续表）

序号	名称	总硒（mg/kg）	聚硒指数	水浸提液									盐酸水解液								
				硒代氨基酸				无机硒			其他形态硒（mg/kg）	占比（%）	硒代氨基酸				无机硒			其他形态硒（mg/kg）	占比（%）
				$SeCys_2$（mg/kg）	SeMeCys（mg/kg）	SeMet（mg/kg）	占比（%）	Se（Ⅳ）（mg/kg）	Se（Ⅵ）（mg/kg）	占比（%）			$SeCys_2$（mg/kg）	SeMeCys（mg/kg）	SeMet（mg/kg）	占比（%）	Se（Ⅳ）（mg/kg）	Se（Ⅵ）（mg/kg）	占比（%）		
12	顶芽狗脊（茎）	143.30	197.73					107.54	24.67	92.26	11.09	7.74									
	顶芽狗脊（叶）	114.35	157.94	1.82			1.59	0.28	61.30	53.86	50.95	44.55	1.19	0.54		1.51				111.99	98.49
13	椭圆叶粉花绣线菊（茎）	132.46	182.96	3.53			2.66		10.25	7.74	118.68	89.60	1.87			1.41				130.59	98.59
14	猫儿屎（叶片）	109.31	150.98						1.20	2.23	108.11	97.77	1.80	3.42		4.78				104.09	95.22
15	紫云英（全株）	106.79	20.89						61.10	57.22	45.69	42.78	2.60		5.91	7.97				98.28	92.03
	红车轴草（全株）	86.36	16.89		1.82		2.11				84.54	97.89									
16	蕨（叶）	89.07	120.03						4.19	4.70	84.88	95.30	1.03			1.16				88.04	98.84

参考文献

丁莉，彭诚，2005. 堇叶碎米荠营养成分的分析与评价[J]. 湖北民族学院学报（自然科学版）（3）：89-91.

恩施土家族苗族自治州硒资源保护与开发中心. 世界硒都·硒谷网[OL]. [2020-06-21]. www.iWorldSe.com.

方志先，廖朝林，2006. 湖北恩施药用植物志[M]. 武汉：湖北科学技术出版社.

傅立国，陈潭清，郎楷永，等，2001. 中国高等植物[M]. 青岛：青岛出版社.

彭祚全，黄剑锋，2012. 世界硒都恩施硒资源研究概述[M]. 北京：清华大学出版社.

王玉兵，陈发菊，梁宏伟，2010. 湖北省碎米荠属一新记录种：壶瓶碎米荠[J]. 湖北农业科学（9）：122-123.

中国科学院植物研究所，1974. 中国高等植物图鉴[M]. 北京：科学出版社.

中国科学院植物研究所. 植物智[OL]. [2020-06-21]. www.iPlant.cn.

中国科学院中国植物志编辑委员会，2004. 中国植物志[M]. 北京：科学出版社.

BAI H F, CHEN L B, LIU K M, et al.，2008. A new species of *Cardamine*（Brassicaceae）from Hunan, China [J]. Novon，18（2）：135-137.

附　录

- 恩施土家族苗族自治州硒资源保护与利用条例
- 土壤有效硒的测定　氢化物发生原子荧光光谱法
- 硒蛋白中硒代氨基酸的测定　液相色谱-原子荧光光谱法
- 富硒食品中无机硒的测定　原子荧光形态分析法
- 富有机硒食品硒含量要求

恩施土家族苗族自治州硒资源保护与利用条例

发布时间：2018-06-06　来源：《恩施日报》

第一章　总则

第一条　为了保护与利用硒资源，根据《中华人民共和国矿产资源法》《中华人民共和国环境保护法》《湖北省自主创新促进条例》等法律法规的规定，结合本州实际，制定本条例。

第二条　本条例适用于本州行政区域内硒资源保护与利用工作。

本条例所称硒资源，是指在自然环境下形成的硒矿床和富集硒元素的岩石、土壤、水、植物、动物、微生物。

第三条　保护与利用硒资源应当坚持统一规划、分类保护、合理利用、严格监管的原则。

第四条　州、县（市）、乡（镇）人民政府和街道办事处负责本行政区域内硒资源保护与利用工作。

村（居）民委员会协助人民政府做好硒资源保护与利用工作。

第五条　州、县（市）人民政府应当建立硒资源保护与利用工作协调机制，统筹协调推进相关工作。

州、县（市）人民政府应当将硒资源保护与利用纳入国民经济与社会发展规划并编制专项规划，将硒资源保护与利用工作经费列入本级财政预算。

第六条　州、县（市）人民政府硒资源保护与利用管理部门负责组织、协调有关部门做好硒资源保护与利用工作。

发展改革、自然资源、生态环境、科学技术、农业农村、林业、水利、市场监管、卫生健康、商务、财政、经信等有关部门按照各自职责，做好硒资源保护与利用工作，加强监督管理。

第七条　各级人民政府及有关部门应当加强硒科普工作，支持企业事业单位、社会团体、村（居）民委员会、新闻媒体及其他组织开展硒知识的宣传与普及。

第八条　州、县（市）人民政府应当对在硒资源保护与利用工作中贡献突出的单位和个人给予表彰和奖励。

第二章　资源保护

第九条　州、县（市）人民政府应当组织相关部门对硒资源状况进行调查：

（一）自然资源主管部门负责勘查硒矿床、硒矿点和硒矿化点；

（二）农业农村、自然资源等主管部门负责调查硒土壤资源；

（三）水行政主管部门负责调查硒水资源；

（四）农业农村、林业、卫生健康等主管部门负责调查聚硒植物、动物、微生物等。

第十条 州、县（市）人民政府应当组织相关部门根据勘查、调查结果建立硒资源档案和数据库，明确分布区域，确定保护名录，制定保护措施，并予以公示。

第十一条 硒资源分布区域内，禁止以下行为：

（一）擅自开采硒矿、破坏硒土壤；

（二）擅自取水，但家庭生活和零星散养、圈养畜禽饮用等少量取水的除外；

（三）法律法规规定的其他破坏硒资源的行为。

第十二条 州人民政府应当在已探明的独立硒矿床区域设立保护区，对以硒矿床为核心的生态系统进行保护，按照有关规定和程序划定或调整硒资源保护区范围。

州人民政府可以在其他需要重点保护的区域设立硒资源保护区。

第十三条 硒资源保护区内的土地、林地、林木、建（构）筑物等权属受法律保护，其相关权益人的生产经营活动应当服从保护区的统一规划和管理。

第十四条 硒资源保护区内，除适用本条例第十一条规定外，禁止以下行为：

（一）擅自开山、采石、挖砂、取土；

（二）排放生产性废水、废气，倾倒废渣或其他废弃物；

（三）擅自采集、买卖或毁损聚硒种质资源；

（四）可能破坏硒资源的生产经营活动；

（五）擅自移动、破坏保护区界标及其他设施设备。

第三章 资源利用

第十五条 州、县（市）人民政府应当将发展硒产业作为长期战略，推进协同创新，延伸产业链条，促进产业融合发展。

第十六条 州、县（市）人民政府应当整合科研资源，建设科研平台，组织开展硒资源基础研究和应用研究。

支持州内外企业、高等院校、科研机构等开展硒科学研究。

支持生产经营者开展科技成果转化，提高自主创新能力。

第十七条 州、县（市）人民政府应当制定招商引资、人才培养、公共服务等措施，培育市场主体，引导硒资源利用企业向高新技术园区聚集，促进硒产品开发和硒产业发展。

第十八条 州、县（市）人民政府可以按照有关规定统筹整合产业发展资金，发挥财政资金的引导作用，用于支持硒资源利用和硒产业发展。

鼓励社会资本参与硒资源利用和硒产业发展。

第十九条 有关部门制定硒产品国家标准、行业标准、地方标准时，州、县（市）市场监管、农业农村、林业、卫生健康等主管部门应当积极主动配合。

鼓励社会团体制定团体标准，鼓励企业制定或与其他企业连合制定企业标准。

第二十条 州人民政府应当支持、培育硒产品品牌建设，应当引导和支持硒产品生产经营者创建、使用、维护自主品牌。

第二十一条 生产经营者应当对其生产的硒产品质量负责，不得伪造或冒用品牌或商标，不得做虚假或引人误解的商业宣传，自觉接受社会监督。

第二十二条 州人民政府应当定期在州域内举办硒产品博览交易会，促进硒产业市场化发展。

第四章 监督管理

第二十三条 州、县（市）人民政府应当对本行政区域内硒资源保护与利用的监督管理工作负责，支持、督促有关部门依法履行监督管理职责。

第二十四条 州、县（市）人民政府有关部门履行下列职责：

（一）硒资源保护与利用管理部门建立信息平台，接受硒资源保护与利用方面的咨询、建议，负责相关事项的交办、督办和反馈；

（二）农业农村、林业等主管部门负责指导种养殖业硒农产品生产基地的标准化生产，对硒肥、硒饲料等涉硒农业投入品进行监督管理；

（三）市场监管部门负责组织指导硒产品标准制定并监督实施，指导生产经营者建立硒产品质量安全追溯体系，依法对涉硒企业的信息公示和信用信息进行监管；

（四）卫生健康主管部门会同有关部门对硒食品安全标准执行情况进行跟踪评价，依法对硒在医疗卫生健康领域的应用进行监督管理；

（五）商务主管部门负责指导硒产品市场体系建设；

（六）知识产权主管部门负责调处涉硒专利纠纷，查处涉硒专利侵权行为。

其他相关部门按照各自职责依法进行监督管理。

第二十五条 农业农村、市场监管、卫生健康、商务、知识产权等主管部门应当加强硒资源保护与利用的执法协作，依法公布检查结果，接受社会监督。

第五章 法律责任

第二十六条 违反本条例，有下列情形之一的，由自然资源主管部门按照以下规定予以处罚：

（一）未取得采矿许可证擅自开采硒矿的，责令停止开采、赔偿损失、恢复原状，没收采出的硒矿品和违法所得，并处以违法所得百分之二十以上百分之五十以下罚款；

（二）在硒资源保护区擅自开山、采石、挖砂、取土的，责令停止违法行为，限期恢复原状或采取其他补救措施，没收违法所得，并处一千元以上一万元以下的罚款；

（三）擅自移动、破坏硒资源保护区界标及其他设施设备的，责令限期恢复原状或采取其他补救措施，并可以根据不同情节处以五百元以上五千元以下的罚款。

第二十七条 违反本条例，未经批准擅自取水或未依照批准的取水许可规定条件取水的，由水行政主管部门责令停止违法行为，限期采取补救措施，并处三万元以上十万元以下的罚款。

第二十八条 违反本条例，在硒资源保护区内擅自采集、买卖或毁损聚硒种质资源的，由农业农村、林业等主管部门按照各自权限责令停止违法行为，依法没收种质资源和违法所得，并处五千元以上五万元以下的罚款。

第二十九条 违反本条例，在硒资源保护区内排放生产性废水废气、倾倒废渣或其他废弃物的，由生态环境主管部门责令停止违法行为，限期改正，并处五千元以上五万元以下的罚款。

第三十条 未经授权滥用冒用硒产品品牌、作虚假或引人误解的商业宣传以及其他不正当竞争行为的，由市场监管、农业农村等主管部门依法查处。

第三十一条 各级人民政府、有关部门及其工作人员不履行本条例规定的职责，由其所在单位、主管部门、上级机关或监察机关责令改正；情节严重的，对直接负责的主管人员和其他直接责任人员依法给予处理；构成犯罪的，依法追究刑事责任。

第三十二条 违反本条例的其他违法行为，按照法律、法规的有关规定进行处罚。

第六章 附则

第三十三条 州人民政府根据本条例制定实施办法。

第三十四条 本条例自2018年8月1日起施行。

土壤有效硒的测定　氢化物发生原子荧光光谱法[1]

土壤有效硒是指土壤中可被作物直接吸收利用的硒，包括水溶态和可交换态硒酸根离子、亚硒酸根离子及有机硒小分子物质。

氢化物发生原子荧光光谱法测定土壤有效硒的方法如下。

1　原理

土壤有效硒用磷酸二氢钾溶液浸提后，经硝酸和双氧水消解，被6 mol/L盐酸还原成亚硒酸根离子（SeO_3^{2-}），再用硼氢化钾将SeO_3^{2-}还原成硒化氢（H_2Se），由载气（氩气）带入原子化器中进行原子化，在硒空心阴极灯的照射下，基态硒原子被激发至高能态回到基态时发射出特征波长的荧光，其荧光强度与被测溶液中硒浓度成正比，外标法定量。

2　试剂或材料

除非另有说明，所用试剂均为分析纯，水为GB/T 6682规定的二级水。

2.1　硝酸（HNO_3）：优级纯。

2.2　盐酸（HCl）：优级纯。

2.3　双氧水（H_2O_2）。

2.4　氢氧化钾（KOH）：优级纯。

2.5　磷酸二氢钾（KH_2PO_4）。

2.6　硼氢化钾（KBH_4）。

2.7　铁氰化钾[$K_3Fe(CN)_6$]。

2.8　硼氢化钾溶液（10 g/L）：称取2.0 g氢氧化钾（2.4），溶于约900 mL水中，再加入10.0 g硼氢化钾（2.6），溶解后用水定容至1 000 mL，现配现用，配制顺序不可颠倒。

2.9　铁氰化钾溶液（100 g/L）：称取10.0 g铁氰化钾（2.7），溶于约90 mL水中，用水定容至100 mL。

2.10　盐酸溶液（6 mol/L）：量取50 mL盐酸（2.2）缓慢加入约40 mL水中，冷却后用水定容至100 mL。

2.11　盐酸溶液（5%）：量取50 mL盐酸（2.2），缓慢加入950 mL水中，混匀。

2.12　氢氧化钾溶液（5 mol/L）：称取28.0 g氢氧化钾（2.4），溶于约90 mL水中，冷却后用水定容至100 mL。

2.13　磷酸二氢钾溶液（0.10 mol/L）：准确称取13.6 g磷酸二氢钾（2.5），溶于约950 mL水中，根据土壤的酸碱度（参照NY/T 1377的方法测定），用氢氧化钾溶液（2.12）或盐酸溶液（2.10）

---

① 摘编自NY/T 3240—2019。

调节至附表2-1中相应的pH，用水定容至1 000 mL。

2.14 硒标准溶液：100 μg/mL，或经国家认证并授予标准物质证书的一定浓度的硒标准溶液。

2.15 硒标准储备液（1.0 μg/mL）：准确吸取100 μg/mL硒标准溶液（2.14）1.00 mL于100 mL容量瓶中，用盐酸溶液（2.11）定容。

2.16 硒标准工作液（100 ng/mL）：准确吸取1.0 μg/mL硒标准储备液（2.15）1.00 mL于10 mL容量瓶中，用盐酸溶液（2.11）定容。

3 仪器设备

注：所有玻璃器皿及聚四氟乙烯消解内罐均需用硝酸溶液（$V_{硝酸}$：$V_{水}$=1：4）浸泡过夜，用自来水反复冲洗，最后用水冲洗干净。

3.1 氢化物发生原子荧光光谱仪：配硒空心阴极灯。

3.2 微波消解仪：配聚四氟乙烯消解内罐。

3.3 恒温混匀仪：1 500 r/min。

3.4 天平：感量0.01 g和感量0.001 g。

3.5 离心机：3 000 r/min。

4 试验步骤

4.1 试样制备

土壤样品的采集、处理和贮存参照NY/T 1121.1中相关部分，在采样和制备中避免交叉污染，土壤样品磨细后过60目筛，储存在玻璃瓶中，作为待测试样。

4.2 试样处理

称取待测试样1 g（精确到0.001 g）于15 mL离心管中，加入0.10 mol/L磷酸二氢钾溶液（2.13）10 mL，于恒温混匀仪30℃、1 500 r/min条件下振荡80 min，离心机3 000 r/min离心15 min，取上清液5 mL于消解罐中，加入硝酸（2.1）7 mL、双氧水（2.3）1 mL，参照附表2-2中条件进行消解。试样消解完毕后，取下消解罐，在电热板上160℃加热至近干，冷却后加入盐酸溶液（2.10）5 mL，继续加热至溶液变为清亮无色并伴有白烟出现，冷却，转移至10 mL容量瓶中，加入铁氰化钾溶液（2.9）1 mL，用盐酸溶液（2.11）定容。同时做空白试验。

4.3 测定

4.3.1 仪器参考条件

参照附表2-3。

4.3.2 标准曲线的制作

准确吸取100 ng/mL硒标准工作液（2.16）0 mL、0.50 mL、1.00 mL、2.00 mL和3.00 mL于10 mL容量瓶中，加入铁氰化钾溶液（2.9）1.0 mL，用盐酸溶液（2.11）定容至刻度，混匀，配置成0 ng/mL、5.0 ng/mL、10.0 ng/mL、20.0 ng/mL和30.0 ng/mL的标准系列溶液，待仪器读数稳定后，将硒标准溶液按质量浓度由低到高的顺序分别导入仪器，测定其荧光强度，以质量浓度为横坐标、荧光强度为纵坐标，制作标准曲线，外标法定量。

4.3.3 试样测定

在与标准系列溶液相同的实验条件下，将空白溶液和试样溶液分别导入仪器，测定其荧光强度值，外标法定量。如果试样溶液浓度超出标准曲线范围，应适当稀释后重测。

5 分析结果的表述

土壤中有效硒含量按式（2-1）计算。

$$X=\frac{(C-C_0)\times V\times V_2}{1\,000\times m\times V_1} \tag{2-1}$$

式中，X——试样中硒的含量，单位为mg/kg；

C——试样质量浓度，单位为ng/mL；

C_0——样品空白质量浓度，单位为ng/mL；

m——试样质量，单位为g；

V——浸提液体积，单位为mL；

V_1——用于消化的浸提液上清液体积单位为mL；

V_2——消化液定容体积单位为mL。

结果以重复性条件下获得的2次独立测定结果的算术平均值表示，保留3位有效数字。

6 精密度

质量浓度低于0.1 mg/kg时，在重复性条件下获得的2次独立测定结果的绝对差值不得超过算术平均值的20%。

质量浓度高于0.1 mg/kg时，在重复性条件下获得的2次独立测定结果的绝对差值不得超过算术平均值的15%。

附表2-1 不同酸碱度土壤采用的浸提液pH

土壤pH	<4.0	4.0～5.0	5.0～6.0	6.0～7.0	7.0～8.0	>8.0
浸提液pH	4.0	5.0	6.0	7.0	8.0	9.0

附表2-2 微波消解参考条件

步骤	温度（℃）	保持时间（min）
1	130	10
2	150	10
3	180	10
4	210	10

附表2-3　原子荧光光谱仪参考工作条件

工作参数	最佳条件设定值
负高压（V）	285
灯电流（总电流/辅电流，mA）	80/40
炉高（mm）	8
载气流速（mL/min）	400
屏蔽气流速（mL/min）	800
读数方式	峰面积
延迟时间（s）	1
读数时间（s）	10～15

硒蛋白中硒代氨基酸的测定　液相色谱-原子荧光光谱法[①]

硒蛋白是以含硒量较高的可食性植物、微生物为原料，经去脂、水提、乙醇沉淀、干燥等工艺精制而成的富含硒代氨基酸的食品营养强化剂。硒代氨基酸是硒蛋白水解后分解成的含硒氨基酸，包括硒代胱氨酸（$SeCys_2$）、甲基-硒代半胱氨酸（SeMeCys）和硒代蛋氨酸（SeMet）。

液相色谱-原子荧光光谱法测定硒蛋白中水解硒袋氨基酸的方法如下。

1　原理

硒蛋白经盐酸水解后，分解成$SeCys_2$、SeMeCys和SeMet等含硒氨基酸，经色谱柱分离后由原子荧光光谱仪测定。峰面积与溶液中被检测成分含量呈正比，以保留时间定性，外标法定量。

2　试剂或材料

除非另有说明，下面所用试剂均为分析纯，水为GB/T 6682规定的一级水。

2.1　试剂

2.1.1　盐酸（HCl）：优级纯。

2.1.2　甲酸（HCOOH）。

2.1.3　氢氧化钾（KOH）。

2.1.4　氢氧化钠（NaOH）。

2.1.5　碘化钾（KI）。

2.1.6　硼氢化钾（KBH_4）。

2.1.7　磷酸氢二铵[$(NH_4)_2HPO_4$]。

2.2　溶液配制

2.2.1　盐酸溶液（6 mol/L）：量取500 mL盐酸（2.1.1），用水定容至1 000 mL。

2.2.2　磷酸氢二铵溶液（40 mmol/L，pH=6.0）：称取5.282 g磷酸氢二铵（2.1.7）溶于水中，加水至约950 mL，用甲酸（2.1.2）调节pH=6.0，用水定容至1 000 mL，0.45 μm滤膜（水相）过滤，超声脱气2～3 min。

2.2.3　2%碘化钾+0.5%氢氧化钾溶液：称取20.0 g碘化钾（2.1.5）、5.0 g氢氧化钾（2.1.3），用水定容至1 000 mL。

2.2.4　1.5%硼氢化钾+0.5%氢氧化钾溶液：称取15.0 g硼氢化钾（2.1.6）、5.0 g氢氧化钾（2.1.3），用水定容至1 000 mL。

2.2.5　盐酸溶液（10%）：量取100 mL盐酸（2.1.1），用水定容至1 000 mL。

2.2.6　氢氧化钠溶液（6 mol/L）：称取氢氧化钠（2.1.4）24 g，用水定容至100 mL。

① 摘编自NY/T 3870—2021。

2.2.7 氢氧化钠溶液（1 mol/L）：称取氢氧化钠（2.1.4）4 g，用水定容至100 mL。

2.3 标准品

2.3.1 硒代胱氨酸标准溶液（GBW 10087）。

2.3.2 甲基-硒代半胱氨酸标准溶液（GBW 10088）。

2.3.3 硒代甲硫氨酸标准溶液（GBW 10034）。

2.4 标准溶液配制

2.4.1 硒代胱氨酸标准储备溶液：将硒代胱氨酸标准溶液（2.3.1）2 mL转入10 mL容量瓶中，用水定容至10 mL。

2.4.2 甲基-硒代半胱氨酸标准储备溶液：将甲基-硒代半胱氨酸标准溶液（2.3.2）2 mL转入10 mL容量瓶中，用水定容至10 mL。

2.4.3 硒代甲硫氨酸标准储备溶液：将硒代甲硫氨酸标准溶液（2.3.3）2 mL转入10 mL容量瓶中，用水定容至10 mL。

2.4.4 吸取2.4.1～2.4.3的标准储备液各1.00 mL于10 mL容量瓶中，用水定容，配置成混合标准工作液。

3 仪器设备

3.1 高效液相-原子荧光联用仪（带阴离子交换柱和硒空心阴极灯）。

3.2 微波蛋白水解仪。

3.3 分析天平：感量0.01 g和感量0.000 1 g。

3.4 电位滴定仪或pH计。

3.5 溶剂过滤装置。

实验中所用玻璃器皿、石英杯均需以硝酸溶液（$V_{硝酸}$：$V_{水}$=1：4）浸泡过夜，用水冲洗干净。

4 试验步骤

4.1 试样保存

待检、已检硒蛋白样品需装在锡箔或铝箔包装袋中，放入4℃冰箱中保存。

4.2 试样制备

称取试样20 mg（精确到0.1 mg）于微波蛋白水解仪（3.2）配套的内插杯内，加入1 mL 6 mol/L盐酸溶液（2.2.1），置于微波蛋白水解仪中150℃水解40 min，水解液转移至小烧杯中，用6 mol/L氢氧化钠溶液（2.2.6）和1 mol/L氢氧化钠溶液（2.2.7）调节pH至7.5，转移到25 mL容量瓶中，加水定容后用0.45 μm滤膜过滤，待测。同时做空白实验。

4.3 标准曲线制作

将$SeCys_2$、SeMeCys和SeMet的混合标准工作溶液（2.4.4）0 μL、10 μL、20 μL、30 μL、40 μL、50 μL分别导入仪器，测定其色谱峰，以Se含量为横坐标，峰面积为纵坐标，制作标准曲线。仪器条件参照附表3-1，硒代氨基酸标准溶液色谱图参见附图3-1。

4.4　试样测定

在与标准系列溶液相同的实验条件下，将10～50 μL待测样品空白溶液和试样溶液分别导入仪器，测定其峰面积，以保留时间定性，外标法定量，硒蛋白水解液色谱图参见附图3-2。

5　实验数据处理

硒蛋白中$SeCys_2$、SeMeCys和SeMet的含量（以硒计）按式（3-1）计算；硒代氨基酸总量等于样品中$SeCys_2$、SeMeCys和SeMet含量（以硒计）之和，按式（3-2）计算：

$$X_{SeAA}=\frac{(M-M_0)\times V_1\times 1\,000}{m\times V_2} \tag{3-1}$$

$$T_{SeAA}=X_1+X_2+X_3 \tag{3-2}$$

式中，X_{SeAA}——试样中硒代氨基酸的含量（以硒计），单位为mg/kg；

X_1　——试样中$SeCys_2$的含量（以硒计），单位为mg/kg；

X_2　——试样中SeMeCys的含量（以硒计），单位为mg/kg；

X_3　——试样中SeMet的含量（以硒计），单位为mg/kg；

M　——试样中硒代氨基酸的质量（以硒计），单位为ng；

M_0　——样品空白中硒代氨基酸的质量（以硒计），单位为ng；

m　——试样质量，单位为mg；

V_1　——水解液体积，单位为mL；

V_2　——进样体积，单位为μL；

T_{SeAA}——硒代氨基酸之和（以硒计），单位为mg/kg。

结果以重复性条件下获得的2次独立测定结果的算术平均值表示，保留3位有效数字。

6　精密度

在重复性条件下获得的2次独立测试结果的绝对差值不大于算术平均值的10%，以大于算术平均值10%的情况不超过5%为前提。

附表3-1　液相色谱-原子荧光光谱仪参考条件

流程	参数名称	参数条件
LC分离	色谱柱	XP阴离子交换柱（250 mm×4.6 mm i.d.，5 μm）
	流动相	40 mm $(NH_4)_2HPO_4$，HCOOH调节pH=6.0
	流速	1.0 mL/min
	洗脱方式	等度
	进样体积	10～50 μL

（续表）

流程	参数名称	参数条件
HG发生	氧化剂	0.5% KOH+2.0% KI
	还原剂	0.5% KOH+1.5% KBH_4
	载流	10% HCl
	紫外灯开关	开
AFS测定	元素灯	Se
	负高压（V）	300
	灯电流（总电流/辅电流，mA）	80/40
	载气（mL/min）	300
	屏蔽气（mL/min）	600

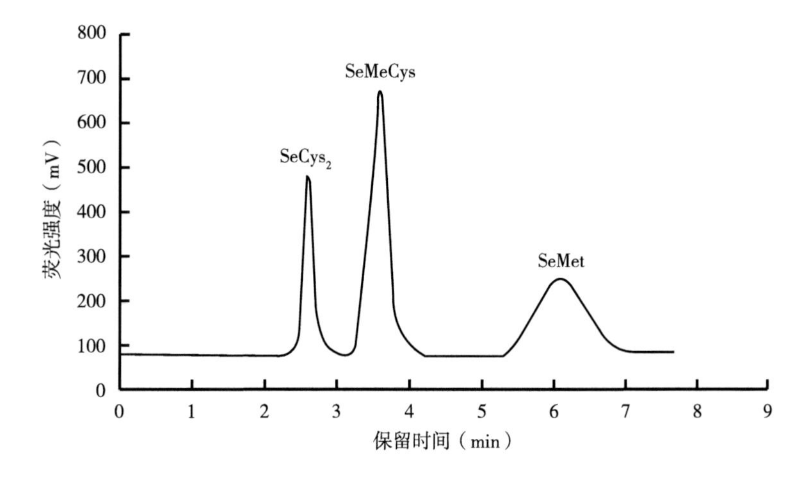

附图3-1 $SeCys_2$、SeMeCys和SeMet标准溶液的液相色谱

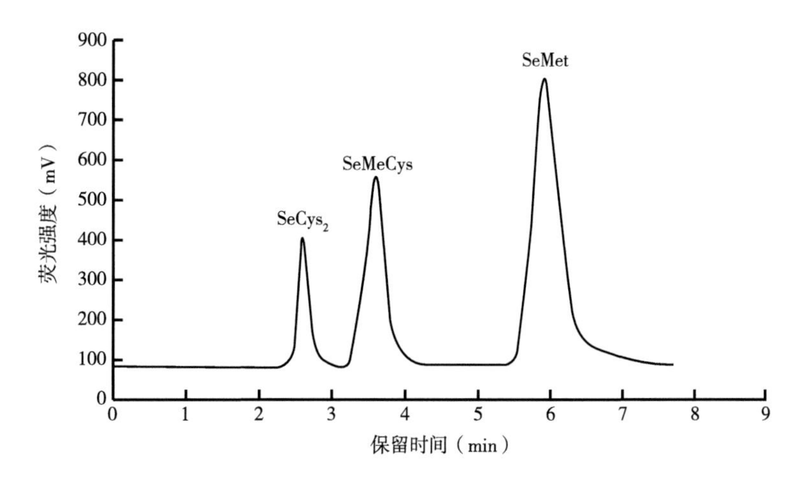

附图3-2 硒蛋白水解液的液相色谱

富硒食品中无机硒的测定　原子荧光形态分析法①

用原子荧光形态分析仪测定富硒食品中无机硒[四价硒Se（Ⅳ）、六价硒Se（Ⅵ）]的方法如下。

1　原理

试样中的无机硒及有机硒小分子经磷酸二氢钾-硫酸铜溶液浸提后，用0.45 μm滤膜过滤，制成样品溶液，溶液进样后经高效液相色谱柱分离，在固定的色谱条件下，Se（Ⅳ）和Se（Ⅵ）与有机硒小分子完全分开，不受其他成分的干扰；单一含硒组分随流动相导入形态分析预处理装置，在酸性环境中氧化剂（碘化钾）、还原剂（硼氢化钾）的作用下转化成硒化氢（H_2Se），由载气（氩气）带入原子化器中进行原子化，在硒空心阴极灯的发射光激发下产生原子荧光，其荧光强度在固定条件下与被测溶液中的硒浓度成正比，与标准样品比较，以保留时间定性，外标法定量。

2　试剂和材料

除非另有说明，本方法所用试剂均为分析纯，水为去离子水或相当纯度的水，符合GB/T 6682的规定。

2.1　试剂

2.1.1　磷酸二氢钾

2.1.2　磷酸氢二铵

2.1.3　五水硫酸铜

2.1.4　四丁基溴化铵

2.1.5　碘化钾

2.1.6　氢氧化钾

2.1.7　硼氢化钾

2.1.8　甲酸

2.1.9　盐酸：优级纯

2.1.10　甲醇：色谱纯

2.2　试剂配制

2.2.1　浸提液

0.1 mol/L磷酸二氢钾溶液+1.56 mmol/L的硫酸铜溶液：准确称取13.61 g磷酸二氢钾，用少量水溶解后，再加入65 mg五水硫酸铜（2.1.3），溶解后定容至1 000 mL（如发现有硫酸铜结晶析

---

① 摘编自DBS 42/010—2018。

出，需摇动使其溶解后使用）。

2.2.2 流动相

2%甲醇+25 mmol/L磷酸氢二铵+0.5 mmol/L四丁基溴化铵溶液（pH=6.0）：称取3.302 g磷酸氢二铵、0.161 g四丁基溴化铵，溶于水中，加入20 mL甲醇，用水定容至1 000 mL，用甲酸调节pH=6.0，0.45 μm滤膜（水相）过滤，超声脱气2～3 min。

流动相如过夜后使用需重新调节pH值。

2.2.3 氧化剂

1%碘化钾+0.5%氢氧化钾溶液：称取10 g碘化钾，5 g氢氧化钾，用水溶解并定容至1 000 mL。

2.2.4 还原剂

2%硼氢化钾+0.5%氢氧化钾溶液：称取20 g硼氢化钾，5 g氢氧化钾，用水溶解并定容至1 000 mL。

2.2.5 载流

7%盐酸溶液：量取70 mL盐酸，用水定容至1 000 mL。

以上溶液2.2.3～2.2.5需在使用前配制。

2.3 标准品

2.3.1 Se（Ⅳ）标准溶液：亚硒酸根标准溶液（GBW 10032），浓度为42.86 μg/mL（以硒计）。

2.3.2 Se（Ⅵ）标准溶液：硒酸根标准溶液（GBW 10033）：浓度为41.5 μg/mL（以硒计）。

2.4 标准溶液配制

2.4.1 混合标准使用液：将Se（Ⅳ）标准溶液（2.3.1）2.0 mL和Se（Ⅵ）标准溶液（2.3.2）2.0 mL一同转入10 mL容量瓶中，用水定容至10 mL，配制成标准使用液，此溶液浓度Se（Ⅳ）为8.58 μg/mL，Se（Ⅵ）为8.30 μg/mL。

2.4.2 混合标准工作液：吸取混合标准使用液（2.4.1）1.20 mL于10 mL容量瓶中，用浸提液（2.2.1）定容至刻度，配制成混合标准工作液，此标液浓度Se（Ⅳ）为1.030 μg/mL，Se（Ⅵ）为0.996 μg/mL。

3 仪器和设备

实验中所用玻璃仪器均需以硝酸（$V_{硝酸}$：$V_{水}$=1：4）浸泡过夜，用自来水反复冲洗，最后用去离子水冲洗干净。

3.1 原子荧光形态分析仪：含形态分析预处理装置（带C_{18}色谱柱或相当者）和原子荧光光谱仪（带硒空芯阴极灯）。形态分析预处理装置的进样系统也可采用高效液相色谱仪代替，连接成高效液相色谱-原子荧光光谱联用仪。

3.2 分析天平：感量0.1 mg和感量0.01 g。

3.3 超级恒温混匀仪。

3.4 离心机。

3.5 针筒式过滤器，含0.45 μm滤膜。

4 分析步骤

4.1 试样制备

4.1.1 固体样品（保健食品、粮食、肉类等）

准确称取富硒保健食品、硒食品添加剂、富硒叶菜类样品0.3～0.5 g（精确到0.000 1 g）或粮食类、肉类、禽蛋类样品1～2 g（精确到0.01 g）于10 mL离心管中,加入浸提液（2.2.1），充分湿润后定容至10 mL，在超级恒温混匀仪上70 ℃、1 500 r/min条件下振荡浸提30 min，3 000 r/min离心10 min，用0.45 μm滤膜过滤，收集滤液待测。浸提液体积按10 mL计算。

4.1.2 液体样品（水、酒、饮料、酱油、醋等)

准确吸取试样30 mL（精确到0.01 mL）于100 mL小烧杯中，加热浓缩至1 mL以下，转入10 mL离心管中，用浸提液（2.2.1）定容至5 mL，在超级恒温混匀仪上70℃、1 500 r/min条件下振荡浸提30 min，3 000 r/min离心10 min，用0.45 μm滤膜过滤，收集滤液待测。浸提液体积按5 mL计算。

4.1.3 植物油

准确称取试样6 g（精确到0.01 g）于10 mL离心管中，用浸提液（2.2.1）定容至10 mL，在超级恒温混匀仪上70℃、1 500 r/min条件下振荡浸提30 min，3 000 r/min离心10 min，取下层水溶液，用0.45 μm滤膜过滤后，收集滤液待测。浸提液体积按4 mL计算。

以上各类样品溶液如不能在24 h内测定，应于4℃冰箱内保存。同时做空白试验。

4.2 仪器参考条件见附表4-1

附表4-1 仪器参考条件

流程	参数名称	参数条件
HPLC分离	色谱柱	C_{18}色谱柱（150 mm × 4.6 mm i.d.，5 μm）
	流动相	2%甲醇+25 mmol/L磷酸氢二铵+0.5 mmol/L四丁基溴化铵溶液，pH=6.0
	流速（mL/min）	1.0
	柱温（℃）	30
	进样体积（μL）	100
HG发生	氧化剂	0.5% KOH+1.0% KI
	还原剂	0.5% KOH+2% KBH_4
	载流	7% HCl
	紫外灯开/关	开UV
AFS测定	元素灯	Se
	负高压（V）	300
	灯电流（mA）	80/30
	载气（mL/min）	400
	屏蔽气（mL/min）	600

4.3 标准曲线的制作

分别吸取Se（Ⅳ）、Se（Ⅵ）标准混合液（3.4.2）0 mL、0.15 mL、0.30 mL、0.60 mL、0.90 mL、1.20 mL、1.50 mL于10 mL刻度试管中，用0.1 mol/L磷酸二氢钾溶液（3.2.1）定容至3 mL，配制成Se（Ⅳ）浓度为0 μg/mL、0.051 μg/mL、0.103 μg/mL、0.206 μg/mL、0.308 μg/mL、0.411 μg/mL、0.514 μg/mL；Se（Ⅵ）浓度为0 μg/mL、0.050 μg/mL、0.100 μg/mL、0.200 μg/mL、0.300 μg/mL、0.400 μg/mL、0.500 μg/mL的标准系列，进样量100 μL，以标准工作液的浓度为横坐标，以峰面积响应值为纵坐标，绘制标准曲线。

4.4 试液的测定

将试样溶液100 μL注入原子荧光形态分析仪进行检测，采集试样中Se（Ⅳ）和Se（Ⅵ）的图谱，根据标准曲线得到待测液中Se（Ⅳ）和Se（Ⅵ）的浓度，平行测定次数不少于2次。

Se（Ⅳ）和Se（Ⅵ）的标准色谱图见附图4-1。

5 分析结果的表述

样品中Se（Ⅳ）、Se（Ⅵ）和无机硒总量的计算见式（4-1）、式（4-2）、式（4-3）：

$$X_{Se(IV)}=\frac{(C_1-C_0)\times V\times 1\,000}{m\times 1\,000} \qquad (4-1)$$

$$X_{Se(VI)}=\frac{(C_1-C_0)\times V\times 1\,000}{m\times 1\,000} \qquad (4-2)$$

$$X_T=X_{Se(IV)}+X_{Se(VI)} \qquad (4-3)$$

式中，$X_{Se(IV)}$——试样中Se（Ⅳ）的含量，单位为mg/kg或mg/L；

$X_{Se(VI)}$——试样中Se（Ⅵ）的含量，单位为mg/kg或mg/L；

X_T——试样中Se（Ⅳ）或Se（Ⅵ）的总量，单位为mg/kg或mg/L;

m——试样质量或体积，单位为g或mL。

C_1——从曲线中计算出的试液中Se（Ⅳ）或Se（Ⅵ）的浓度，单位为μg/mL;

C_0——从曲线中计算出的试剂空白液中Se（Ⅳ）或Se（Ⅵ）的浓度，单位为μg/mL;

V——浸提液体积，单位为mL。

以重复性条件下获得的2次独立测定结果的算术平均值表示，保留3位有效数字。

6 精密度

在重复性条件下获得的2次独立测试结果的绝对差值不大于这2个测定值算术平均值的10%。

7 检测限

方法仪器检测限Se（Ⅳ）为1.2 μg/kg，Se（Ⅵ）为3.5 μg/kg。

固体样品方法检出限为Se（Ⅳ）为12 μg/kg，Se（Ⅵ）为35 μg/kg。

液体样品方法检出限为Se（Ⅳ）为0.2 μg/L，Se（Ⅵ）为0.6 μg/L。

液体植物油方法检出限为Se（Ⅳ）为0.8 μg/L，Se（Ⅵ）为2.3 μg/L。

8 其他

GB 5009.93—2010中总硒含量的单位是mg/kg或mg/L，DBS42/002—2014中总硒、有机硒含量单位为μg/100 g或μg/100 mL，二者的换算关系是1 mg/kg（L）=100 μg/100 g（mL）。

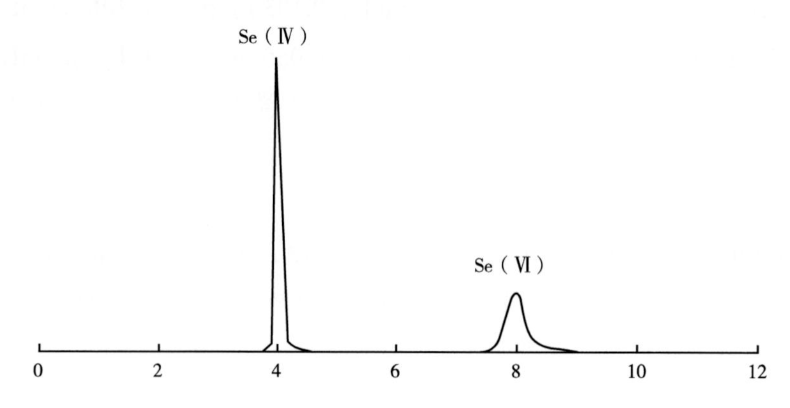

附图4-1 Se（Ⅳ）、Se（Ⅵ）标准样品色谱图（100 μL，20 ng）

富有机硒食品硒含量要求①

本文的富有机硒食品是指种植（养殖）、生长在含硒土壤或通过生物转化等措施生产的富含有机硒的食品，不包括在加工过程中添加硒的强化食品和以精深加工工艺（如提取、压榨等）获得硒源进行制备的食品。

1 硒含量要求

富有机硒食品中总硒含量、有机硒占比的要求见附表5-1，其他指标应符合相应的食品安全国家标准的规定。

附表5-1 总硒含量、有机硒占比

食品类别	指标	
	总硒（以Se计）（μg/100 g）	有机硒占比[a]（%）
谷物及其制品	20.0 ~ 50.0	≥80
蔬菜及其制品		
薯类及其制品	20.0 ~ 100.0	
大蒜、西蓝花、甘蓝	20.0 ~ 200.0	
其他蔬菜及其制品	20.0 ~ 50.0	
水果及其制品	20.0 ~ 50.0	
食用菌及其制品	20.0 ~ 100.0	
豆类及其制品	20.0 ~ 200.0	
茶叶、代用茶、茶制品	20.0 ~ 500.0	
肉及肉制品		
鲜、冻肉及其制品	20.0 ~ 100.0	
畜、禽内脏	20.0 ~ 200.0	
蛋及蛋制品	20.0 ~ 50.0	
水产动物及其制品	20.0 ~ 50.0	

注：[a]有机硒占比（%）=有机硒含量/总硒含量×100。

① 摘编自DBS 42/002—2021。

2 检验方法

2.1 总硒含量

按GB 5009.93规定的方法测定。

2.2 有机硒含量

有机硒含量采用差减法，即总硒含量减去无机硒含量等于有机硒含量。无机硒含量按DBS 42/010规定的方法测定。

3 标注要求

3.1 标签、标识应符合GB 7718、GB 13432、GB 28050的规定。

3.2 标签、标识中声称“富有机硒食品”，应符合附表5-1中的标准，须同时标注总硒含量及有机硒占比，食用量应符合WS/T 578.3的要求。

后记

POSTSCRIPT

在这金风送爽、果实累累的丰收季节，我们满怀喜悦地迎来了如期而至的第六届“世界硒都”博览会（简称“硒博会”），琳琅满目的硒产品令人目不暇接，我们终于赶上这次机会，将我们的最新科研成果展示给大家！

自2011年湖北恩施被授予“世界硒都”后，硒产业再一次掀起了热潮，2014—2018年在恩施举办的五届硒博会，搭建了全国富硒领域科技、产业交流服务平台，国内外硒研究专家、学者、企业家群英荟萃，引导更广泛的社会资源支持富硒领域创新创业，提档升级。

在交流过程中，科研工作者敏锐地看到了一个前沿性的问题——硒的形态：不同形态的硒具有不同的功能和补硒功效，区分不同形态硒的关键核心技术在于硒形态的分析方法！由于检测方法标准的落后，现在开发富硒产品都是以产品总硒含量为参考的，产品中难以区分有机硒和无机硒，硒的形态分析方法成为阻碍硒产业发展的“瓶颈”。

2012年，我作为第九届“西部之光”访问学者，到中国农业科学院蔬菜花卉研究所学习，经导师刘肃老师介绍，找到了梦寐以求的原子荧光光谱分析仪厂家——北京吉天仪器公司。公司的刘霁欣教授、秦德元博士热情接待了我，带我参观了他们的工厂，介绍了实验室的功能，在了解了我的需求后，立刻组织实验，对我从恩施带来的含硒量较高的样品按照程序进行检测，并教给我样品处理和硒形态的检测分析方法，开启了我硒的形态分析之路。2013—2020年，我课题组研究成熟了硒的形态分析方法，制定了《湖北省食品安全地方标准　富硒食品中无机硒的测定方法》（于2021年在《湖北省食品安全地方标准　富有机硒食品硒含量要求》标准修订稿中替代无机硒的测定方法）、农业行业标准《土壤有效硒的测定　氢化物发生原子荧光光谱法》《硒蛋白中硒代氨基酸的测定　液相色谱-原子荧光光谱法》等系列标准，解决了硒产业发展中最大的技术难题。当然，本书中硒形态分析方面还有不完善的地方：由于还没有硒多糖、硒核酸、生物纳米硒等成分的检测方法和标准，只能用“其他形态硒”来表达，这是我们正在努力研究的课题，希望在不久的将来能弥补这一缺陷。

2019年，我们连合胡中立教授、刁英教授团队合作开展湖北恩施硒矿区植物硒资源调查与开发利用价值评价研究，进行植物分类、样本采集、样品处理、数据检测、分析整理、编纂校审等工作，从策划到成书历时二年有余，于2021年8月终于杀青成稿。希望这本书能够成为一部服务硒产业发展的宝典，对硒产业的发展起到积极的促进作用。

这部书凝聚了我们专家组和科研团队人员的大量心血，希望能够成为一部服务硒产业发展的“宝典”，对硒产业的发展起到积极的促进作用，也希望能够得到您的垂青！

在成书过程中，许多同志参与并做了大量工作：

林茂祥、韩如钢主要负责植物分类鉴定、拍照工作；

程腾、赵楚峰、赵静珂、柳宵宵、李鑫主要参与了样本采集、制样、记录整理等工作；

刘淑琴、秦邦、靳素荣、陈洪建、郝苗主要完成了样品总硒检测、硒的形态分析及其他测试工作；

张朝阳、刘瑶主要参与了本书的编写和校对工作；

刘为主要负责本书的封面设计工作；

胡百顺、康宇参与了本书的校对工作；

杨元菊主要负责硒矿区情况介绍并协助样品前处理工作；

李卫东、黄光昱、胡百顺、瞿勇、陈娥、康宇、程群、朱云芬、明佳佳、刘小芳等对该项工作提供了支持和帮助。

在此，专家组对为本书付出辛勤劳动的专家和团队人员表示真诚的感谢！也对关心和支持我们工作的同志表示诚挚的谢意！

本书的出版得到了恩施土家族苗族自治州硒资源保护与开发中心、恩施土家族苗族自治州硒产业协会的支持。

本书主要由中硒健康产业投资集团赞助出版。

由于编写时间仓促，书中难免出现一些疏漏，敬请读者批评指正。

陈永波

2021年10月